Vögel im Garten

Vögel im Garten

Robert Burton

DK
DORLING KINDERSLEY

DORLING KINDERSLEY
London, New York, Melbourne, München und Delhi

Lektorat Angeles Gavira
Bildredaktion Ina Stradins
DTP-Design Rajen Shah
Herstellung Bethan Blase
Cheflektorat Liz Wheeler
Chefbildlektorat Phil Ormerod
Programmleitung Jonathan Metcalf
Art Director Bryn Walls

Produziert für Dorling Kindersley von cobalt id
Redaktion Marek Walisiewicz, Kati Dye
Bildredaktion Paul Reid, Darren Bland,
Pia Hietarinta, Lloyd Tilbury

Für die deutsche Ausgabe:
Programmleitung Monika Schlitzer
Projektbetreuung Regina Franke
Herstellungsleitung Dorothee Whittaker
Covergestaltung Maxie Zadek

Bibliografische Information Der Deutschen Bibliothek
Die Deutsche Bibliothek verzeichnet diese Publikation
in der Deutschen Nationalbibliografie;
detaillierte bibliografische Daten sind im Internet
über http://dnb.ddb.de abrufbar.

Titel der englischen Originalausgabe:
Birdfeeder Guide

Übersetzung Dr. Gabriele Lehari
Redaktion Eva Sixt

ISBN 978-3-8310-1317-3

Colour reproduction by Colourscan, Singapore
Printed and bound in Singapore by Star Standard

Besuchen Sie uns im Internet
www.dk.com

Inhalt

Vorwort

Die Vogelwelt im Garten ist vielfältiger als man auf den ersten Blick meinen möchte. Und da Gärten einen großen Teil unserer Kulturlandschaft ausmachen, kann man vor der Haustüre während des Jahreslaufs bereits einen tiefen Einblick in das Leben der Vögel gewinnen. Zugvögel kommen und gehen, der Frühjahrsgesang weicht sommerlicher Stille und im Herbst gibt sich mancher unerwartete Gast ein kurzes Stelldichein. Wer täglich nach den Vögeln im Garten schaut, macht auch nach Jahren immer noch spannende Entdeckungen.

Viel ist geschrieben worden über Sinn und Unsinn der Vogelfütterung im Winter. Doch nirgendwo sonst kann man faszinierendes Vogelleben so unmittelbar erleben wie an der Futterstelle vor dem Fenster. Und von Verweichlichung der Vögel am Futterhaus kann keine Rede sein, denn auch im schönsten Garten haben es Blaumeise und Buntspecht, Buchfink und Rotkehlchen nicht leicht, zu überleben, auch wenn sie scheinbar munter und unbekümmert vor unseren Augen alle Probleme zu meistern scheinen. Wer genau beobachtet, erfährt viel vom Leben und Überleben in einer dynamischen Natur, die sich übrigens auch im Garten längst geändert hat. Die bereits fortschreitende Klimaänderung wird weiteres bewirken.

Hier finden Sie ausführliche Informationen zu einer ökologisch sinnvollen Bepflanzung Ihres Gartens, über geeignetes Futter, Angebot von Wasser und natürlich über Nistplätze. Über die Bedeutung der Verhaltensweisen der Vögel gibt es viel Neues zu lesen. Bleibt nur noch, Ihnen beim Vogelbeobachten viel Freude zu wünschen.

Dr. Einhard Bezzel

Einführung

Es gibt etwa 25 Vogelarten, die in Gärten so regelmäßig erscheinen, dass sie als Gartenvögel bezeichnet werden können. Fast jede Vogelart kann jedoch hin und wieder im Garten beobachtet werden, etwa beim Durchzug in Sommer- oder Winterquartiere oder während Stürmen, die Vögel vom Kurs abbringen und verdriften können. Diese Vögel zu beobachten kann ein faszinierendes Hobby sein. Gärten sind mittlerweile wichtige Rückzugsgebiete geworden, auch für bedrohte und seltene Arten.

Wenn Sie Vögel *im Garten beobachten, können Sie Ihre Fähigkeiten beim Bestimmen der Arten ausgezeichnet schulen.*

Jeder kann Vögel beobachten

Im Garten sind immer Vögel unterwegs. Die Umgebung ist zwar nicht außergewöhnlich, die Begegnung mit Tieren im Garten hat jedoch immer etwas persönliches. Vögel bringen durch ihre Gesänge, Bewegungen und ihre Vielfalt an Farben Leben in den Garten. Das Beobachten ihres Verhaltens gewährt jedem, ob alt oder jung, Zugang zu ihrer Lebensweise und Biologie.

Einige Vogelarten besuchen sogar kleine Stadtgärten, und nahe gelegene Parks bieten Vogelbeobachtern viele Möglichkeiten. Gärten in der Vorstadt und auf dem Land beherbergen eine größere Artenvielfalt und sind ein wichtiger Lebensraum für Vögel, für die das Leben auf dem Land zunehmend schwieriger wird. Indem Sie Ihren Garten vogelfreundlich bepflanzen und den Tieren Wasser und Unterschlupf bereitstellen, können Sie unabhängig von der Größe Ihres Gartens weitere Arten anlocken und noch mehr Freude an den gefiederten Gästen haben.

Einige Vogelarten fühlen sich in der Nähe des Menschen wohl, suchen im Garten nach Nahrung und nisten dort. Andere kommen selten in die Nähe von Siedlungen oder nur in die größten Gärten mit mächtigen Bäumen und Sträuchern. Wieder andere ziehen nur durch, vielleicht weil sie bei ihren Wanderzügen vom Kurs abgekommen sind oder weil sie vom Hunger getrieben außerhalb ihres natürlichen Lebensraumes nach Nahrung suchen. Der Garten ist ein hervorragender Platz zum Beobachten, denn viele Arten werden zuverlässig und regelmäßig erscheinen, der jahreszeitliche Wechsel der Zugvögel ist spannend zu verfolgen und es besteht immer die Aussicht auf unerwartete Besucher. Mit einer vogelfreundlichen Bepflanzung, dem Anbringen von Nistkästen, Futterhäuschen im Winter und Vogelbädern können Sie Ihren Garten in einen Rückzugsort für Vögel verwandeln und während des ganzen Jahres interessante Tiere beobachten.

Zu den Gartenbesuchern *gehören sowohl seltene Greifvögel wie der Rotmilan (rechts) als auch alte Bekannte wie die Amsel (unten). Genauso spannend wie eine neue seltene Art zu entdecken ist es, das Verhalten häufiger Arten zu beobachten und zu deuten.*

Gärten als wichtige Lebensräume

Heute sind in den Gärten wesentlich mehr Vögel zu beobachten als noch vor 20 Jahren, und auch die Artenvielfalt hat zugenommen. Einige dieser Arten, besonders Erlenzeisig, Distelfink und Schwanzmeise, sind erst seit kurzem regelmäßige Besucher. Dass Gärten für Vögel zunehmend attraktiver wurden, liegt unter anderem daran, dass die

WIE ES FRÜHER WAR

Historische Dokumente zeigen, dass Menschen schon seit Jahrhunderten Wildvögel füttern und versorgen. Der englische Dichter Geoffrey Chaucer beschreibt das Rotkehlchen, und dies lässt darauf schließen, dass es schon im 14. Jh. in England häufig in Gärten vorkam. Das im späten 19. Jh. aufkommende Interesse an Wildtieren und Vogelschutz verlieh der Vogelfütterung einen Naturschutzaspekt.

Im 19. Jh. *war das Füttern von Tauben und anderen Vögeln mit Brotkrumen ein gängiger Zeitvertreib.*

Mittlerweile *sind im Handel verschiedenste Ausführungen von Futterspendern erhältlich, die den Bedürfnissen unterschiedlicher Arten gerecht werden.*

Bedingungen in der freien Natur durch intensive Landwirtschaft und großflächige Verbauung immer schlechter wurden. So wurden Gärten zu einem Ersatzlebensraum, der Nahrung und Nistmöglichkeiten bieten kann.

Vogelbestände gehen zurück

In ganz Europa hat sich die Situation der wild lebenden Vogelarten verschlechtert. In den letzten 30 Jahren wurde ein dramatischer Rückgang vieler einst häufiger Gartenbesucher verzeichnet, besonders derer, die einen Teil des Jahres auf dem Land verbringen. Die Populationen von Haussperlingen und Singdrosseln z.B. sind seit den 70er-Jahren des 20 Jhs. in weiten Teilen Europas um über 60 Prozent zurückgegangen. Goldammer, Bluthänfling, Dompfaff und Feldsperling und Bodenbrüter wie Feldlerche, Kiebitz und Großer Brachvogel wurden ebenfalls immer seltener.

Die modernen *landwirtschaftlichen Methoden beeinträchtigten die Vogelbestände in Europa stark. Traditionelle Weideflächen (oben) sind heute selten, intensiv bewirtschaftete Felder (links) hingegen ein vertrauter Anblick.*

Bedrohungen wild lebender Vögel

Meist spielen viele Faktoren zusammen, wenn eine Art immer seltener wird. Manchmal wird die zunehmende Zahl von natürlichen Feinden und Nesträubern wie Sperber und Elster für den Rückgang der Singvögel verantwortlich gemacht. Es ist jedoch unwahrscheinlich, dass diese Feinde mehr als einen örtlich begrenzten Einfluss haben. Viel offensichtlicher ist, dass der Rückgang der Bestände mit der Zerstörung von Lebensräumen zusammenhängt. Riesige Flächen werden mit immer neuen Häusern und Straßen verbaut. Auch moderne Methoden intensiver Landwirtschaft beeinträchtigen Nahrungs- und Nistmöglichkeiten vieler Vogelarten ernsthaft.

Gärten als neue Lebensräume

Durch intensive Landwirtschaft wurde die einst vielfältige Landschaft mit Feldern, Hecken und Brachen durch Monokulturen ersetzt, und viele Vogelarten verloren ihren Lebensraum. Früchte tragende Sträucher wie Weißdorn, Wildrose oder Schlehe wurden entfernt. Pestizide und Herbizide ließen die Wildkräuter und Insekten, die wesentlichen Nahrungsquellen vieler Vogelarten, stark zurückgehen. Vor sechzig Jahren waren in einem Quadratmeter Boden durchschnittlich 2000 Samen von Wildpflanzen enthalten. Heute sind es noch durchschnittlich 200.

Durch effizientere Erntemethoden verbleibt weniger Getreide auf den abgeernteten Feldern, und eine wichtige Nahrungsquelle für Vögel im Winter fällt weg. Neue Getreidesorten werden so dicht angebaut, dass Vögel zwischen den Halmen weder nisten noch Futter suchen können. Besonders dramatisch war die Umstellung von

Ein Garten bietet *einfallsreichen Vögeln wie diesem Grauschnäpper viele Nistmöglichkeiten.*

Auch Zierpflanzen *können eine wichtige Nahrungsquelle für Vögel sein. Grünfinken (ganz links) besuchen Sonnenblumen, und Haussperlinge (links) trinken manchmal den Nektar von Fackellilien.*

Frühjahrs- zu Herbstaussaat, denn so verschwanden die Stoppelfelder, auf denen Vögel im Winter noch viele Körner fanden.

Seit die Bedingungen auf dem Land immer schlechter wurden, nahm die Bedeutung von Gärten als Rückzugsgebiete und Orte der Futtersuche zu, vor allem im Winter.

Gartenvögel unterstützen

Gärten sind im Vergleich zu Wäldern und traditionellem Ackerland verhältnismäßig artenarm. Mit etwas Geduld und der richtigen Planung können Sie jedoch fast jeden Garten zu einem Anziehungspunkt für Vögel machen. Wichtig ist eine Bepflanzung, die verschiedenen Vögeln während des ganzen Jahres natürliche Nahrungsquellen und während der Brutsaison geeignete Nistplätze bietet (s. S. 44–49). Eine Mischung aus Bäumen, Sträuchern, Rasen und Staudenbeeten kann einen ähnlichen Lebensraum wie eine Waldlichtung bieten, und eine Reihe von Arten, von Zaunkönigen bis hin zu Sperbern, finden sich ein.

Füttern

Am besten ist es natürlich, wenn Sie Ihren Garten naturnah gestalten und vogelfreundlich bepflanzen. Es gibt jedoch auch Methoden, Vögel schneller in den Garten zu locken. Am einfachsten ist es, selbst gemachtes oder gekauftes Vogelfutter in geeigneten Gefäßen anzubieten.

In den 70er-Jahren des 20 Jhs. waren halbe Kokosnüsse als Vogelfutter beliebt. In den 80er-Jahren tauchten Meisenringe und Meisenknödel auf. Mittlerweile gibt es verschiedenste zweckmäßige Gefäße, die mit Sonnenblumenkernen, speziellen Futtermischungen und Erdnüssen gefüllt werden können. Die heutigen Futtergefäße können an unterschiedlichsten Stellen angebracht werden (s. S. 23) und sind so beschaffen, dass sie bestimmte Vogelarten anlocken oder ausschließen.

Wann sollte man füttern?

Vögel sollten während der Wintermonate, etwa von Anfang November bis Mitte März, gefüttert werden. Im Winter finden die Tiere kaum Insekten, und Samen, Nüsse und Beeren sind deshalb ihre Hauptnahrung. Wenn die Sämereien vom Herbst aufgebraucht sind, kommen mitunter ganze Vogelscharen auf der Suche nach Nahrung in die Gärten. In Jahren, in denen starker Frost und Schnee die Nahrung über längere Zeit unzugänglich machen, kommt es auch vor, dass Vögel verhungern. Zaunkönige sind besonders empfindlich. Ihre Bestände können in strengen Wintern um die Hälfte zurückgehen. Bei Nahrungsmangel lässt auch die Aufmerksamkeit vieler Arten nach, und sie fallen Feinden leichter zum Opfer.

NEUE LEBENSRÄUME

Weil landwirtschaftliche Flächen Vögeln immer schlechtere Bedingungen bieten, gewinnen Gärten als Ersatzlebensräume zunehmend an Bedeutung. Privatgärten und Parks nehmen mittlerweile beachtliche Flächen ein. Auch Straßenränder, Ödland, Sportplätze, Friedhöfe und andere offene Flächen sind Lebensräume für Vögel.

Zaunkönige verhungern *im Winter, wenn der Boden lange Zeit mit Schnee und Eis bedeckt ist und sie kein Futter finden. Man kann ihnen helfen, indem man an geschützten Stellen Boden freilegt.*

Eine junge Singdrossel *blickt in eine ungewisse Zukunft. Diese Art wird auf dem Land immer seltener. Gärten mit großem Nahrungsangebot sind im Winter willkommene Rückzugsgebiete.*

Was Vögel brauchen

Wenn Sie Vögel in Ihren Garten locken wollen, müssen Sie dafür sorgen, dass die Tiere ihre Grundbedürfnisse dort decken können. Wenn nicht genug natürliche Nahrung oder Bäume und Büsche als Nistplätze vorhanden sind, können Sie Ausgleich schaffen, indem Sie Futter und Nistkästen anbieten.

Die Grundbedürfnisse

DER LEBENSRAUM DER MEISTEN WILDTIERE muss im Wesentlichen vier Dinge bereitstellen: Nahrung, Schutz, Wasser und ausreichend Platz. Mit Futter und Wasser kann man Vögel sogar in den kleinsten Dachgarten locken, und ein durchschnittlicher Vorstadtgarten kann ähnliche Bedingungen bieten wie der Lebensraum Wald, den die meisten Gartenvögel ursprünglich bewohnten. Je besser Sie die Bedürfnisse der Vögel kennen, desto eher wird es Ihnen gelingen, viele Arten anzulocken.

Wasser und Nahrung *sind wichtige Ressourcen, die Sie in Ihrem Garten bereitstellen können.*

Neue Lebensräume

Bis vor etwa 7000 Jahren war Europa überwiegend mit Primärwald bedeckt. Unsere jungsteinzeitlichen Vorfahren verwandelten große Teile der Wälder in Ackerland, aber noch in der frühen Eisenzeit vor etwa 2500 Jahren war die Hälfte der Landfläche bewaldet. Seitdem jedoch hat eine völlige Umstrukturierung stattgefunden. Die Landschaft wurde zum Teil bis zur Unkenntlichkeit verändert und verbaut, und schließlich entstand ein neuer Lebensraum: die Vorstadt. Die meisten Menschen leben heute in Vorstädten, und wenn wir

TÄGLICHE NAHRUNGSAUFNAHME

Die Menge des aufgenommenen Futters variiert von Art zu Art. Je höher der Brennwert ist, umso weniger müssen die Vögel fressen. Eine Goldammer z.B. frisst Samen, die viel nahrhafter sind als Schnecken, die Hauptnahrung von Singdrosseln.

Sogar mit unserer Unterstützung *ist das Leben für Gartenvögel nicht leicht. Von diesen jungen Blaumeisen werden im Schnitt nur zwei bis zum nächsten Frühjahr überleben.*

noch Kontakt zur Natur haben, dann vor allem in Gärten und Parks. Aus der Waldlandschaft unserer Vorfahren ist ein Mosaik verschiedener Lebensräume geworden. Vielerorts sind nur isolierte Reste von Natur übrig: Eine Baumgruppe hier, eine Wiese dort und vielleicht ein paar einzelne Sträucher. Einige der ursprünglichen Waldbewohner haben gelernt, in den neuen Lebensräumen zu überleben, andere sind auf Unterstützung angewiesen.

Nahrung und Wasser

Am einfachsten kann man Vögel in den Garten locken, indem man ihnen im Winter nahrhaftes Futter anbietet. Nahrung liefert den Vögeln die Energie zum Überleben. Je kälter es ist, desto mehr benötigen sie. Kleine Arten verlieren schneller Wärme als größere, daher müssen sie häufiger fressen. Eine Blaumeise z.B. verbringt 85 Prozent eines Wintertages mit der Futtersuche. Eine Amsel nimmt täglich bis zu 300 Feuerdorn-Beeren auf, und ein Seidenschwanz kann über 600 Cotoneaster-Beeren an einem einzigen Tag fressen – das Doppelte seines Körpergewichts.

Auch Wasser ist lebenswichtig für Vögel, sowohl zum Trinken als auch zum Baden. Körnerfresser müssen besonders viel trinken, weil ihr Futter kein Wasser enthält.

Spezielle Futterbehälter *(links) sind so konstruiert, dass Vögel nur Futterstückchen bis zu einer bestimmten Größe aufnehmen können. Andere sind von Käfigen umschlossen (oben), um das Futter vor Dieben wie Ratten oder Eichhörnchen zu schützen.*

Vielleicht gibt es in Ihrem Garten schon einen Teich oder Bach oder zumindest Baumwurzeln, in deren Ausbuchtungen sich Wasser sammelt. Zusätzliche Wasserstellen oder Vogelbäder ziehen verschiedenste interessante Tiere an, nicht nur Vögel.

TAG UND NACHT

Die Zeit, die einem Vogel zur Nahrungsaufnahme zur Verfügung steht, wird von der Tageslänge vorgegeben, und diese schwankt mit den Jahreszeiten stark. Im Winter hat ein Vogel nur acht Stunden oder weniger Zeit, zu fressen. Sein Stoffwechsel wandelt die Nahrung in Fett um, und diese Fettreserven werden nachts verbrannt, um die Körpertemperatur aufrechtzuerhalten.

Sichere Zuflucht

Alle Vögel brauchen Verstecke, wo sie vor Feinden und vor Wind und Wetter geschützt sind, ganz besonders während der Brutzeit. Schutz bieten Bäume, Sträucher, Böschungen, Hecken oder ersatzweise Nistkästen. Sinnvoll angepflanzte Dornenbüsche bilden schützende Dickichte. Lassen Sie ein Fenster im Gartenschuppen offen oder sägen Sie Einschlupflöcher, durch die Vögel in den Dachstuhl gelangen können. Viele Arten sind Opportunisten, und Amseln oder Singdrosseln werden gerne die Gelegenheit nutzen, ihre Jungen außerhalb der Reichweite von Katzen aufzuziehen.

In diesem Kapitel finden Sie einen Reihe von Anregungen, wie Sie Ihren Garten in einen wertvollen Lebensraum für Vögel verwandeln können, der Ihnen das ganze Jahr über Freude bereitet.

Hängende Futterspender

DIE NAHRUNG, DIE VIELE VÖGEL besonders im Winter benötigen, wächst häufig am Ende von dünnen Ästen und Zweigen: Birkenkätzchen z.B. bestehen aus tausenden von Samen, und Erlensamen sind in kleinen Zapfen versteckt. Viele kleine, agile Vogelarten sind daran angepasst, sich von diesen Früchten zu ernähren. Sie sind im Garten leicht mit hängenden Futterspendern anzulocken. Verschiedene Ausführungen sind für unterschiedliche Arten geeignet. Abwechslung ist daher der Schlüssel zur Artenvielfalt im Garten.

HÄUFIGE BESUCHER

Vogelarten, die hängende Futterspender annehmen, sind:

- Blaumeise
- Kohlmeise
- Tannenmeise
- Schwanzmeise
- Haussperling
- Buntspecht
- Star
- Grünfink
- Erlenzeisig

Die Spezialisten

Vor allem Vögel, die an ein Leben in hohen Bäumen und Sträuchern angepasst sind, wo sie sich an schwingenden Zweigen festhalten oder kopfüber hängen, um Nahrung von der Blattunterseite aufzunehmen, besuchen hängende Futterspender. Blau- und Kohlmeisen sind die häufigsten Gäste, aber auch Tannenmeisen, Grünfinken und Zeisige kommen regelmäßig. Erstaunlicherweise haben Schwanzmeisen, die gut an diese Art der Nahrungsaufnahme angepasst sind, erst in den letzten Jahren begonnen, Futterspender zu besuchen. Auch andere Vögel wie der Buntspecht oder der Kleiber, den man oft an Baumstämmen hinauf und herab laufen sieht, haben gelernt, hier zu fressen.

Erlenzeisige fressen, *indem sie an Birken- oder Erlenzweigen hängend die Samen aufnehmen. Daher gewöhnen sie sich leicht an hängende Futterspender.*

Futterspender mit Sitzstangen ermöglichen es weniger geschickten Arten wie dem Buchfink und dem Distelfink, hier zu fressen. Hängende Futterspender können mit verschiedenen Futtermischungen gefüllt werden.

Vögel sind lernfähig

Hängende Futterspender locken auch Arten an, die normalerweise keine am Baum hängenden Samen und Früchte fressen. Haussperlinge und Stare ahmen mittlerweile Meisen und Finken nach und halten sich ebenfalls an den Gefäßen fest, wenn auch etwas ungeschickt. Auch Rotkehlchen haben

AUSFÜHRUNGEN HÄNGENDER FUTTERSPENDER

Ein großes Gefäß *aus Maschendraht fasst genug Futter für mehrere Tage. Es lockt Arten wie den Kleiber an.*

Verzinkter Maschendraht *ist vor Korrosion geschützt und kann von Eichhörnchen nicht durchgenagt werden.*

Gefäße in Holzoptik *passen gut in die Gartenlandschaft – ideal für Gartenbesitzer, die Natürlichkeit bevorzugen.*

Ein einfacher Drahtkorb, *gefüllt mit Futter, lockt auch seltenere Vögel wie den Erlenzeisig in den Garten.*

Solche Gefäße *für Erdnüsse verhindern, dass Vögel ganze Nüsse herausholen.*

durch Beobachten gelernt. Oft schwirren sie fast wie Kolibris vor dem Futtergefäß und picken kleine Stückchen ab.

Hängende Futterspender können auch größere Vögel anlocken, die das bunte Treiben beim Fressen beobachtet und gelernt haben, diese Nahrungsquelle ebenfalls zu nutzen. Dohlen, Saatkrähen und andere Rabenvögel plündern manchmal die Futterstellen, während Sperber gelegentlich in den Garten kommen, um unvorsichtige kleine Vögel an den Futtergefäßen zu erbeuten.

Spektakuläre Arten *wie diesen Buntspecht können Sie das ganze Jahr über beobachten, am häufigsten kommen sie jedoch im Winter zur Futterstelle. Buntspechte bevorzugen Gärten, in deren Nähe große Bäume und Sträucher stehen.*

Ausgelassener Talg, *vermischt mit Sämereien in einer Keramikglocke, ist besonders geeignet für Vögel, die kopfüber fressen.*

Dieses Gefäß *besitzt unten eine Öffnung, durch die die Sämereien auf eine Schale fallen. Ein Dach hält sie trocken.*

Durchsichtige *Plastikröhren können mit Samen gefüllt werden. Durch Öffnungen gelangen die Vögel an das Futter.*

Eine Schale *an der Unterseite dieser Röhre fängt die Körner auf. Abflusslöcher halten sie trocken.*

Unter den Öffnungen *dieses Futtergefäßes, die vielen Vögeln Zugang zum Futter bieten, sind Sitzstangen angebracht.*

Spezielle Futterspender

DIE MEISTEN FUTTERSPENDER sind so beschaffen, dass möglichst viele Arten an ihnen fressen können, obwohl Meisen und Finken fast immer die häufigsten Gäste sind. Als eine vogelfreundliche Gartengestaltung immer beliebter wurde, entwickelte man Futtergefäße, die seltenere Arten anlocken oder Fressfeinde abhalten. In einem guten Vogelgarten, der für verschiedene Arten attraktiv ist, sollten unterschiedliche Futterspender installiert werden.

Eine sorgfältige Auswahl *von Futter und Gefäßen kann Arten wie den Bluthänfling in den Garten locken.*

Unerwünschte Besucher

Hängende Futterspender haben den Vorteil, dass Sämereien und Nüsse außerhalb der Reichweite von Ratten oder Mäusen sind. Eichhörnchen sind dagegen schwieriger abzuhalten, weil sie sogar die dünnsten Zweige erklettern, zwei Meter oder noch weiter springen und fast alle Gefäße durchnagen können. Meistens fressen sie nicht nur das Futter, sondern machen auch die Gefäße unbrauchbar.

Es gibt verschiedene Möglichkeiten, Eichhörnchen von Futtergefäßen abzuhalten. Hierzu gehören steil gewölbte Plastikabdeckungen, die die Tiere nicht erklettern können, und um die Behälter angebrachte Drahtkäfige. Kleine Vögel können durch die Maschen schlüpfen, Eichhörnchen oder größere Vögel wie Tauben oder Krähen, die das Futter in Kürze auffressen würden, werden abgehalten. Käfige bieten auch Schutz vor Sperbern, die Futterplätze aufsuchen, um

Sperber *entdecken schnell die Futterplätze ihrer Beute und starten heftige Attacken gegen die Futtergefäße.*

FUTTERGEFÄSSE UND ZUBEHÖR

Mit Saugnäpfen *am Fenster befestigte Spender sollten nicht verwendet werden, da Vögel gegen die Scheibe fliegen können.*

An Wänden *montierte Gefäße sind ideal für kleine Gärten ohne Bäume. Sie locken kleinere Arten wie Blaumeisen an.*

Ringe *aus Sämereien und ausgelassenem Talg können als energiereiche Futterquelle an Zweige gehängt werden.*

Der »Eichhörnchenschutz« *über diesem Futterplatz kippt zur Seite, wenn ein Eichhörnchen versucht, Halt zu finden.*

Rostfreie Pfosten *können ein Gefäß erhöhen, wenn es keine Bäume im Garten gibt.*

Eichhörnchen *sind sehr einfallsreich und nutzen jede Futterquelle im Garten. Mit ihren meißelähnlichen Vorderzähnen und kräftigen Kiefern können sie den Draht von Futtergefäßen durchbeißen.*

kleinere Vögel zu erbeuten. Schutzkäfige müssen stabil und so groß sein, dass Eichhörnchen das Futter nicht mit den Pfoten erreichen. Außerdem müssen sie so befestigt sein, dass die Tiere das Befestigungsseil oder den Draht nicht durchnagen und das ganze Gefäß davontragen können.

Füttern für die Vielfalt

Je reichhaltiger die Palette an angebotenem Futter im Garten ist, desto größer ist fast immer die Artenvielfalt der Gäste. Spezielle Futterspender sind für besondere Futterarten geeignet: Hirse und Nigersaat sind z.B. kleiner als die meisten anderen Körner und Nüsse und fallen aus den üblichen Gefäßen heraus. Sie müssen in Behälter mit kleinen Öffnungen gefüllt werden.

Ein robuster, *stabiler Metallkäfig schützt eine Plastikröhre mit metallummantelten Futteröffnungen.*

Nigersaat *in einem Gefäß mit kleinen Öffnungen. Vor allem Distelfinken, aber auch Zeisige fressen hier.*

Ein Schutz *mit einer Maschenweite von 5 x 5 cm lässt kleine Vögel an das Futter gelangen, hält jedoch Eichhörnchen ab.*

In Behältern *für fetthaltiges Vogelfutter können Sie solche Tafeln an einen Zweig oder Pfosten hängen.*

Ein Meisenknödel *aus Talg und Körnern kann in einem natürlichen Behälter aus Zweigen aufgehängt werden.*

Ein Specht *frisst an einem Vogelkuchen.*

Futterspender am Boden

WENN SIE DIE NAHRUNGSGEWOHNHEITEN der verschiedenen Vogelarten berücksichtigen, wird sich die Artenvielfalt in ihrem Garten erhöhen. Viele häufige Arten haben sich an hängende Futterspender und Futterhäuschen gewöhnt, manche jedoch fressen lieber vom Boden. In einem gut durchdachten Vogelgarten ist dies berücksichtigt. Die geeigneten Futtergefäße sind im Handel erhältlich.

HÄUFIGE BESUCHER

Arten, die vorwiegend vom Boden fressen, sind:

- Türkentaube
- Bachstelze
- Heckenbraunelle
- Misteldrossel
- Singdrossel
- Star
- Buchfink
- Grünfink

Futterplätze am Boden

Einige Vögel wie Meisen und Finken suchen in den dünnen Ästen von Bäumen oder Sträuchern nach Nahrung und gewöhnen sich daher schnell an hängende Futterspender und Futterhäuschen. Andere, wie Rotkehlchen, Haussperling und Star, haben dieses Verhalten beobachtet und ahmen es nach. Viele Arten wie Heckenbraunelle und Singdrossel jedoch fressen hauptsächlich vom Boden und gehen nur manchmal an Futterhäuschen, wenn diese nicht überdacht sind.

Futter kann natürlich einfach auf den Boden gestreut werden, um es für alle Arten zugänglich zu machen. Buchfinken etwa kann man häufig dabei beobachten, wie sie unter Futterhäuschen die herabgefallenen Reste aufpicken. Am Boden wird Futter aber schnell durch Schnee und Regen verdorben, und Krankheitserreger können sich ausbreiten. Daher wird es am besten auf niedrigen Futterhäuschen (s. S. 26) oder in Futterspendern, die am Boden stehen, angeboten.

Verschiedene Futterspender

Viele der größeren Arten, die am Boden fressen, erscheinen in Trupps und picken in Kürze das gesamte Futter auf. In Spendern (siehe unten) wird das Futter dagegen portioniert freigegeben, sodass noch etwas übrig ist, wenn der Schwarm wieder abzieht. Außerdem wird das Futter nicht vom Wind verweht. Ein Gitterkäfig um das Gefäß gewährleistet, dass auch die kleineren, scheueren Vögel ihren Anteil erhalten, und schützt vor Katzen und Eichhörnchen.

Die Singdrossel *sucht lieber auf der Wiese nach Nahrung als am Futterhäuschen. Sie kommt niemals zu hängenden Futterspendern.*

VERSCHIEDENE FUTTERSPENDER

Dieser Plastikspender *verteilt das Futter auf einem Tablett, wenn der Vogel frisst. Versetzen Sie ihn täglich, damit keine Flecken auf dem Rasen entstehen.*

Spender aus Sperrholz *sind einfach und billig. Dieser Spender ist leicht auseinander zu nehmen und zu reinigen.*

Ein Gitterkäfig *ermöglicht kleinen Vögeln wie Heckenbraunellen, ungestört zu fressen, während Ringeltauben nicht hinein gelangen.*

Spender aus Metall *sind stabil und wetterfest. Der Käfig verhindert, dass große Vögel und Eichhörnchen dort fressen.*

STANDORTE FÜR FUTTERGEFÄSSE

Um möglichst viele Vögel in den Garten zu locken, sollten Sie verschiedene Futtergefäße an unterschiedlichen Orten aufstellen. Im Allgemeinen gilt: Installieren Sie hängende Futterspender für zutrauliche Arten in der Nähe des Hauses und für scheuere Vögel weiter entfernt. Für Vögel, die nicht an normale Futterhäuschen kommen, sollten Sie Futterspender und niedrige Futterhäuschen auf dem Boden, am besten auf dem Rasen, aufstellen. Manche Arten nutzen unterschiedliche Futterplätze. Daher sollte man verschiedene Standorte ausprobieren, bis alle Futterspender voll genutzt werden. Der Ort sollte immer sicher vor Katzen und anderen Feinden sein.

Ein Futterhäuschen *in Hausnähe ist gut zu beobachten. Amseln sind dort häufige Gäste.*

Die zutraulichsten Vögel, *wie Blaumeisen, kommen sehr nah ans Haus, wo man sie wunderbar beobachten kann.*

Ein Futterspender *mit Schutzkäfig ist gut für ungeschützte Standorte. Kleine Vögel wie Buchfinken sind so beim Fressen sicher.*

Ein hängender *Körnerspender in der Nähe eines Busches lockt regelmäßig Gäste wie Erlenzeisige an.*

Stare *kommen an Futterspender und -tische. Beides kann man vereinen, indem man hängende Gefäße am Rand eines Tisches befestigt.*

Vögel, *die selten zu Futterhäuschen kommen, wie die Türkentaube, besuchen dicht über dem Boden aufgehängte Schalen.*

Futtergefäße auf Pfosten *können Sie in ihrer Position verändern, bis der beste Platz gefunden ist. Sie locken Körnerfresser wie Haussperlinge an.*

Futterröhren *locken Akrobaten wie die Tannenmeise an. Sie müssen so am Baum befestigt werden, dass Katzen und Eichhörnchen nicht hingelangen können.*

Grünfinken *kommen oft in Trupps. Für sie sind große, röhrenförmige Futterspender in Bäumen geeignet.*

Eine gut bestückte, *niedrige Futterschale lockt am Boden fressende Vögel wie die Singdrossel an.*

So bauen Sie Futterspender selbst

SEIT DAS VOGELFÜTTERN IM GARTEN immer populärer wurde, ist etliches an Zubehör im Handel erhältlich. Futterhäuschen können Sie jedoch mit einfachen Materialien relativ leicht selbst bauen. Sie sind für die Vögel genauso attraktiv und wesentlich billiger. Mit ihrem rustikalen Aussehen passen sie gut in jeden Garten.

Dem Vogel, *hier einem Bergfink, ist das Aussehen des Futterhäuschens egal. Wichtig sind die Art des Futters und der Standort.*

Einfache Futterspender

Vögel können Sie auch mit einfachen Mitteln füttern, ohne teure Gerätschaften anzuschaffen. Hängen Sie für Blau- und Kohlmeisen beispielsweise eine halbierte Kokosnuss an einem Band auf. Oder fädeln Sie ganze Erdnüsse auf einen Draht. Fetthaltige Nahrung ist für Vögel im Winter besonders wichtig. Sie können ein Holzstück mit ausgelassenem Talg bestreichen oder Löcher hineinbohren und diese mit Nierentalg füllen (siehe unten). Das lockt nicht nur Meisen an, sondern auch Kleiber und Spechte. Man kann das Fett auch in leere Jogurtbecher oder Kokosnusshälften füllen, solange es flüssig ist, und mit Vogelfutter vermischen (s. S. 31). An einem Draht kann man die Gefäße an einen Ast oder ein Futterhäuschen hängen.

Eine halbe Kokosnuss *ist ein einfacher Futterspender. Die Öffnung sollte unten sein, damit sich kein Wasser darin sammelt.*

Heimarbeit

Futterhäuschen werden in allen Formen und Größen im Handel angeboten, und manche sind recht kunstvoll gefertigt. Bauen Sie ein Futterhäuschen selbst, muss es jedoch nicht kompliziert konstruiert sein (siehe rechte Seite). Ein einfaches Tablett auf einem Pfosten oder an einem Ast aufgehängt reicht aus, um das Futter vom Boden fernzuhalten. Ein Dach hält es trocken und sauber, ist aber nicht unbedingt notwendig. Wenn Ihnen selbst das zu kompliziert ist, befestigen Sie einfach ein flaches Tablett an einer geeigneten Stelle am Balkon oder auf der Terrasse.

Bohren Sie Löcher *in ein Stück Holz und streichen Sie Fett hinein. Das Holz kann dann in einen Baum oder Strauch gehängt werden und lockt Meisen und andere Arten an.*

Auch wenn es eine Weile dauert, bis die Vögel es entdeckt haben, werden schließlich viele Arten zutraulich und nehmen das Futter an.

Körnerspender halten das Futter trocken und vermeiden, dass es weggeweht wird. Mit Material aus dem Haushalt können Sie einfache Spender bauen (siehe rechte Seite). Kleinere Ausführungen lassen sich an Bäumen oder Pfosten befestigen, größere können Sie auf den Rasen stellen. Den Spender können Sie mit Körnermischungen füllen.

SO BAUEN SIE EIN FUTTERHÄUSCHEN

Fertigen Sie zuerst den Boden: Befestigen Sie die seitlichen Leisten mit rostfreien 30 mm-Nägeln an der Grundplatte. An den Ecken sollten Sie jeweils eine Lücke lassen, damit Regenwasser abfließen kann. Für das Dach passen Sie am First ein Dreikantholz zwischen den beiden Dachhälften ein und befestigen es mit Holzleim. Schneiden Sie für die Stützen Kanthölzer von 20 x 20 mm zurecht und schrägen Sie sie oben ab. Nun nageln Sie die Stützen in den Ecken des Bodens fest. Die dreieckigen Giebel befestigen Sie daran, bevor Sie schließlich das Dach festnageln.

Material

① Sperrholz 12 mm
② Holz 20 mm
③ Holz 20 x 20 mm
④ Sperrholz 9 mm
⑤ Dreikantholz 9 mm Kantenlänge

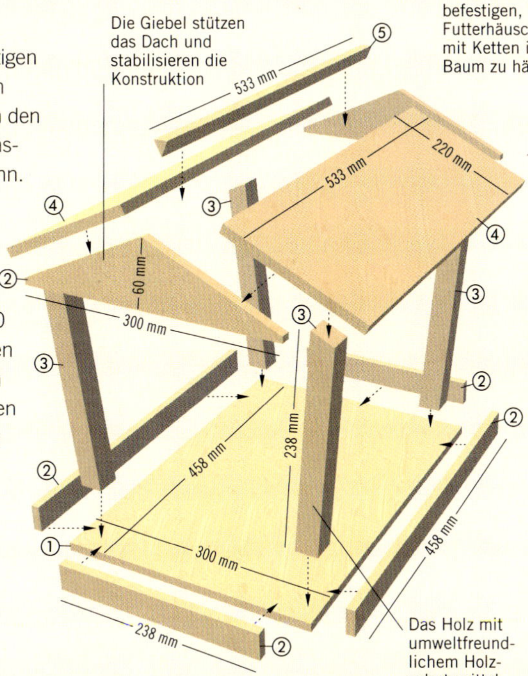

Fertiges Futterhäuschen

Das Häuschen *kann auf einen Pfosten gesetzt werden, der in den Boden geschlagen wird oder auf einem Ständer steht.*

Der Ständer *sollte so groß sein, dass das Häuschen bei Wind nicht umfällt.*

SO BAUEN SIE EINEN KÖRNERSPENDER

Bei diesem Futterspender wird ein 450 g-Marmeladenglas verwendet. Natürlich können Sie auch andere Gläser benutzen und die Größe des Gestells anpassen. Befestigen Sie die Hinterwand im rechten Winkel mit rostfreien Schrauben an der Basisplatte. Nageln Sie die Seitenstücke fest und lassen Sie dabei in den Ecken Lücken, damit Wasser abfließen kann. Nun bohren Sie für die Dübel, die das Glas stützen, zwei Löcher in die Grundplatte und nageln das Gurtband, das das Glas sichert, an der Rückwand fest. Zuletzt drehen Sie drei kurze Schrauben in die Grundplatte, auf denen das Glas steht.

Material

① Holz 25 mm ② Holz 20 mm
③ Sperrholz 12 mm ④ Rostfreie Schrauben
⑤ Gurtband ⑥ Marmeladenglas
⑦ Holzdübel 80mm

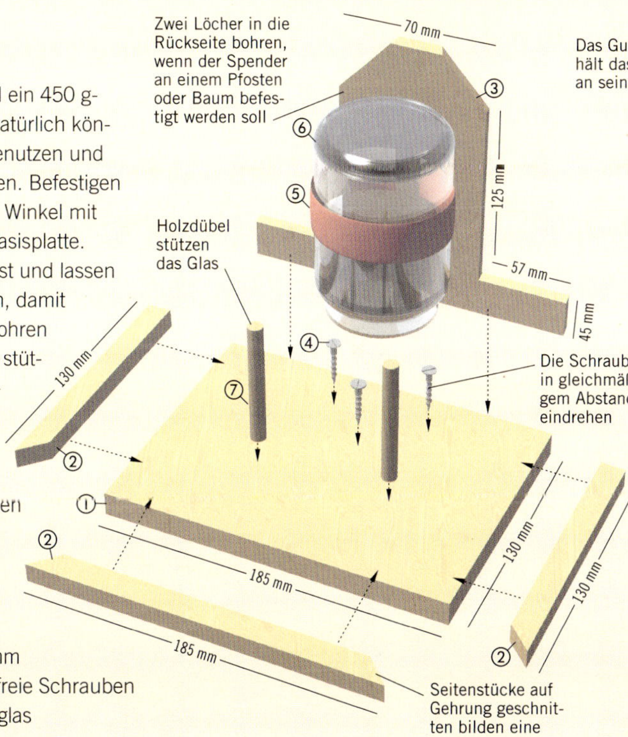

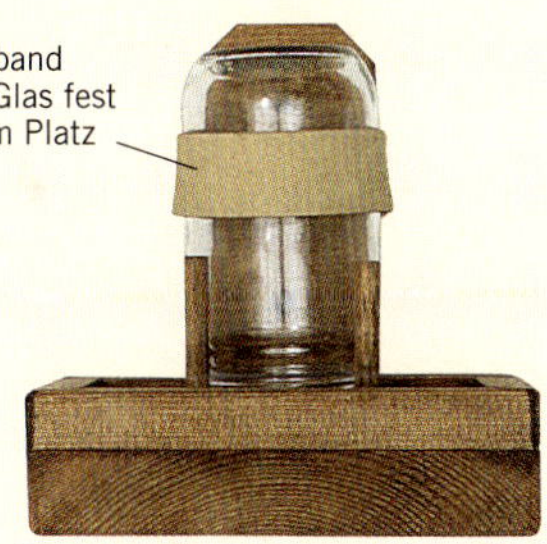

Fertiger Körnerspender

Der Abstand *zwischen Glasrand und Boden wird eingestellt, indem Sie an den Schrauben drehen. Somit lässt sich die Menge der herausfallenden Körner regulieren.*

Futterhäuschen

KEIN VOGELGARTEN IST VOLLSTÄNDIG ohne ein Futterhäuschen. Diese seit langem bewährte Einrichtung lockt verschiedenste Vögel an, von Mönchsgrasmücken über Tannenmeisen bis hin zu Türkentauben. Futterhäuschen halten Futter vom Boden fern und bieten Vögeln einen sicheren Platz zum Fressen. Es gibt viele Varianten des Grundmodells.

Gut bestückte Futterstellen *werden auch von selteneren Arten wie diesem Dompfaff besucht.*

HÄUFIGE BESUCHER

Vögel, die höchstwahrscheinlich ans Futterhäuschen kommen:

- Ringeltaube
- Türkentaube
- Rotkehlchen
- Amsel
- Blaumeise
- Kohlmeise
- Kleiber
- Dohle
- Star
- Haussperling
- Buchfink
- Grünfink
- Haustaube
- Stieglitz

Geeignete Futterhäuschen

Ein gutes Futterhäuschen bietet den Vögeln ein Höchstmaß an Sicherheit und verhindert, dass das Futter verschmutzt oder verweht wird. Es sollte leicht zu reinigen sein und einen Wasserabfluss besitzen (z. B. einen Boden aus rostfreiem Metallgitter), damit sich das Futter nicht voll saugt. Erhöhte Ränder sorgen dafür, dass das Futter nicht vom Wind fortgeweht wird. Außerdem muss das Häuschen an den Seiten offen sein, damit die Vögel sich nähernde Feinde wie Katzen und Sperber bemerken und rechtzeitig entkommen können.

An einem erhöht befestigten Futterhäuschen sammeln sich kleine Vögel wie Blau- und Kohlmeisen, größere wie Stare und wirklich große Arten wie Saatkrähen und Ringeltauben. Sogar Fasane wurden schon beobachtet. Wenn Vögel aufeinander treffen, die normalerweise nicht gemeinsam fressen, kann es zu Dominanzverhalten kommen, und die unterlegenen Vögel werden verjagt. Die Größe ist hier nicht immer entscheidend: Mönchsgrasmücken beispielsweise sind bekannt dafür, dass sie im Winter an Futterhäuschen kommen und andere Vögel vertreiben.

VERSCHIEDENE MODELLE VON FUTTERHÄUSCHEN

Niedrig stehende Futtertische *locken Vögel wie Bachstelze und Singdrossel an, die gern am Boden fressen.*

Die klassische Futterstelle *wird von vielen Arten besucht, so auch von Blaumeise und Kleiber.*

Modelle aus Metall *kosten mehr als solche aus Holz, sind aber wetterbeständiger.*

Eine Tablett, *das von einem Ast herabhängt, lockt scheue Arten wie den Stieglitz an.*

Verschiedene Vogelarten *fressen gemeinsam. Hier können Sie beobachten, wie Arten aufeinander reagieren.*

WAS MAN VERMEIDEN SOLLTE

Futterhäuschen in manchen Ausführungen sind ungeeignet. Ein integrierter Nistkasten (rechts) scheint zunächst eine gute Idee zu sein, weil er zwei Zwecke erfüllt. In der Praxis nisten Vögel nur ungern dort, wo viele Rivalen in ihr Revier eindringen, um zu fressen. An den Seiten geschlossene Häuschen sind ebenfalls nicht geeignet, weil sich die Vögel unsicher fühlen, wenn sie ihre Umgebung nicht einsehen können. Futterhäuschen sollten einfach zu säubern sein und keine Risse und Spalten haben, in denen sich Futter und Kot ansammelt.

Der ideale Standort

Das klassische Futterhäuschen steht auf einem in den Boden geschlagenen Pfosten. Modelle, die an Bäumen oder Wandhaken hängen, sind jedoch ebenso attraktiv. Alle Ausführungen sollten mit Abstand zu Bäumen und Sträuchern, die Katzen Deckung bieten, platziert werden. Überhängende Zweige dürfen nicht in Reichweite sein, damit Eichhörnchen das Häuschen nicht plündern. Zunächst sollten Sie das Futterhäuschen in einiger Entfernung vom Haus aufstellen, damit die Vögel ungestört sind. Später können Sie es näher vor ein Fenster setzen.

Dieses klassische Futterhäuschen *hat einen stabilen Fuß und kann einfach im Garten versetzt werden.*

Ein Dach schützt *das Futter vor Regen und Schnee. Die Metallschürze unter dem Häuschen hält Eichhörnchen fern.*

Ein Häuschen *mit mehreren Etagen kann verschiedene Futtersorten fassen, und viele Arten stellen sich ein.*

Dieses an der Wand *befestigte Häuschen wurde mit umweltfreundlichem Holzschutzmittel eingelassen.*

Das richtige Vogelfutter

Die meisten unserer häufigen Vogelarten ernähren sich sehr vielfältig. Singdrosseln fressen im Sommer Schnecken, während Rotkehlchen nach Insekten suchen. Erlenzeisige fressen Samen aus Erlenzapfen und Blaumeisen die aus Birkenkätzchen. Durch eine sorgfältige Wahl des Futters kann man verschiedene Arten in den Garten locken und ihnen helfen, den Winter zu überstehen. Sie können aus einem großen Angebot an fertigen Futtermischungen wählen, Ihr spezielles Futter aber auch selbst zusammenstellen.

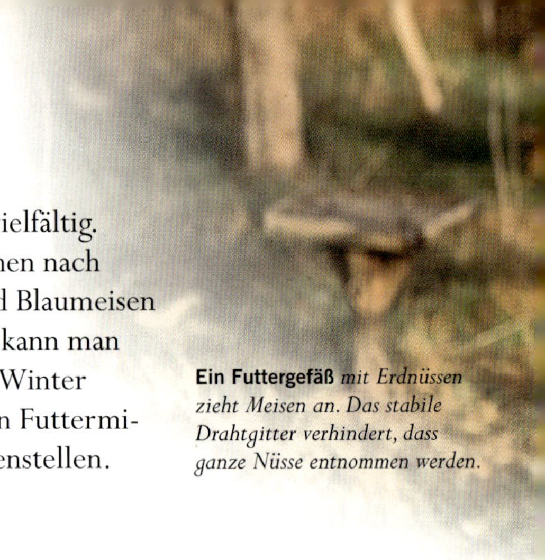

Ein Futtergefäß *mit Erdnüssen zieht Meisen an. Das stabile Drahtgitter verhindert, dass ganze Nüsse entnommen werden.*

Energie zum Leben

Wie viel ein Vogel fressen muss, hängt vom Energiegehalt der Nahrung ab. Insekten sind für Vögel am nahrhaftesten, gefolgt von Samen. Beeren stehen an letzter Stelle. Eine Amsel, die sich im Herbst von Cotoneaster-Beeren ernährt, muss zum Überleben jeden Tag über 300 Stück davon fressen.

Fertiges Futter besteht meistens aus Samen oder Nüssen. Bei Fertigmischungen wird im Idealfall darauf geachtet, dass der Nährstoffgehalt ähnlich ausgewogen ist wie das natürliche Futter der Vögel. In den letzten Jahren wurde das Angebot an Futtermischungen immer vielfältiger: Es gibt Samenmischungen speziell für Futterröhren oder am Boden stehende Spender, bei anderen wurden die Schalen der Körner bereits entfernt. Mischungen für Futterhäuschen enthalten oft auch Samen für Vögel, die lieber am Boden fressen, wie Sperlinge, Rotkehlchen und Buchfinken. Manchmal ist Grit beigemischt, eine Quelle für Kalzium, das die Vögel zur Bildung der Eierschalen benötigen. Auch speziell für verschiedene Gruppen wie Enten, Gänse und Schwäne sind Mischungen erhältlich.

Jungvögel *werden meist mit Insekten gefüttert, einer hochwertigen Proteinquelle.*

Generell sollten Sie nur Vogelfutter guter Qualität kaufen, denn schlecht gelagerte oder ungeeignet verpackte Mischungen können Aflatoxin enthalten, einen von Schimmelpilzen produzierten Giftstoff, der für Vögel tödlich sein kann.

IM HANDEL ERHÄLTLICHES VOGELFUTTER

Im Fachhandel können Sie hochwertiges Vogelfutter mit hohem Brennwert und Nährstoffgehalt kaufen. Samenmischungen sind am beliebtesten und locken die meisten Vögel an, manche Arten jedoch bevorzugen spezielle Körner. Oft sind kleine Probemischungen erhältlich, die Sie testen können.

Nigersaat *wird von Distelfinken gerne genommen, muss aber wegen der kleinen Körner in spezielle Gefäße gefüllt werden.*

Hirse *hat einen hohen Fettgehalt. In Futterspendern am Boden oder in Futterhäuschen lockt es kleinere Arten wie Finken an.*

Schwarze Sonnenblumenkerne *sind bei vielen Arten beliebt, auch beim Grünfink. Die Schalen können Sie zum Kompost geben.*

Samenmischungen *aus Sonnenblumenkernen, Hirse und Haferflocken sind für hängende Gefäße geeignet.*

Mischungen für Futterhäuschen *enthalten Weizen, Sonnenblumenkerne, Maisschrot, Haferflocken und zerkleinerte Erdnüsse.*

Erdnüsse *sind reich an Fett und Protein. Sie locken hauptsächlich Meisen, aber auch Grünfinken und Sperlinge an.*

Rosinen und Sultaninen *werden am besten mit anderem Futter vermischt. Sie sind vor allem bei Amseln und Drosseln beliebt.*

Mehlwürmer, *Wachsmottenlarven und Regenwürmer, die Sie in einer tiefen Schüssel anbieten können, sind besondere Leckerbissen.*

NAHRUNGSBEDARF IM JAHRESVERLAUF

Der Energiebedarf aller Vogelarten schwankt im Laufe eines Jahres erheblich (siehe unten). Die Vögel brauchen mehr Futter, wenn es kalt ist, wenn sie vor dem Zug in den Süden Fettreserven aufbauen müssen und während der Jungenaufzucht. **Zusätzlich gefüttert werden sollte allerdings nur im Winter, etwa von Anfang November bis Mitte März.**

Hoher Nahrungsbedarf

Geringer Nahrungsbedarf

ART	Jan	Feb	März	April	Mai	Juni	Juli	Aug	Sept	Okt	Nov	Dez	BEVORZUGTES FUTTER
Türkentaube													*Verschiedene Körnermischungen, Getreide*
Heckenbraunelle													*Nigersaat, Hafermehl*
Rotkehlchen													*Mehlwürmer, Erdnussstückchen, Sonnenblumenkerne*
Singdrossel													*Obst, Regenwürmer, Mehlwürmer, Erdnussstückchen*
Amsel													*Obst, Erdnussstückchen, Mehlwürmer, Regenwürmer*
Kohlmeise													*Erdnüsse, Vogelkuchen, Samenmischungen, Sonnenblumenkerne*
Blaumeise													*Erdnüsse, Vogelkuchen, Sonnenblumenkerne, Samenmischungen*
Star													*Samenmischungen, Vogelkuchen, Lebendfutter*
Haussperling													*Sonnenblumenkerne, Samenmischungen*
Buchfink													*Erdnussstückchen, Sonnenblumenkerne, Samenmischungen*
Stieglitz													*Sonnenblumenkerne, Nigersaat, Erdnüsse*
Grünfink													*Sonnenblumenkerne, Samenmischungen*
Erlenzeisig													*Sonnenblumenkerne, Erdnüsse, Nigersaat*

Futter selbst herstellen

VOGELFUTTER MUSS NICHT TEUER SEIN. In der Küche fällt manches an, womit man fertige Futtermischungen ergänzen kann, und Fallobst ist ein guter Zusatz zum Körnerfutter. Wer sich mehr Mühe machen möchte, kann spezielle Vogelkuchen zubereiten. Allerdings muss man beim Verfüttern von Küchenabfällen einiges beachten, um den Vögeln nicht durch falsch verstandene Tierliebe zu schaden, denn die meisten Küchenabfälle eignen sich nicht zur Vogelfütterung.

Vogelkuchen *aus ausgelassenem Rindertalg und Körnern lassen sich leicht selbst herstellen. Dieselben Futtersorten sollten immer an bestimmten Stellen angeboten werden, da Vögel sich daran gewöhnen.*

Kostenloses Futter

Küchenabfälle wie Brot- und Kuchenreste, gekochte Kartoffeln, Käse und Schinkenrinde wurden früher gern an Vögel verfüttert. Mittlerweile weiß man jedoch, dass viele dieser Reste ungeeignet sind und den Vögeln schaden können.

Der nebenstehenden Tabelle können Sie entnehmen, was Sie beachten müssen, wenn Sie Küchenabfälle verfüttern wollen.

Keine Gefahr besteht bei Fallobst. Im Herbst kann man es einfach auf der Wiese liegen lassen oder es einsammeln, um es später an die Vögel zu verfüttern. Obst ist bei Drosselvögeln beliebt, besonders bei Amseln. Die im Spätherbst übrig gebliebenen Reste sind Nahrung für Zugvögel wie Rot- und Wacholderdrossel.

Wenn Sie Talg auf einen Baumstamm streichen oder in die Spalten eines Holzscheites drücken, ist er ein Leckerbissen für Meisen und Kleiber. Ausgelassenes Fett, in einen Joghurtbecher gefüllt und dann in fester Form herausgedrückt, ist im Futterhäuschen oder an einem Faden aufgehängt energiereiches Futter für Haussperlinge, Stare und Meisen. Gehaltvollere selbst gemachte Kuchen (siehe rechte Seite) locken Meisen und Finken an.

Samen *von Flachs, Sonnenblume, Buche und Karde können im Garten gesammelt und an die Vögel verfüttert werden.*

VORSICHT BEI KÜCHENABFÄLLEN!

Vogelfutter darf nicht verschimmelt sein, da Schimmel Atemwegserkrankungen hervorrufen kann. Entfernen Sie altes Futter immer aus dem Futterhäuschen. Salmonellen können sich sonst vermehren, die für viele Vögel tödlich sind.

Kuchen- und Brotreste *sollten nicht verfüttert werden, da sie sich schnell voll Feuchtigkeit saugen und Bakterien und anderen Krankheitserregern einen Nährboden bieten.*

Auch bei gekochten Kartoffeln *ist Vorsicht geboten. Sie werden schnell schlecht und enthalten relativ viel Salz, das die Vögel durstig macht.*

Gekochter Reis *wird von Haussperlingen und Staren sehr gern genommen. Allerdings sollte er auf keinen Fall in Salzwasser gekocht oder gewürzt sein.*

Obst *wie Äpfel und Birnen ist beliebt. Schneiden Sie die Früchte nicht klein, da gefrorene Stückchen sonst ganz gefressen werden und im Kropf oder Darm Entzündungen hervorrufen.*

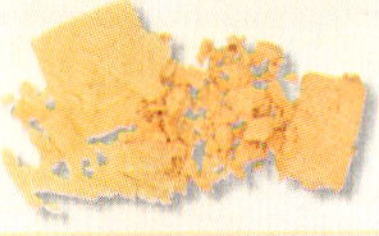

Trockener Käse *ist salzhaltig und deshalb nicht als Vogelfutter geeignet, da die Vögel durstig werden.*

Schinkenrinde *ist ebenfalls salzig und deshalb ungeeignet. Bieten Sie den Vögeln stattdessen als fettreiche Nahrung ausgelassenen Rindertalg an.*

TISCHMANIEREN

In der Natur fressen Vögel selten immer am selben Ort. Viel besuchte Futterhäuschen können daher zu Herden für Krankheitserreger werden, von denen manche auch auf Menschen übertragbar sind. Deshalb sollten Sie altes Futter und Kot regelmäßig entfernen und das Häuschen mit einer milden Seifenlösung abwaschen. Futterreste am Boden locken Mäuse an, entfernen Sie deshalb auch diese.

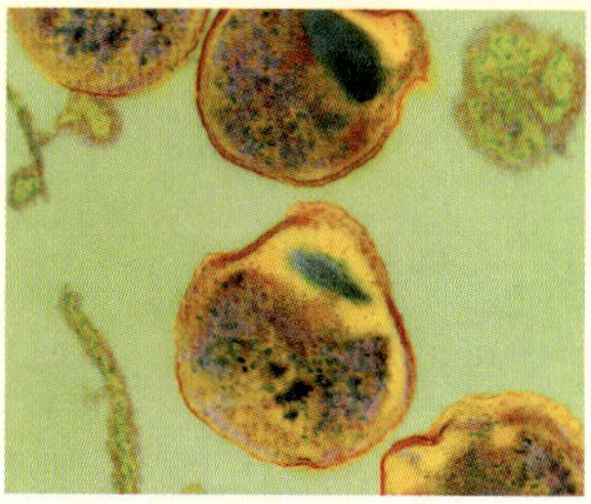

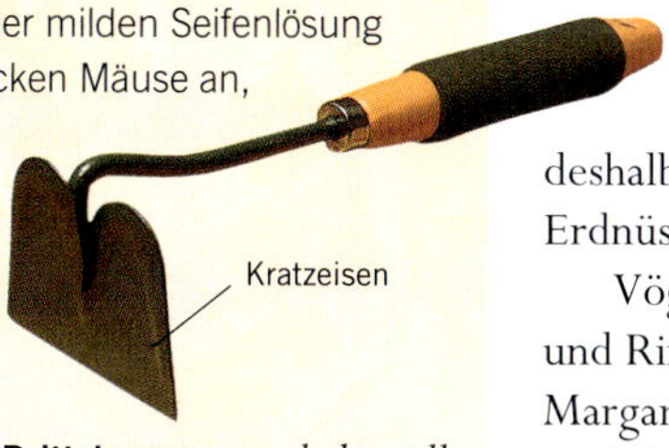

Psittakose *ist eine bakterielle Infektion, die auf Menschen übertragbar ist und Symptome hervorruft, die denen einer Lungenentzündung ähneln.*

Was Sie noch vermeiden sollten

Eine Reihe anderer Lebensmittel, die aus Unwissenheit oft verfüttert werden, sind ebenfalls ungeeignet. Ungekochter Reis und getrocknete Kokosflocken beispielsweise quellen im Vogeldarm auf, was fatale Folgen haben kann. Vögel dürfen außerdem generell kein verdorbenes oder gewürztes Essen bekommen. Die meisten Arten vertragen keine salzhaltige Nahrung, verfüttern Sie deshalb weder Geräuchertes noch Chips oder gesalzene Erdnüsse.

Vögel brauchen gesättigte Fettsäuren, wie sie in Nieren- und Rindertalg enthalten sind. Ungesättigte Fettsäuren in Margarine und Pflanzenöl hingegen können ihnen schaden, weil das Gefieder seine wasserabweisenden Eigenschaften verliert, wenn es mit diesen Fetten in Berührung kommt. Auch die Wärmeisolation kann so verloren gehen, und die Vögel erfrieren.

Vogelkuchen *lassen sich leicht selbst herstellen. Lassen Sie Nieren- oder Rindertalg aus, vermischen Sie ihn mit Körnern und ungesalzenen Erdnüssen und lassen Sie die Mischung in einem Gefäß fest werden. Den fertigen Kuchen können Sie aufgeschnitten ins Futterhäuschen legen.*

Trinken und Baden

WASSER SOLLTE IN JEDEM VOGELGARTEN zur Verfügung stehen. Es lockt das ganze Jahr über viele Vögel an. Auch Arten, die ihre Nahrung anderswo suchen, kommen zum Trinken und Baden. Am einfachsten ist es, ein Vogelbad aufzustellen. Noch besser sind natürlich Teiche mit flachen Ufern, die auch anderen Tieren wie Fröschen, Kröten und Fischen Lebensraum bieten.

Dieses Wintergoldhähnchen *ist völlig durchnässt. So kühlt es sich bei heißem Wetter ab, und das Gefieder lässt sich besser ordnen.*

Die Bedeutung des Wassers

Kleine Vögel, vor allem Arten, die sich von trockenen Samen ernähren, müssen mindestens zweimal am Tag trinken, um den Wasserverlust durch Atmung und Kot auszugleichen. Ein gelegentliches Bad spielt bei der Gefiederpflege eine große Rolle. Das Anfeuchten der Federn löst den Schmutz und erleichtert das Putzen.

Manche Waldvögel trinken Wassertropfen, die sich auf Blättern sammeln. Die meisten Arten nehmen jedoch ein Vogelbad oder einen Teich gerne an. Ein Vogelbad sollte schlicht und stabil sein, außerdem so leicht, dass Sie es problemlos säubern und auffüllen können. Abgeschrägte Ränder ermöglichen den Badegästen einen Einstieg in seichtes Wasser. Das Becken sollte an verschiedenen Stellen unterschiedlich tief sein, am besten zwischen 2,5 und 10 cm. So können alle Arten in der für sie idealen Tiefe baden. Außerdem wichtig ist eine raue Oberfläche, damit die Vögel mit ihren

WASSER IM WINTER

Bei Kälte muss das Vogelbad täglich kontrolliert werden. Brechen Sie das Eis auf, damit die Vögel trinken und baden können. Geben Sie auf keinen Fall Frostschutzmittel ins Wasser, die giftig sind und das Gefieder der Vögel entfetten und zerstören. Wenn Sie einen Springbrunnen installieren, können Vögel bei Frost am fließenden Wasser trinken. Haussperlinge lernen schnell, den Springbrunnen zu nutzen.

Ein Gartenteich *dient Vögeln nicht nur zum Trinken und Baden, manche Arten wie der Graureiher jagen dort sogar nach Fischen und Fröschen.*

VERSCHIEDENE VOGELBÄDER

Ein steinernes Vogelbad *auf einem Sockel wirkt rustikal, ist aber schwer und kaum zu bewegen.*

Wenn Sie in Keramikgefäße *eine Schicht Kies füllen, haben die Vögel mehr Halt.*

Das Fiberglas-Bad *in Steinoptik hat tiefe und flache Bereiche und ist für Vögel aller Größen geeignet.*

Auch Metallgefäße *sind geeignet. Ein Tennisball verhindert im Winter das Einfrieren.*

Krallen Halt finden. Das Vogelbad muss so groß sein, dass auch nach einem heftigen Bad noch Wasser vorhanden ist.

Eine große Pflanzschale mit einem Stein in der Mitte, der den Vögeln als Sitzplatz dient, oder ein umgedrehter, im Boden eingelassener Mülltonnendeckel geben die einfachsten Vogelbäder ab. Gartencenter bieten auch fertige Bäder an. Sie sollten das Becken wöchentlich reinigen und Algen und Kot entfernen.

Dieses seichte Teichufer *lockt im Frühjahr viele Amseln an. Die Vögel trinken, baden, suchen nach Nahrung und sammeln Schlamm, den sie zum Nestbau verwenden.*

Sicherheit geht vor

Vögel sind beim Baden abgelenkt und sehen nahende Feinde oft zu spät. Stellen Sie das Vogelbad deshalb in die Nähe von Büschen oder Bäumen, in die sich die Vögel zurückziehen können, um ihr Gefieder zu trocknen.

Es kann auch vorkommen, dass Vögel Wasserfässer oder -tröge zum Trinken und Baden nutzen wollen und dabei jämmerlich ertrinken. Lassen Sie ein Stück Holz auf dem Wasser schwimmen, damit die Vögel darauf sitzen können.

Beim Baden *setzen sich die meisten Vögel ins Wasser, plustern ihre Federn auf und schlagen mit den Flügeln, damit das Wasser über den Körper verteilt wird. Nach dem Baden schütteln sie sich und ordnen ihr Gefieder.*

Nistkästen

AUCH WENN EIN GARTEN viel Nahrung bietet, wandern die Vögel zur Brutzeit ab, wenn sie keine geeigneten Nistplätze finden. Am besten bringt man daher Nistkästen an, die den natürlichen Bedürfnissen der Vögel gerecht werden. Über 60 Vogelarten benutzen Nistkästen, von Meisen, Sperlingen und Grauschnäppern bis hin zu Turmfalken und Waldkäuzen. Standort und Umgebung des Nistkastens müssen für die Bewohner geeignet sein.

Bezogene Nistkästen *sollten in Ruhe gelassen werden. Am besten beobachtet man aus sicherer Entfernung oder installiert eine winzige Nistkastenkamera, die an den Fernseher angeschlossen werden kann.*

Geschlossene und offene Kästen

Viele Gartenvögel nisten in Baumhöhlen. Der Buntspecht zimmert seine Höhle in der Regel selbst, viele andere Arten beziehen alte Spechthöhlen oder suchen nach natürlichen Höhlen in alten Bäumen. In Städten, wo es wenige alte Bäume gibt, können Gartenbesitzer Ersatz in Form geschlossener Nistkästen anbieten.

Der typische Nistkasten ist rechteckig, höher als breit und hat vorne ein kleines Einschlupfloch. Welche Maße geeignet sind, hängt von der Vogelart ab, die den Kasten beziehen soll. Meisenkästen sind relativ klein, die größten Nistkästen werden von Dohlen und anderen Arten dieser Größe genutzt. Für soziale Vögel wie Haussperlinge sollten Sie mehrere benachbarte Kästen aufhängen, die meisten Vögel jedoch verteidigen ein größeres Revier und bevorzugen Kästen, die in ausreichendem Abstand angebracht sind.

Vorne offene Nistkästen werden von Arten bezogen, die an Vorsprüngen und nicht völlig umschlossenen Stellen nis-

OFFENE UND GESCHLOSSENE NISTKÄSTEN

Ein halboffener Nistkasten *ist einfach gebaut und leicht zu reinigen. Er wird von Rotkehlchen, Grauschnäppern und Zaunkönigen bezogen, wenn er niedrig angebracht ist.*

In offenen Kästen *nisten vor allem Amseln. Sie sind einfach zu pflegen und erlauben vorsichtigen Einblick.*

Meisen *bevorzugen geschlossene Nistkästen. Das Dach oder die Vorderfront sollte abnehmbar sein, damit der Kasten gereinigt werden kann.*

DER RICHTIGE NISTKASTEN

Nistkästen gibt es mit unterschiedlich großen Einschlupflöchern. Hier sehen Sie, welche Arten offene bzw. geschlossene Nistkästen beziehen und wie groß das Einschlupfloch jeweils sein sollte.

GESCHLOSSENE NISTKÄSTEN

Vogelart	Lochdurchmesser
Blaumeise	25 mm
Kohlmeise	28 mm
Feldsperling	28 mm
Kleiber	32 mm
Haussperling	32 mm
Star	45 mm
Buntspecht	50 mm
Steinkauz	70 mm
Stockente	150 mm
Hohltaube	150 mm
Waldkauz	150 mm
Dohle	150 mm

OFFENE NISTKÄSTEN

Vogelarten
Zaunkönig
Bachstelze
Rotkehlchen
Amsel
Grauschnäpper
Straßentaube
Turmfalke

ten, wie Grauschnäpper, Rotkehlchen und Bachstelze. Manchmal nehmen auch Amseln und Zaunkönige solche Kästen an.

Nistkästen aus Holz sollten außen mit umweltfreundlichem Holzschutzmittel behandelt werden. Kästen, die aus einer Mischung von Sägemehl und Beton hergestellt werden, sind stabil und verrotten nicht. In ihnen haben die Nestlinge oft eine größere Überlebenschance, weil die Tem-

Ein Haussperling *füttert seine Jungen im Nistkasten. Haussperlinge nisten meist in der Nähe von Gebäuden.*

Dieser stabile Nistkasten aus Harz *sorgt für zusätzliche Sicherheit, weil Feinde das Einschlupfloch nicht vergrößern können, um an die Eier oder Jungvögel zu gelangen.*

Der Nistkasten aus einem Birkenstamm *passt perfekt in einen rustikalen Garten. Der Deckel kann am Ende der Brutsaison für die Reinigung abgeschraubt werden.*

Durch die drei Löcher *dieses Betonkastens kann zusätzlich Licht einfallen. Die Vögel nisten hinten im Kasten außerhalb der Reichweite von Feinden.*

Der Buntspecht *ist ein Höhlenbrüter. Mit seinem Schwanz stützt er sich ab, wenn er einen Baumstamm hochklettert, um eine Bruthöhle zu zimmern oder seine Jungen zu füttern.*

NISTKÄSTEN UND BESTANDSERHOLUNG

Die Bestände vieler Gartenvögel gehen zurück. Die Haussperlingspopulation beispielsweise hat sich in einigen Teilen Europas in den letzten 20 Jahren halbiert. Durch geeignete Nistkästen können sich die Bestände dieser einst häufigen Vögel lokal erholen. Haussperlinge nutzen Meisenkästen mit einem Einschlupfloch von 32 mm Durchmesser. Hängen mehrere Kästen dicht zusammen, können Sie beobachten, wie die Population innerhalb eines Jahres zunimmt.

peratur im Innern konstanter bleibt und die meisten Feinde nicht hineingelangen.

Nistkästen sollten Sie zwischen Anfang Januar und Ende Februar aufhängen, wenn die Vögel schon nach möglichen Plätzen zum Nestbau Ausschau halten. Ist ein Kasten besetzt, sollte er möglichst wenig gestört werden, bis die Jungen ausfliegen. Nach der Brutzeit wird das Nistmaterial entfernt und der Kasten desinfiziert, damit Parasiten nicht überleben (siehe rechte Seite). Der Kasten sollte sofort wieder aufgehängt werden, weil er im Winter verschiedenen Tieren als Schlafplatz dient.

SPEZIELLE NISTKÄSTEN

Turmfalken nisten *normalerweise an Vorsprüngen von Felsen oder Gebäuden oder in großen Baumhöhlen. Manchmal besetzen sie offene Nistkästen in hohen Bäumen.*

Stare scheinen häufig zu sein, *aber in Europa gehen die Bestände zurück. Große Nistkästen mit 45 mm großen Einschlupflöchern sind für sie geeignet.*

Waldkäuze *beziehen lange Holzkästen hoch in Bäumen. Bei der Platzwahl sollte man berücksichtigen, dass nistende Waldkäuze in seltenen Fällen Passanten angreifen.*

Seien Sie nicht enttäuscht, wenn Ihr Nistkasten nicht gleich im ersten Jahr genutzt wird. In den nächsten Jahren werden sich bestimmt Gäste einstellen. Wenn Sie mehrere Nistkästen aufhängen, erhöht sich die Chance, dass wenigstens einer davon bezogen wird. Werden verschiedene Kastentypen angeboten, nisten eher auch seltenere Arten darin.

Seltenere Nistgäste

Einige Vögel nehmen fast nie künstliche Nistkästen an, andere haben ganz bestimmte Bedürfnisse. Mauersegler etwa, die ursprünglich in Höhlen und Felsspalten nisteten, sind vor Jahrzehnten in unsere Städte eingewandert und bauen ihre Nester in hoch gelegenen Gebäudenischen. An modernen Häusern jedoch finden sich meist nur wenige geeignete Stellen. Dennoch wurden installierte Nistkästen nicht angenommen. Studien belegten, das Mauersegler die Kästen nicht als mögliche Nistplätze erkennen. Werden jedoch Mauerseglerrufe in unmittelbarer Nähe von einem Band abgespielt, erhöht sich die Chance, dass die Kästen von den Tieren inspiziert und angenommen werden.

Zaunkönige sind Opportunisten, *was die Wahl ihres Nistplatzes betrifft. Dieser hat sich einen alten Pullover ausgesucht.*

HYGIENE IM NISTKASTEN

Die meisten Vögel haben Flöhe und andere Parasiten, die im Kasten verbleiben und die Jungvögel des nächsten Jahres befallen können. Daher sollten alte Nester im Herbst entfernt werden. Mit kochendem Wasser können die Kästen gereinigt und die Parasiten abgetötet werden. Insektizide und Flohpulver sind nicht notwendig. Geben Sie danach eine Handvoll frisches Heu oder Hobelspäne (kein Stroh) in den Kasten. Dann wird er im Winter vielleicht von Säugetieren oder Vögeln bezogen.

Das Öffnen des Nistkastens *während der Brutzeit kann Vögel dazu veranlassen, ihre Eier oder Jungen zu verlassen.*

Rauchschwalben *bauen napfförmige Nester aus Schlamm und polstern sie mit Federn. Kunstnester können in einem Schuppen oder Stall unter der Decke angebracht werden.*

Baumläufer nisten *normalerweise in engen Ritzen und Spalten in alten Bäumen. Geeignete Nistkästen sind keilförmig und haben ein dreieckiges Einschlupfloch.*

Taubenhäuser *beherbergten früher Tauben als Fleischlieferanten für den Winter. Heute dienen sie nur zur Dekoration.*

Nistkästen selbst bauen

SIE MÜSSEN NICHT ÜBER GROSSARTIGE handwerkliche Fähigkeiten verfügen, um Nistkästen selbst zu bauen, und werden Spaß dabei haben. Bauen Sie Kästen, die für die Vögel geeignet sind, die ihren Garten im Winter besuchen. Die Chance, dass einige davon bleiben und bei Ihnen brüten, ist groß. Es gibt zwar keine Garantie, dass ein Kasten angenommen wird, der richtige Standort ist jedoch wichtig.

Nistkästen sollten *an der von Wind und Regen abgewandten Baumseite aufgehängt werden.*

Selbstgebaute Nistkästen

Es gibt zwei Grundversionen von Nistkästen, die relativ einfach zu bauen sind: geschlossene mit einem kleinen Loch für Meisen und offene für Rotkehlchen und Bachstelzen. Ein Vorteil beim Selberbauen ist, dass man die Kästen auf die Bedürfnisse verschiedener Arten abstimmen kann. Die Größe eines geschlossenen Nistkastens und der Durchmesser des Einschlupfloches bestimmen z.B., welche Art ihn benutzen wird.

Die Kästen sollten aus stabilem Holz bestehen und können außen mit ungiftigen Holzschutzmitteln behandelt werden. Das Kasteninnere muss groß genug für ein Nest und mehrere Jungvögel sein. In zu kleinen Kästen wird es eng, der Luftaustausch ist schlecht und sie überhitzen bei warmem Wetter. Zu große Kästen hingegen füllen Vögel einfach mit mehr Nistmaterial. Am Ende der Saison sollten alte Nester entfernt und die Nistkästen gesäubert werden (s. S. 37). Um an das Kasteninnere zu gelangen, kann der Deckel mit Scharnieren aufklappbar angebracht werden.

Fertiger Nistkasten

SO BAUEN SIE EINEN NISTKASTEN

Für einen normalen geschlossenen Nistkasten schneiden Sie Holzdielen oder Sperrholz wie abgebildet zurecht. Sägen Sie die Seite des Deckels, der schräg an die Rückwand anstößt, so zurecht, dass er genau passt. Eine Metallplatte auf der Innenseite der Vorderwand verstärkt das Loch. Mit 38 mm langen Nägeln befestigen Sie zunächst die Seitenwände, dann die Vorder- und Rückseite an der Grundplatte. Mit einem Streifen aus wasserbeständigem Material oder einem Metallscharnier können Sie nun den Deckel an der Hinterwand befestigen und mit Haken und Ösen beidseitig sichern.

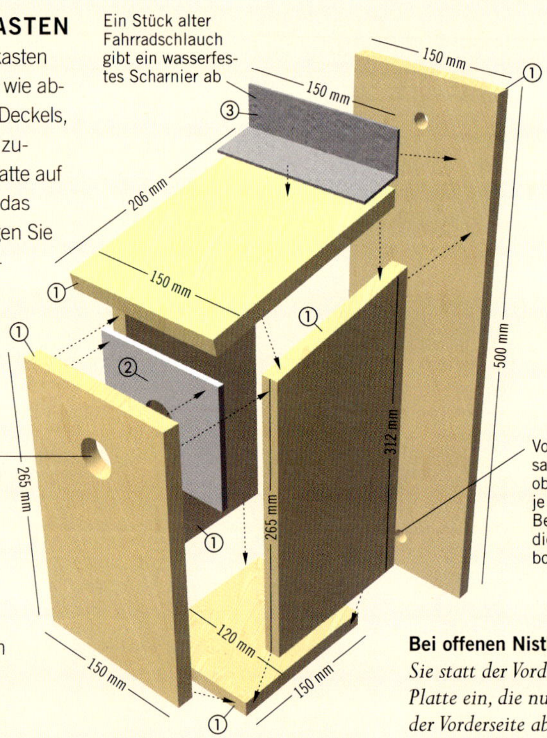

Material

① Holzdielen oder Sperrholz mit 15 mm Dicke
② Metall- oder Zinkplatte, um das Einschlupfloch zu verstärken
③ Metallscharnier oder Streifen von wasserbeständigem Material

Bei offenen Nistkästen *bauen Sie statt der Vorderwand eine Platte ein, die nur die Hälfte der Vorderseite abdeckt.*

STANDORTE FÜR NISTKÄSTEN

Einige Faustregeln sollten Sie beachten, wenn Sie Nistkästen im Garten anbringen. Vögel brauchen beim Nisten ihre Ruhe, daher sollten Nistkästen an möglichst geschützten Stellen hängen. Außerdem sollten Feinde wie Katzen schlecht angreifen können. Bringen Sie mehrere Kästen an, erhöht dies die Chance, dass einer davon bezogen wird. Da die meisten Arten ihre Reviere verteidigen, sollten die Kästen weit genug voneinander entfernt hängen. Auch sollten sie sich nicht zu nahe an den Futterhäuschen befinden, da die Gäste dort als Eindringlinge im Revier empfunden werden.

Haussperlinge *nisten gern nahe beieinander und beziehen auch spezielle Terrassenkästen, die von mehreren Paaren bezogen werden.*

Stare *benutzen große, geschlossene Nistkästen mit einem Einschlupfloch von 52 mm Durchmesser an einer Wand oder einem Baum.*

Baumläufer *nisten normalerweise in Baumspalten und nehmen spezielle keilförmige Kästen an, die an einem Baumstamm befestigt sind.*

Turmfalken *nisten in großen, offenen Nistkästen in der Krone hoher Bäume in mindestens 5 m Höhe.*

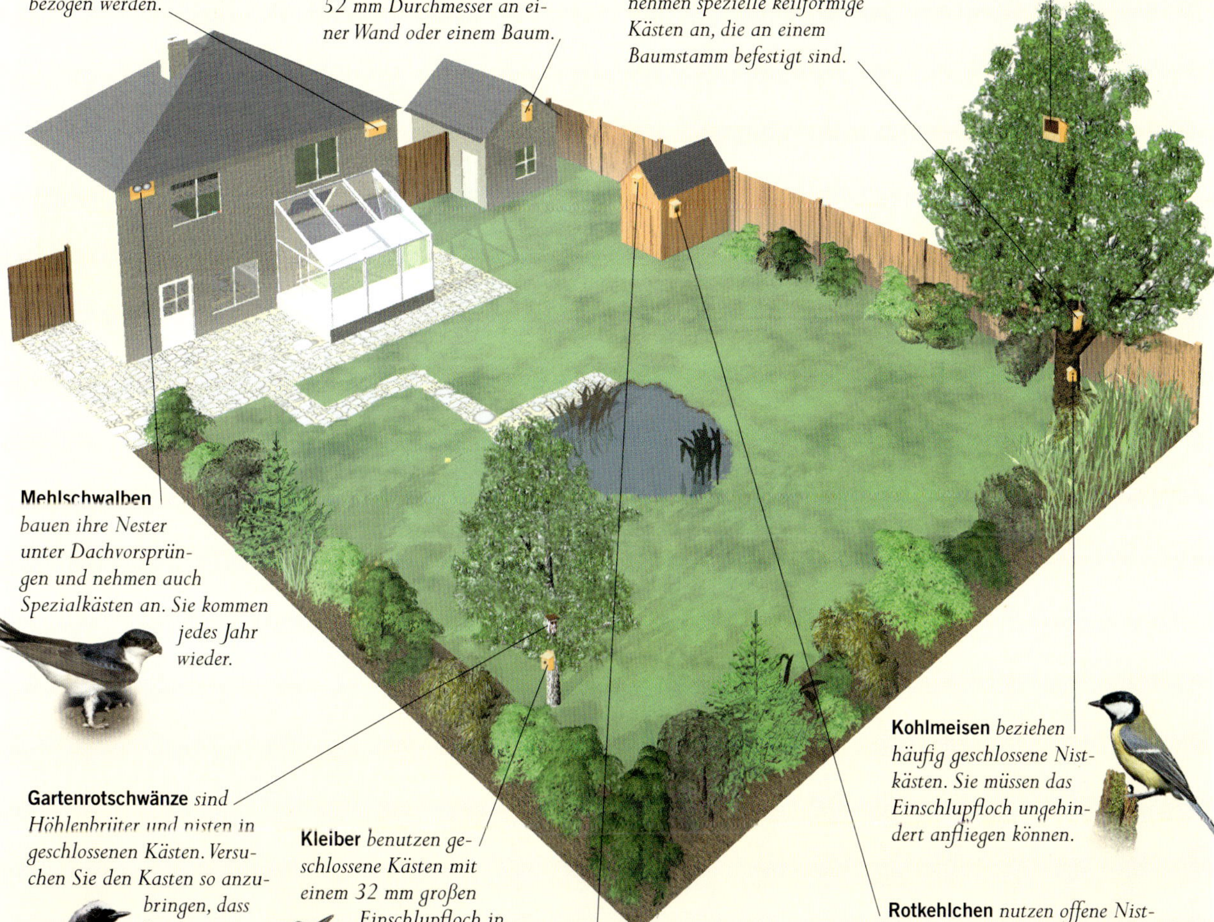

Mehlschwalben *bauen ihre Nester unter Dachvorsprüngen und nehmen auch Spezialkästen an. Sie kommen jedes Jahr wieder.*

Kohlmeisen *beziehen häufig geschlossene Nistkästen. Sie müssen das Einschlupfloch ungehindert anfliegen können.*

Gartenrotschwänze *sind Höhlenbrüter und nisten in geschlossenen Kästen. Versuchen Sie den Kasten so anzubringen, dass Sie ihn gut beobachten können.*

Kleiber *benutzen geschlossene Kästen mit einem 32 mm großen Einschlupfloch in mindestens 2 m Höhe.*

Blaumeisen *beziehen gern geschlossene Nistkästen. Bringen Sie die Kästen leicht nach vorne geneigt an, damit es nicht hineinregnet.*

Rotkehlchen *nutzen offene Nistkästen an einem geschützten Platz. Verstecken Sie den Kasten möglichst zwischen Blättern.*

Gefahren im Garten

VOGELFREUNDLICHE GARTENGESTALTUNG ist oft schwierig mit anderen Gegebenheiten und Tätigkeiten rund ums Haus zu vereinbaren. Hunde und Katzen etwa stören Gartenvögel oder greifen sie womöglich an. Chemikalien, die in Haus und Garten eingesetzt werden, können Vögel gefährden, und viele verletzen sich oder sterben, wenn sie gegen ein Fenster fliegen. Eichhörnchen und Marder stehlen die Eier und erbeuten Jungvögel. Die meisten dieser Gefahren lassen sich jedoch mit einfachen Mitteln abwenden.

Unerwünschte Besucher

Gelege, Jungvögel oder Vogelfutter locken verschiedenste Wildtiere in den Garten: Eichhörnchen fressen nicht nur Körner und Nüsse, sie töten auch Jungvögel. Ratten, Marder und Elstern rauben die Eier, und Sperber erbeuten Singvögel. Käfige oder Blechwände, die um die Futterstellen errichtet wurden, bieten aber in den meisten Fällen ausreichend Schutz.

Nicht nur Wildtiere, sondern auch Hauskatzen können den Gartenvögeln gefährlich werden. Katzen sind opportunistische Jäger, und Vögel sollen zum Teil etwa 20 Prozent ihrer Beute ausmachen. Ob Hauskatzen dazu beitragen, dass Vogelbestände zurückgehen, ist umstritten.

Nistkästen und Futterhäuschen sollten sich jedoch immer außerhalb der Reichweite von Katzen befinden (siehe Kasten rechts). Mit streng riechenden Chemikalien oder Ultraschallgeräten können Sie versuchen, die Jäger zu vertreiben, Sie werden jedoch nicht immer erfolgreich sein.

SCHUTZ FÜR NISTKÄSTEN

Eier oder Jungvögel sind für Raubtiere eine schnelle Mahlzeit. Hängen Sie Nistkästen deshalb hoch in Bäume. Auch Dornensträucher (unten) oder Hühnerdraht erschweren den Zugang. Kunststoff- oder Metallringe, die den Eingang des Nistkastens verlängern, verhindern, dass Eichhörnchen oder Katzen hineingreifen können. Mit Metallplatten verstärkte Einschlupflöcher können von Feinden, die an die Eier gelangen wollen, nicht vergrößert werden.

Große Glasscheiben *sind für Vögel eine Gefahr, denn sie sehen die Reflexion von Himmel und Bäumen und fliegen gegen die Scheibe. Aufkleber mit Greifvogelsilhouetten bewahren sie davor.*

Im Garten verwendete Pestizide *schädigen selten die Vögel direkt, töten aber Insekten, auf die viele Arten angewiesen sind. Biologische Schädlingsbekämpfung ist wesentlich vogelfreundlicher.*

Kunststoffnetze *sollten nicht verwendet werden, da sich die Vögel mit den Füßen verfangen und die Beine brechen können.*

Für Eichhörnchen *sind die Eier in einem Nistkasten eine willkommene Mahlzeit. Versorgt man Eichhörnchen mit ausreichend Nüssen in einem geeigneten Futtergefäß, lassen sie Vögel und deren Futter mit höherer Wahrscheinlichkeit in Ruhe.*

Katzenbesitzer *können mit verschiedenen Mitteln verhindern, dass ihre Tiere Vögel fangen. Besonders bei Sonnenauf- und Sonnenuntergang sollten Katzen im Haus gehalten werden. Ein einfaches Glöckchen oder ein tonerzeugendes Gerät am Halsband warnt die Vögel, wenn die Katze sich nähert.*

Der vogelfreundliche Garten

Infolge der Veränderungen der Landschaft und der landwirtschaftlichen Methoden wurden Gärten zu einem wichtigen Lebensraum für Vögel. Mit einer geeigneten Bepflanzung können Sie Ihren Garten für Vögel attraktiv gestalten.

Waldgärten

EINER DER ARTENREICHSTEN LEBENSRÄUME ist der Waldrand, der abwechslungsreiche Vegetation, Licht und Schatten und ausreichend Schutz bietet. Vögel besiedeln verschiedene Bereiche dieses Lebensraumes: Blaumeisen die Baumkronen, Grünfinken und Rotkehlchen die unteren Zweige und Büsche sowie Heckenbraunellen und Amseln den Boden. Selbst in einem kleinen Garten lässt sich ein Waldbereich anlegen.

Haseln sind kleine, *schnellwüchsige Bäume, die Vögeln beim Nisten Schutz bieten. Im Laub leben zahlreiche Insekten, und manche Vögel fressen die Nüsse.*

Kompromisse bei der Gestaltung

Wer einen Garten für Vögel anlegt, muss fast immer Kompromisse eingehen. In manchen Fällen lohnt es sich nicht, Vögel anzulocken, etwa wenn der Garten als Spielplatz für Kleinkinder oder Katzen dient. Auch wenn Sie bei der Gestaltung Ihres Gartens hohe Ansprüche haben, könnte es schwierig werden, Ihre Vorstellungen von Pflanzenwahl und harmonischem Design mit dem eher verwilderten Aussehen eines Naturgartens in Einklang zu bringen. Meist lässt sich jedoch ein Kompromiss finden. Etliche Pflanzen sind für Vögel und Menschen gleichermaßen attraktiv, und wenn Sie auf übermäßiges Schneiden und Trimmen verzichten, können Samen und Früchte heranreifen, und Insekten finden sich ein. Im Laufe der letzten Jahre wurden Naturgärten zunehmend beliebter. So lässt man heute die abgestorbenen Stängel von Stauden, die früher nach der Blüte abgeschnitten wurden, häufig stehen, weil die Samenstände, die Vögeln reichlich Nahrung bieten, als dekorativ gelten. Auch bleiben Teile des Rasens oft ungemäht, so dass Klee wachsen kann, dessen Samen und Blätter von Ringeltaube und Dompfaff gefressen werden.

Viele Gartenvögel *leben normalerweise am Waldrand (unten) und bevorzugen eine Mischung aus dichtem Blätterwerk und offenen Flächen. Sträucher und Staudenbeete in einem Garten (unten rechts) bieten ähnliche Bedingungen.*

Natürliche Bepflanzung

Wenn Sie einen Garten für Vögel attraktiv gestalten wollen, sollte er möglichst ähnliche Bedingungen bieten wie deren natürlicher Lebensraum. Die meisten unserer Gartenvögel

INSEKTEN ANLOCKEN

Strauchveronika ist ein immergrüner, dekorativer Busch, der an sonnigen Standorten gedeiht. Er wird seiner attraktiven Blüten und Blätter wegen in Beeten und Steingärten gepflanzt. Weil die Blüten Insekten wie Schwebfliegen, Falter und Bienen anlocken, ist er auch für Vögel wertvoll. Der Grauschnäpper macht hier reichlich Beute.

Grauschnäpper

sind Bewohner von Wäldern, Waldrändern und Hecken. Damit die gefiederten Gäste in Ihrem Garten genug Nahrung finden, müssen Sie die Bedürfnisse verschiedener Vögel im Jahresverlauf berücksichtigen. Wählen Sie einjährige Pflanzen und Stauden sowie schnell wachsenden Lavendel, Cotoneaster, Feuerdorn, Efeu und Vogelkirsche, die in kurzer Zeit Nahrung und Unterschlupf bieten. Pflanzen Sie schnellwüchsige Bäume wie die Birke und ersetzen Sie Mauern oder Zäune durch Hecken (siehe Kasten unten). Dichte Büsche, Kletterpflanzen und höhere Bäume bieten vor allem Amseln, Rotkehlchen und Heckenbraunellen Nistmöglichkeiten, und durch sorgfältig ausgewählte Nistkästen lassen sich viele weitere Arten anlocken (s. S. 34–37).

Lavendel *ist eine beliebte Gartenpflanze, die ihres Duftes und ihrer Farbe wegen angepflanzt wird. Sie lockt Stieglitze an, die die Samen fressen.*

Das Anlegen eines Gartens mit Waldrand-Charakter erfordert längerfristige Planung, weil die Pflanzen Zeit brauchen, sich einzugewöhnen. Welche Pflanzen und Elemente für Vögel im Garten geeignet sind, muss man ausprobieren. Sie hängen auch von der Umgebung ab. Misteldrosseln haben sich z.B. bis in die Vorstadtgärten verbreitet. Die Ursache ist weniger die Gestaltung der Gärten, sondern vielmehr die Tatsache, dass sie hier genügend hohe Bäume finden, auf die sie sich setzen können, um zu singen.

Steinkäuze *sind besondere Besucher im Garten. Sogar bei Tageslicht kann man sie manchmal auf Ästen sitzen sehen. Zwischen gestapeltem Holz und in Kompost finden sie Mäuse und Insekten.*

HECKEN ALS LEBENSRAUM

Eine gut eingewachsene, *dichte Hecke bietet ideale Nist- und Ruheplätze und ist häufig die einzige Versteckmöglichkeit im Garten. Hecken bieten auch besseren Schutz vor Wind als feste Mauern und Zäune, weil hier keine Wirbel entstehen, die nistenden Vögeln und empfindlichen Pflanzen schaden können.*

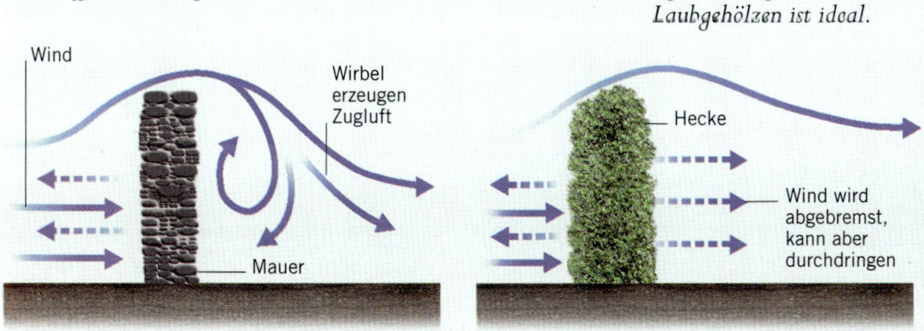

Alle Sträucher *können durch den richtigen Schnitt eine Hecke bilden. Eine Mischung aus schnellwüchsigen Immergrünen und Laubgehölzen ist ideal.*

Wassergärten

IN FAST JEDEN GARTEN, ob groß oder klein, lassen sich Wasserelemente integrieren. Becken werden zum Trinken und Baden genutzt, und größere Teiche locken verschiedenste Wasservögel an, von Stockenten bis hin zu Eisvögeln. An schlammigen Teichufern suchen Bachstelzen nach Würmern und Insekten, während Amseln, Drosseln und Hausschwalben den Schlamm zum Nestbau verwenden.

Teichhühner *brüten manchmal an Gartenteichen, die von hoher Vegetation umgeben sind. Der Teich muss aber mindestens 20 m² groß sein.*

Von Wasser angelockt

Tiere werden von Wasser angezogen. Die Grenze zwischen Land und Wasser, meist durch dichte Vegetation geschützt, ist der ideale Lebensraum für verschiedene Wirbellose, Amphibien und Vögel. Auch Gärtner lieben Teiche, denn hier gedeihen außergewöhnliche Wasserpflanzen, und an feuchten Ufern können attraktive Arten gepflanzt werden.

Einen Teich anlegen

Es gibt viele Möglichkeiten, Teiche anzulegen. Am einfachsten ist es, einen Fiberglasbehälter im Boden zu versenken, wobei hier natürlich Form und Größe vorgegeben sind. Eine Alternative ist das Auskleiden eines Loches mit dicken, wasserundurchlässigen Lehmschichten. Dieses aufwendige Unterfangen ist allerdings nur für sehr große Teiche geeignet. Eine gute Methode ist das Auslegen eines Loches mit einer dicken Neoprenfolie. Dank der heutigen langlebigen und flexiblen Folien lässt sich die Arbeit schnell bewerkstelligen. Mit der Folie lassen sich Form und Tiefe unterschiedlich gestalten, was den Teich für Tiere noch attraktiver macht.

Ein Teich sollte ein flaches Ufer haben, denn Vögel trinken und baden gern im flachen Wasser. Außerdem können Tiere, die ins Wasser gefallen sind, was z.B. bei Igeln vorkommen kann, hier wieder an Land klettern. Je unterschiedlicher das Gefälle und je länger das Ufer ist, umso besser ist der Teich für Tiere geeignet. An einigen Stellen sollte er außerdem über 60 cm tief sein, damit das Wasser in strengen Wintern nicht bis zum Grund gefriert.

PLANUNG UND PFLANZENWAHL

Gestalten Sie beim Anlegen eines Vogelteiches zumindest einen Teil des Ufers flach und bepflanzen Sie ihn mit Schwertlilien, Seggen, Sumpfdotterblumen und anderen Feuchtgebietspflanzen. Die Ufer müssen seicht abfallen, damit Vögel hineinwaten können. Ist das nicht möglich (z.B. bei einem vorgefertigten Teich), errichten Sie unter Wasser eine Plattform aus Ziegeln oder Steinen, auf der die Vögel stehen können.

Vögel baden *das ganze Jahr über im Teich (oben), vor allem jedoch im Winter, wenn die Federn gut gepflegt sein müssen, um warm zu halten. Während der Brutzeit sammeln einige Arten Schlamm für den Nestbau (links).*

Von Wasserfällen *und Springbrunnen bewegtes Wasser friert im Winter nicht zu.*

Standort, Pflanzen und Tiere

Legen Sie den Teich nicht unter Bäumen an, denn das Laub würde im Herbst hineinfallen, und Wurzeln könnten beim Wachsen die Folie durchdringen. Pflanzen Sie stattdessen einen niedrigen Busch in Teichnähe, der badenden Vögeln Schutz gewährt. Legen Sie den Teich auch nicht unbedingt in einer nassen oder feuchten Kuhle an, denn solche Stellen sind ohnehin wichtig für Tiere. Mehrere feuchte Bereiche im Garten locken noch mehr Arten an.

Zu einem Teich gehören Pflanzen, die Nahrung und Nistmaterial bieten. Die beste Pflanzzeit ist das späte Frühjahr, wenn das Wasser sich erwärmt. Belassen Sie gekaufte Wasserpflanzen in ihren Blumentöpfen oder Plastikkörben. Versenken Sie den Topf mit der Pflanze im Teich und beschweren Sie ihn mit Steinen. Bei Wasserpflanzen mit Schwimmblättern müssen die Blätter über der Wasseroberfläche sein. Stellen Sie die Pflanztöpfe deshalb wenn nötig auf im Teich versenkte Ziegel oder Steine. Wenn die Blattstiele wachsen, können Sie die Töpfe Stück für Stück absenken.

Laichkraut, das sowohl Tauch- als auch Schwimmblätter hat, gestaltet die Wasseroberfläche interessant, und Uferpflanzen wie Seggen, Blutweiderich und Sumpfdotterblume bringen Farbe und Abwechslung in den Randbereich. Hohe Vegetation am Ufer lockt scheuere Vögel an und vertreibt Reiher, die einen guten Überblick bevorzugen.

Ein nagelneuer, frisch befüllter Teich wirkt anfangs noch unbelebt. Das ändert sich jedoch bald: Wasserkäfer, Libellen und anderen Insekten siedeln sich an. Auch Frösche, Kröten und Molche entdecken den Teich für sich und vermehren sich dort. Schnecken, Muscheln und andere Tiere, die ausschließlich im Wasser leben, müssen eingesetzt werden. Wasserflöhe bringt man ein, indem man einen Eimer mit Wasser und Schlamm aus einem älteren Teich in den neuen gießt. Auch Fische wie z.B. Stichlinge können Sie einsetzen. Vergewissern Sie sich jedoch, dass die Arten, die Sie wählen, keine Kaulquappen fressen.

Amphibien *gehören meist zu den Erstbesiedlern. Sie wandern ein, sobald der Teich etwas eingewachsen ist. Molche bevorzugen Gewässer mit naturbelassenen Ufern, wo Wasser-Ehrenpreis und Wasserstern gedeihen.*

Rohrkolben *versorgt Vögel mit Nahrung und Nistmaterial. Die Samenstände locken im Herbst verschiedene Arten an.*

Bei natürlichen Teichen *(unten) dauert es Jahre, bis sich vielfältige Artgefüge einstellen. Wird ein Gartenteich sorgfältig geplant (unten rechts), kann er sich ähnlich entwickeln.*

Pflegeleichte Gärten

Gänsefuß *ist einjährig und gilt als Unkraut, seine Samen sind jedoch für viele Vögel eine wichtige Nahrung.*

GARTENBESITZER SIND NICHT IMMER auch passionierte Gärtner. Einige halten es mit ihrem Garten wie mit ihrem Haus: Sie räumen regelmäßig auf, renovieren aber selten. Dies entspricht weitgehend einem naturnahen Gärtnern. Vögel bevorzugen die weniger ordentlichen Bereiche, denn hier finden sie Unkrautsamen und Insekten zwischen herabgefallenem Laub. Einen Naturgarten als vernachlässigt zu bezeichnen ist nicht gerechtfertigt.

Boden und Lage

Wenn sie sich nach den natürlichen Gegebenheiten richten, können Sie Ihren Garten mit wenig Aufwand in einen Naturgarten verwandeln. Die vogelfreundlichen Pflanzen sollten für den Boden und die Lage Ihres Gartens geeignet sein. Versuchen Sie z.B. nicht zu düngen, wenn der Boden mager und trocken ist, sondern pflanzen Sie mediterrane Arten wie Lavendel oder aromatische Kräuter an. Ist Ihr Garten schattig, gedeihen dort typische Waldbodenarten wie Blaustern, Weißwurz, Bingelkraut, Günsel und Ruprechtskraut.

Kultivieren Sie behutsam und extensiv. Schneiden Sie nicht alle Stauden im Herbst zurück, da Insekten hier Unterschlupf finden. Räumen Sie auch nicht das ganze Laub weg, denn darunter leben Käfer und Hundertfüßer. Marienkäfer vermehren sich gern in Bündeln aus Ästen und Zweigen. Bedecken Sie regelmäßig alle kahlen Bodenflächen mit Rindenmulch, um Unkraut zu unterdrücken und die Population von Regenwürmern zu fördern.

Wenn Sie einen großen Rasen besitzen, sollten Sie Teile davon nicht mehr als zwei- bis dreimal pro Jahr mähen. Krautige Pflanzen können dann blühen und zwischen dem Gras Samen bilden – ein ausgezeichnetes Vogelfutter. Im Sommer lockt eine Blumenwiese Schwärme von Insekten an, mit denen Vogeleltern ihre hungrige Brut füttern können. Auch unter Bäumen oder in engen Ecken kann man

Bei der Gartengestaltung *müssen Sie Lichtverhältnisse und Bodenbeschaffenheit beachten. Schattenpflanzen passen in einen Waldgarten (unten), wogegen Ginster auf sauren Böden gedeiht (rechts).*

Gras wachsen und aussamen lassen. Die langen Halme bieten kleinen Tieren wie Schnecken, Insekten, Mäusen und Maulwürfen Schutz, und das wiederum lädt Turmfalken oder Eulen zum Jagen ein.

Einheimische oder exotische Pflanzen?

Am besten ist es, den Naturgarten mit einheimischen Pflanzen zu besetzen, denn diese Arten haben sich gemeinsam mit den einheimischen Tieren entwickelt und bieten ihnen den Lebensraum, den sie benötigen. Karden und Disteln z.B. versor-

Ein feuchtes Rasenstück *kann in eine Blumenwiese verwandelt werden, die Vögel, Bienen und Schmetterlinge anlockt. Besondere Wiesenblumen wie die Schachblume wachsen hier (rechts).*

gen Vögel mit Samen, Blumen wie Fingerhut und Lavendel locken mit ihrem Nektar Bienen an und einheimische Bäume wie Eberesche und Holunder tragen Beeren. Grasarten wie Schwingel und Straußgras liefern Samen für Spatzen und bieten den Winter über Nahrung. Pflanzen mit flachen Blüten, bei denen der Nektar leicht zugänglich ist, wie Fetthenne und Sumpfblume, locken Schwebfliegen und Florfliegen an.

Aber auch einige exotische Arten können eine Bereicherung sein. Die Verbene (*Verbena bonariensis*) z.B. stammt aus Südamerika. Meisen und Finken fressen ihre Samen, und die Blüten erzeugen viel Nektar, der Schmetterlinge und Schwebfliegen anlockt. Mit exotischen Pflanzen lässt sich die Vegetationszeit im Garten verlängern, und er bleibt für Vögel längere Zeit attraktiv. Verschieden Cotoneaster-Arten blühen z.B. zu unterschiedlichen Zeiten den ganzen Sommer über. Auf Exoten, die einheimische Arten verdrängen, wie den Pontischen Rhododendron (*Rhododendron ponticum*), sollten Sie verzichten.

AUSWAHL DER PFLANZEN

Um die richtigen Pflanzen auszuwählen, müssen Sie einige Überlegungen anstellen. Berücksichtigt werden müssen der Bodentyp, die Lage, die Pflege sowie die Bedeutung der Pflanze für die Tiere. Auf den folgenden Seiten sind einige Arten aufgeführt, die für Vögel wertvoll sind. Generell sollte man alte Sorten mit einfachen Blüten wählen, da modernere Züchtungen mit gefüllten Blüten weniger oder keinen Nektar produzieren. Denken Sie auch daran, dass Sorten, die von Raupen und anderen Insekten befallen werden, ideal für einen Vogelgarten sind.

Schlüsselblumen *sind einheimische Pflanzen, die sich von selbst ausbreiten. Sie gedeihen auf verschiedenen Böden und sind im Frühjahr die ersten Farbtupfer.*

Die Buddleia *ist eine exotische, pflegeleichte Pflanze. Sie erzeugt reichlich Nektar und zieht zahlreiche Schmetterlinge und andere Insekten an.*

Kontrollieren Sie *die Pflanze vor dem Kauf auf kräftigen, gleichmäßigen Wuchs und gesunde Blätter. Sehen Sie sich wenn möglich die Wurzeln an. Sie sollten nicht zu stark entwickelt und zu dicht sein.*

Wählen Sie *einen Baum oder Strauch ohne Ballen, dessen Wurzeln gleichmäßig nach allen Seiten wachsen. Sie sollten viele kleine Nährwurzeln besitzen.*

Pflanzenführer: Bäume

Bäume bieten Vögeln im Garten Nistmöglichkeiten, ein breites Nahrungsspektrum und hohe Äste, auf denen sie zum Singen sitzen können. Einen Baum zu pflanzen ist eine langfristige Investition. Wenn Sie sich für schnell wachsende oder kleinere Arten entscheiden, sehen Sie früher Erfolge. Wählen Sie die Arten sorgfältig aus, denn wenn der Baum unter den gegebenen Bedingungen nicht gedeiht, sind Jahre verloren.

Hängebirke

Betula pendula

Dieser Baum wird wegen seiner attraktiven Borke und dem goldenen Herbstlaub angepflanzt und ist auch für kleinere Gärten geeignet. Er spendet lichten Schatten und verträgt magere und saure Böden. Er zieht über 200 Insektenarten an, und viele Vögel fressen die Samen. In den Stamm klopfen Spechte ihre Nisthöhlen.

HÖHE 20 m **AUSBREITUNG** 10 m

PFLEGE Trockene Böden an sonnigen Standorten. Allein stehend pflanzen, weil die Wurzeln flach unter dem Boden wachsen.

VERWANDTE ARTEN Die Lindenblättrige Birke (*B. maximowicziana*) ist schnellwüchsig.

Schwarzerle

Alnus glutinosa

Dieser Laubbaum ist nicht für kleine Gärten geeignet. Zeisige und andere Vögel fressen die Samen, wenn sich die Früchte bei trockenem Wetter öffnen.

HÖHE 25 m **AUSBREITUNG** 10 m

PFLEGE Wächst in feuchten Böden. Kann zurückgeschnitten werden.

VERWANDTE ARTEN Die Herzblättrige Erle (*A. cordata*) wächst in trockenen Böden, die Grauerle (*A. incana*) in mageren Böden.

Traubenkirsche

Prunus padus

Ein kleiner Laubbaum oder -strauch mit duftenden, weißen Blüten. Sie entwickeln sich zu bitteren, schwarzen Kirschen, die viele Vögel, z.B. Kernbeißer, fressen.

HÖHE 15 m **AUSBREITUNG** 10 m

PFLEGE Bevorzugt volle Sonne und wächst in feuchten, durchlässigen Böden. Die flachen Wurzeln verhindern Unterpflanzungen; bildet unterirdische Ausläufer.

VERWANDTE ARTEN Einige *Prunus*-Varietäten bringen keine Früchte hervor.

Holzapfel

Malus sylvestris

Dieser kleine Wald- und Heckenbaum eignet sich für kleinere Gärten. Früchte und Samen werden von Amseln und anderen Vögeln gefressen.

HÖHE 10 m **AUSBREITUNG** 10 m

PFLEGE Bevorzugt volle Sonne, gedeiht aber auch im Halbschatten in allen Böden. Winterschnitt.

VERWANDTE ARTEN Von *M. sylvestris* stammt der Kulturapfel (*M. domestica*) ab. *M.* 'John Downie' und der Beerenapfel (*M. baccata*) tragen Früchte bis in den Spätwinter.

Eberesche

Sorbus aucuparia

Die Beeren dieses Laubbaums werden von vielen Vögeln gefressen. In guten Jahren kann sich der Herbstzug von Wacholderdrossel und Seidenschwanz deshalb verzögern.

HÖHE 15 m **AUSBREITUNG** 8 m

PFLEGE Bevorzugt Sonne oder lichten Schatten, braucht feuchte, leichte Böden. Verträgt extrem saure Böden.

VERWANDTE ARTEN Die Elsbeere (*S. torminalis*) und die Mehlbeere (*S. aria*, gut für Kalkböden) gedeihen gut in Gärten.

Gewöhnliche Stechpalme

Ilex aquifolium

Ein kleiner immergrüner Baum, der in Hecken und Wäldern wächst. Die kleinen Blüten öffnen sich im Mai/Juni. Die Beeren werden von vielen Vögeln gefressen.

HÖHE 3–15 m
AUSBREITUNG 5 m

PFLEGE Wächst in der Sonne oder im Schatten, verträgt Luftverschmutzung und Salz.

VERWANDTE ARTEN *I. a.* 'Argentea' bildet viele Beeren.

Salweide

Salix caprea

Dieser kleine Laubbaum bildet im Spätwinter Kätzchen, die die ersten Insekten anlocken. Mönchsgrasmücken trinken den Nektar, Finken fressen die Samen.

HÖHE 10 m **AUSBREITUNG** 8 m

PFLEGE Bevorzugt volle Sonne, gedeiht in trockenen Böden. Bildet Stockausschläge. Nicht in die Nähe von Rohren pflanzen, diese können von den Wurzeln umwachsen werden.

VERWANDTE ARTEN Die Grauweide (*S. cinerea*) ist ähnlich, jedoch kleiner und buschiger.

Europäische Lärche

Larix decidua

Im Gegensatz zu den meisten Koniferen wirft die Lärche ihre Nadeln ab. Die Zapfen reifen im Herbst. Die Samen locken viele Vögel an, auch Buntspechte.

HÖHE 50 m **AUSBREITUNG** 5–15 m

PFLEGE Dieser schnell wachsende Baum bevorzugt volle Sonne und tiefgründige, durchlässige Böden. Nasse sowie trockene Kalkböden meiden.

VERWANDTE ARTEN Die Japanische Lärche (*L. kaemferi*) und Hybridarten (*L. x eurolepis*) sind schnellwüchsig und widerstandsfähig.

Holländische Linde

Tilia x europaea

Ein hoher Laubbaum, der ein natürlicher, fruchtbarer Hybride ist. Vögel werden von Blattläusen, die auf den Blättern leben, angelockt, andere fressen die Samen.

HÖHE 35 m **AUSBREITUNG** 15 m

PFLEGE Wächst in Sonne oder Halbschatten in feuchten, aber durchlässigen Böden. Kann zurückgeschnitten werden.

VERWANDTE ARTEN Die Silberlinde (*T. tomentosa*) und *T. t.* 'Petiolaris' haben Blätter mit silberner Unterseite.

Stieleiche

Quercus robur

Dieser große, langsam wachsende Baum eignet sich nur für große Gärten. Er ist wichtig für Insekten fressende Vögel, denn hier leben mehr Insektenarten als auf allen anderen europäischen Bäumen, auch viele Raupen, die für nistende Vögel wichtig sind. Eichelhäher und andere Vögel fressen die Früchte.

HÖHE 30–40 m
AUSBREITUNG 25 m

PFLEGE Wächst in tiefgründigen Böden. Behält die abgestorbenen Blätter im Winter, bis er 2,5 m hoch ist.

VERWANDTE ARTEN Die schnell wachsende Roteiche *Q. rubra* erträgt auch Luftverschmutzung

Eichelhäher

Pflanzenführer: Sträucher

Sträucher bringen Struktur in den Garten und eignen sich für Hecken. Ein Strauch ist eigentlich ein kleiner Baum; der Begriff wird jedoch meist für eine verholzte Pflanze verwendet, die statt einem Stamm vom Boden aus viele Äste bildet. Viele Bäume können als Sträucher gezogen werden, wenn man sie zurückschneidet. Sträucher sind ebenso wertvoll für Vögel wie Bäume, denn ihr dichter Wuchs bietet Nist- und Ruheplätze.

Schwarzdorn (Schlehe)

Prunus spinosa

Dieser kleine Laubbaum oder Strauch wächst häufig in Feldhecken und Wäldern. Er bringt unzählige kleine, weiße Blüten hervor, die sich im April vor den Blättern öffnen. Die schwarzen Früchte – die Schlehen – bleiben den Winter über am Strauch hängen und werden von vielen Vögeln gefressen.

HÖHE 4 m **AUSBREITUNG** 3 m

PFLEGE Bevorzugt volle Sonne und weder feuchte noch zu saure Böden. Winterschnitt, wenn die Brutzeit vorbei ist.

VERWANDTE ARTEN *Prunus domestica* ist die Pflaume oder Zwetschge.

Kleinblättrige Zwergmispel

Cotoneaster microphyllus

Ein immergrüner Strauch mit starren, oft herabhängenden Zweigen. Die kleinen Blätter bilden einen dichten Teppich. Die roten Früchte sind bei Vögeln beliebt.

HÖHE 1 m **AUSBREITUNG** 2 m

PFLEGE Bevorzugt trockene Standorte in der Sonne oder im Halbschatten.

VERWANDTE ARTEN Der flache *C. horizontalis* eignet sich für Mauern, Böschungen und als Bodendecker, besonders in kleinen Gärten; *C. dammeri* ist ideal für Böschungen und als Bodendecker.

Eingriffeliger Weißdorn

Crataegus monogyna

Dieser kleine Laubbaum mit stacheligen Zweigen wird häufig als Hecke gepflanzt. Die Beeren werden von vielen Vögeln gefressen, die Blätter von Ringeltauben.

HÖHE 10 m
AUSBREITUNG 8 m

PFLEGE Bevorzugt Sonne, wächst aber auch im Schatten. Verträgt Luftverschmutzung.

VERWANDTE ARTEN *C. laevigata* eignet sich gut für Hecken.

Feuerdorn

Pyracantha coccinea

Ein dichter, stachliger, immergrüner Strauch, der in Hecken oder vor eine Wand gepflanzt werden kann. Vögeln bietet er Beeren und sichere Nistplätze.

HÖHE 2 m **AUSBREITUNG** 2 m

PFLEGE Bevorzugt Sonne oder Halbschatten und wächst in durchlässigen Böden. Ziehen Sie ihn vor einer Wand mit Spalier oder Drähten als Stütze.

VERWANDTE ARTEN *P.* 'Golden Dome' bildet dichte Büsche mit goldenen Beeren; *P. angustifolia* wächst an Nordwänden.

Kupfer-Felsenbirne

Amelanchier lamarckii

Das Laub dieses kleinen Baumes oder Strauches verfärbt sich im Herbst von Dunkelgrün oder Bronze nach Rot oder Orange. Die Beeren sind bei Vögeln beliebt.

HÖHE 6 m **AUSBREITUNG** 3 m

PFLEGE Braucht volle Sonne oder Halbschatten und bevorzugt feuchte oder durchlässige, mäßig saure Böden. Winterschnitt, um die Pflanze in Form zu halten.

VERWANDTE ARTEN *A. arborea, A. laevis* und *A. canadensis* sind ähnliche Arten.

Schwarzer Holunder
Sambucus nigra

Dieser kleine Laubbaum oder Strauch bringt schwarze Beeren hervor, die vor allem bei Drosseln sehr beliebt sind. Ohne Schnitt kann er stark wuchern.

HÖHE 4 m **AUSBREITUNG** 4 m

PFLEGE Braucht sonnige Standorte und feuchte, fruchtbare Böden. Alte Triebe im Winter schneiden, unerwünschte Sämlinge ausgraben.

VERWANDTE ARTEN *S. n.* 'Aurea' ist kleiner und wuchert weniger; er hat attraktives goldenes Laub, sehr widerstandsfähig.

Europäische Eibe
Taxus baccata

Dieser immergrüne Baum mit den dichten, dunkelgrünen Nadeln wird häufig in Hecken gepflanzt. Er bringt rote, fleischige, napfförmige Früchte (Samenbeeren) hervor, die einen einzigen grünen Samen enthalten. Die Früchte reifen von Ende August an und sind bei vielen Vögeln beliebt. Für Menschen sind alle Teile der Eibe giftig!

HÖHE 15 m **AUSBREITUNG** 10 m

PFLEGE Wächst fast überall, in der Sonne oder im Schatten, verträgt Trockenheit, ungeschützte Lagen und Luftverschmutzung.

VERWANDTE ARTEN *T. b.* 'Dovastonii Aurea' hat goldene Nadeln; *T. cuspidata* ist eine Zwergform.

Grünfink

Seidelbast
Daphne mezereum

Dieser kleine Laub abwerfende Strauch trägt duftende rosa Blüten. Runde, gelbe Früchte reifen im Mai/Juni und werden von vielen Vögeln gefressen.

HÖHE 1 m **AUSBREITUNG** 1 m

PFLEGE Wächst in mäßig fruchtbaren, durchlässigen Böden in voller Sonne. Regelmäßig mulchen, um die Wurzeln kühl zu halten, aber nur sehr wenig schneiden, da die Äste leicht absterben.

VERWANDTE ARTEN *D. m.* 'Alba' hat weiße Blüten und durchscheinend bernsteingelbe Früchte.

Gewöhnliche Hasel
Corylus avellana

Ein Laub abwerfender Strauch, der im Januar lange männliche Kätzchen hervorbringt. Die Haselnüsse werden von verschiedenen Vögeln gefressen.

HÖHE 6 m **AUSBREITUNG** 6 m

PFLEGE Bevorzugt Sonne oder Halbschatten und durchlässige Böden, wächst wild aber auf feuchten Böden. Nach sieben Jahren werden Nüsse gebildet.

VERWANDTE ARTEN Die Korkenzieherhasel (*C. a.* 'Contorta') hat spiralig verdrehte Äste.

Gewöhnlicher Liguster
Ligustrum vulgare

Dieser schnellwüchsige, Laub abwerfende Strauch ist ideal für Hecken und bildet kleine weiße Blüten, die Insekten anlocken. Viele Vögel fressen die Beeren.

HÖHE 5 m **AUSBREITUNG** 3 m

PFLEGE Bevorzugt durchlässige Lehmböden und volle Sonne. Wird er zurückgeschnitten, bietet er Schutz für nistende Vögel, ohne Schnitt mehr Früchte.

VERWANDTE ARTEN Der Japanische Liguster (*L. japonicum*) und *L. ovalifolium* 'Aureum' sind geeignet für dekorative Hecken.

Gewöhnlicher Schneeball

Viburnum opulus

Dieser kleine Laubbaum oder Strauch bildet im Frühjahr weiße Blütenstände, aus denen scharlachrote Früchte hervorgehen. Seidenschwänze, Eichelhäher und Bergfinken fressen sie gern.

HÖHE 4 m **AUSBREITUNG** 4 m

PFLEGE Bevorzugt fruchtbare, feuchte, aber durchlässige Böden in voller Sonne oder im Halbschatten.

VERWANDTE ARTEN Der Wollige Schneeball (*V. lantana*) eignet sich für Gärten und Kalkböden; *V. o.* 'Compactum' wächst langsam und wird dicht.

Seidenschwanz

Schwarze Johannisbeere

Ribes nigrum

Ein wegen seiner Früchte kultivierter Strauch. Die kleinen schwarzen Beeren reifen im Juni/Juli und sind beliebt bei vielen Vögeln wie z. B. Amseln.

HÖHE 2 m **AUSBREITUNG** 2 m

PFLEGE Wächst in mäßig fruchtbaren Böden in der vollen Sonne. Kann vor einer Wand gezogen werden. Nach der Ernte alte Triebe entfernen.

VERWANDTE ARTEN Rote Johannisbeere (*R. rubrum*) und Stachelbeere (*R. uva-crispa*) sind enge Verwandte, die wegen ihrer Früchte kultiviert werden.

Blutroter Hartriegel

Cornus sanguinea

Mit den kräftigen, roten Zweigen bringt dieser kleine Baum oder Strauch im Winter Farbe in den Garten. Die kleinen schwarzen Beeren sind bei vielen Vögeln beliebt.

HÖHE 4 m **AUSBREITUNG** 3 m

PFLEGE Wächst in fruchtbaren Kalkböden und braucht einen sonnigen Standort, um rote Triebe zu bilden. Er vermehrt sich durch Ausläufer und breitet sich somit ohne Hilfe aus.

VERWANDTE ARTEN *C. canadensis* wächst in sauren Böden und eignet sich als Bodendecker.

Mahonie

Mahonia aquifolium

Dieser immergrüne Strauch bildet gelbe, duftende Blüten, die wegen ihres Nektars von Vögeln besucht werden. Amseln und Drosseln fressen die Beeren.

HÖHE 1 m **AUSBREITUNG** 1,5 m

PFLEGE Bevorzugt etwas Schatten. Alte Triebe im April abschneiden.

VERWANDTE ARTEN Variieren von 30 cm (*M. repens*) bis 3 m Höhe (*M. japonica*) und breiten sich durch unterirdische Triebe aus.

Berberitze

Berberis vulgaris

Ein immergrüner Strauch mit fein verzweigten Ästen und spitzen Stacheln, der sich als Heckenpflanze eignet. Die Beeren werden von vielen Vögeln gefressen.

HÖHE 4 m **AUSBREITUNG** 4 m

PFLEGE Wächst in der Sonne oder im Halbschatten in durchlässigen Böden. Volle Sonne erzeugt die schönsten Herbstfarben. Gut für Küstenlagen.

VERWANDTE ARTEN Der immergrüne *B. darwinii* ist eine gute Heckenpflanze und lockt Vögel an; *B. coryi* eignet sich für kleine Gärten.

Rotbuche

Fagus sylvatica

Dieser Laubbaum wird oft als Hecke gepflanzt und bietet Vögeln Nist- und Ruheplätze. Die Samen sind wichtige Nahrung für einige Vogelarten.

HÖHE 30 m **AUSBREITUNG** 25 m

PFLEGE Wächst in durchlässigen Kalkböden und bevorzugt sonnige oder halbschattige Lagen. Bäume, die niedriger als 2,5 m sind, werfen im Winter das abgestorbene Laub nicht ab.

VERWANDTE ARTEN *F. s. var. purpurea* besitzt purpurfarbene Blätter.

Pfaffenhütchen

Euonymus europaeus

Der kleine Strauch wird wegen der schönen Herbstfärbung und seiner leuchtend bunten Samenstände angepflanzt. Etliche Vögel, vor allem Finken, fressen die Samen.

HÖHE 6 m **AUSBREITUNG** 2 m

PFLEGE Wächst in der vollen Sonne oder im Halbschatten und bevorzugt kalkhaltige Böden.

VERWANDTE ARTEN *E. fortunei* var. *radicans* ist eine Kletterpflanze und auch als Bodendecker geeignet; *E. japonicus* ist immergrün und verträgt Luftverschmutzung und Salz.

Lorbeer

Laurus nobilis

Dieser immergrüne Strauch, oft als Kübelpflanze gezogen, bildet kleine schwarze Beeren. Das dichte Laub bietet Vögeln gute Nistplätze.

HÖHE 12 m **AUSBREITUNG** 10 m

PFLEGE Wächst in voller Sonne oder im Halbschatten in fruchtbaren, durchlässigen Böden. Sollte vor starkem Wind geschützt werden.

VERWANDTE ARTEN Der Kirschlorbeer (*Prunus laurocerasus*) ist eine Kirschart, die dem Lorbeer ähnelt.

Lavendel

Lavandula angustifolia

Dieser aromatisch duftende, immergrüne Strauch wächst an trockenen, sonnigen Standorten. Die Blüten mit dem hohen Nektargehalt locken viele Insekten an, und die Samen werden von Finken gefressen. Die langen Stängel sind gutes Nistmaterial.

HÖHE 30–60 cm
AUSBREITUNG 30–60 cm

PFLEGE Bevorzugt sonnige Lagen und fruchtbare, durchlässige Böden. Im Frühjahr schneiden, um eine kompakte Form zu erhalten.

VERWANDTE ARTEN *L. stoechas* wird auch in Gärten angepflanzt.

Stieglitz

Garrya

Garrya elliptica

Ein dichter, immergrüner Strauch, der wegen seiner auffällig langen, grauen Kätzchen gepflanzt wird. Bietet schon früh im Jahr gute Nistmöglichkeiten.

HÖHE 4 m **AUSBREITUNG** 4 m

PFLEGE Kann im Halbschatten vor einer Wand gepflanzt werden und bevorzugt durchlässige Böden. Verträgt Salz, aber keinen Frost und starken Wind. Um die Form zu erhalten, muss er zugeschnitten werden.

VERWANDTE ARTEN Keine.

Pflanzenführer: Kletterpflanzen

Kletterpflanzen bringen einfach und schnell eine vertikale Komponente in den Garten, besonders wenn nicht genug Platz für Bäume vorhanden ist. Sie verdecken unansehnliche Fassaden und überwuchern unbewachsene Flächen. Blätter, Blüten und Früchte schmücken kahle Wände, Pergolen und Spaliere. Einige Arten locken mit ihren Früchten Vögel an, vor allem aber bieten sie sichere Nist- und Ruheplätze.

Gewöhnlicher Hopfen

Humulus lupulus

Männliche und weibliche Blüten erscheinen auf getrennten Pflanzen. Die weiblichen Blüten bilden den Hopfen, der zum Bierbrauen verwendet wird. Die Pflanze überwuchert oft Schuppen und Bäume und bietet Nist- und Ruheplätze.

HÖHE 5 m

PFLEGE Wächst in der Sonne oder im Halbschatten in humusreichen Böden. Bei trockenem Wetter gut wässern. Triebe stützen und im Frühjahr zurückschneiden.

VERWANDTE ARTEN Keine.

Efeu

Hedera helix

Diese immergrüne Pflanze klettert an Bäumen und Wänden empor und bietet geschützte Nist- und Ruheplätze. Die Beeren sind wertvolles Winterfutter für Vögel.

HÖHE 10 m

PFLEGE Verträgt Schatten, blüht aber nur in der Sonne und bevorzugt durchlässige Böden.

VERWANDTE ARTEN *H. h.* 'Cavendishii' wird gern vor Mauern gepflanzt.

Wald-Geißblatt

Lonicera periclymenum

Diese Kletterpflanze hat duftende Blüten. Sie lockt große Insekten und Mönchsgrasmücken an, die den Nektar trinken. Die Beeren sind bei Vögeln beliebt.

HÖHE 7 m

PFLEGE Wächst in der Sonne oder im Schatten in fruchtbaren Böden. Sofort nach der Blüte ausdünnen und alte blühende Triebe abschneiden.

VERWANDTE ARTEN *L. pileata* eignet sich für Schatten; *L. nitida* ist ein dichter, immergrüner Strauch; *L. fragrantissima* blüht im Winter.

Jungfernrebe

Parthenocissus quinquefolia

Diese schnellwüchsige Kletterpflanze hält sich mit Ranken, die am Ende Saugnäpfe tragen, am Untergrund fest. Bietet Schutz zum Nisten. Vögel fressen die Beeren.

HÖHE 20 m

PFLEGE Wächst im Schatten oder Halbschatten. Junge Triebe stützen, bis sie sich am Untergrund festhalten. Im zeitigen Frühjahr schneiden, um den kräftigen Wuchs in Form zu halten.

VERWANDTE ARTEN *P. henryana* eignet sich als Bodendecker.

Weinrebe

Vitis vinifera

Diese verholzte Kletterpflanze wird in vielen Teilen der Erde als Kulturpflanze angebaut. Die Trauben locken viele Vögel an.

HÖHE 30 m

PFLEGE Braucht volle Sonne und nährstoffreiche Böden. Kann an Spalieren, Pergolen oder vor einer Wand gezogen werden. Vor Spätfrost schützen.

VERWANDTE ARTEN *V. v.* 'Purpurea' bildet für Menschen nicht essbare Früchte.

Brombeere

Rubus fruticosus

Eine mehrjährige Kletterpflanze, deren Stacheln die rankenden Triebe verankern. Im Sommer bilden sich weiße Blüten, aus denen sich im Frühherbst pralle, schwarze Früchte entwickeln. Viele Vögel fressen die Früchte.

HÖHE 3 m **AUSBREITUNG** 3 m

PFLEGE Wächst in fruchtbaren, durchlässigen Böden und bevorzugt Sonne. Immergrüne Sorten tolerieren jedoch Schatten. Kulturbrombeeren werden an Wänden oder Drähten gezogen. Nach der Ernte werden die Triebe meist über dem Boden abgeschnitten. Um Nistplätze für Vögel zu schaffen, sollte man sie jedoch belassen, damit sie ein Dickicht bilden.

VERWANDTE ARTEN Die Kratzbeere (*R. caesius*), die Moltebeere (*R. chamaemorus*) und die Himbeere (*R. idaeus*) tragen ebenfalls essbare Früchte.

Mönchsgrasmücke

Hundsrose

Rosa canina

Ein Kletterstrauch, der rote, fleischige Früchte (Hagebutten) trägt und Finken, Meisen und andere Vögel anlockt. Der buschige Wuchs bietet gute Nistplätze.

HÖHE 3 m

PFLEGE Bevorzugt Sonne und fruchtbare Böden. Gelegentlich im Winter in Form schneiden oder ausdünnen. Im Februar zurückschneiden, damit sich Früchte bilden.

VERWANDTE ARTEN *R. rugosa* bildet große Hagebutten.

Kletterhortensie

Hydrangea petiolaris ssp *petiolaris*

Eine holzige Kletterpflanze, die sich mit Luftwurzeln an Mauern festhält. Wird wegen der auffälligen Blüten angepflanzt; die dichten Triebe bieten Vögeln Schutz.

HÖHE 7 m **AUSBREITUNG** 7 m

PFLEGE Bevorzugt Sonne oder Halbschatten, gedeiht aber auch an Nordwänden. In trockenen Böden braucht sie einen schattigeren Standort. Kann nach der Blüte geschnitten werden.

VERWANDTE ARTEN *H. aspera* und *H. macrophylla* sind buschige Arten.

Chinesischer Blauregen

Wisteria chinensis

Diese elegante Kletterpflanze wird wegen der auffallenden, herabhängenden violetten Blüten angepflanzt. Die verholzten Triebe bieten Vogelnestern guten Halt.

HÖHE 30 m

PFLEGE Wächst am besten in der vollen Sonne (mit den Wurzeln im Schatten) in durchlässigen Böden. Kann mit Draht an einer Wand befestigt werden. Nach der Blüte zurückschneiden.

VERWANDTE ARTEN Japanischer Blauregen (*W. floribunda*) bildet sehr lange, violette Blütenstände.

Berg-Waldrebe

Clematis montana

Diese immergrüne Kletterpflanze bildet im Frühjahr unzählige weiße Blüten und bietet geschützte Nistplätze. Samen und Knospen werden von Vögeln gefressen.

HÖHE 12 m **AUSBREITUNG** 3 m

PFLEGE Eine kräftige, widerstandsfähige Kletterpflanze, die in der Sonne oder im Schatten gedeiht. In durchlässige Böden pflanzen und im Mai oder Juni nach der Blüte schneiden.

VERWANDTE ARTEN *C. alpina* ist geeignet für Nord- oder sehr exponierte Lagen.

Pflanzenführer: Krautige Pflanzen

Krautige Pflanzen im Garten sind für viele Tiere wichtig. Im Sommer leben hier unzählige Insekten an den Blüten und Blättern, die wiederum Insekten fressende Vogelarten anlocken. Die Samen sind eine wichtige Nahrungsquelle für Körnerfresser. Lassen Sie die Samenstände heranreifen und stehen, bis die Samen ausgestreut sind. Sie sind wertvolles Vogelfutter für die Wintermonate.

Rotklee

Trifolium pratense

Diese niedrig wachsende Staude gilt im Rasen als Unkraut, in einer Blumenwiese ist sie jedoch eine bunte Ergänzung. Die runden purpurroten Blütenköpfe erscheinen zwischen Mai und September. Die Samen reifen in winzigen Hülsen. Verschiedene Vogelarten fressen die Samen. Ringeltauben fressen auch die Blätter.

HÖHE 20 cm **AUSBREITUNG** 20 cm

PFLEGE Siedelt sich von selbst im Garten an, kann aber auch aus Samen gezogen werden. Gedeiht am besten in durchlässigem Boden in voller Sonne und samt gut aus.

VERWANDTE ARTEN *T. incarnatum* hat rot-gelbe Blüten.

Wald-Engelwurz

Angelica sylvestris

Die hohe Staude wächst an feuchten Stellen. Die weißen oder rosa Blütenköpfe locken zahlreiche Insekten an, und Meisen und Finken fressen die Samen.

HÖHE 2 m **AUSBREITUNG** 1 m

PFLEGE Gedeiht in Sonne oder Schatten in feuchten Böden. Aussaat im Herbst oder Frühjahr, nach der Blüte Samen ausbilden lassen. Am besten zweijährig kultivieren, die Art sät sich von selbst aus.

VERWANDTE ARTEN Die Echte Engelwurz (*A. archangelica*) stammt aus Nordeuropa.

Gartenfuchsschwanz

Amaranthus caudatus

Der Gartenfuchsschwanz ist einjährig und wird wegen der herabhängenden Blütenstände und des bunten Laubes angepflanzt. Verschiedene Vögel fressen die Samen.

HÖHE 1,2 m **AUSBREITUNG** 45 cm

PFLEGE Samen im März unter Glas oder im April an einen sonnigen Ort aussäen.

VERWANDTE ARTEN *A. tricolor* wird wegen seiner vielfarbigen Blätter angepflanzt.

Acker-Vergissmeinnicht

Myosotis arvensis

Diese ein- oder zweijährige Pflanze gilt gewöhnlich als Unkraut. Sie bildet von April bis September kleine blaue Blüten. Die winzigen Samen sind bei Finken beliebt.

HÖHE 15 cm **AUSBREITUNG** 10 cm

PFLEGE Bevorzugt Sonne und durchlässige Böden. Kulturformen werden im Herbst ausgesät oder als Beetpflanzen gekauft.

VERWANDTE ARTEN Das Sumpf-Vergissmeinnicht (*M. scorpioides*) ist geeignet für Moorgärten; *M. sylvatica* ist eine Kulturart.

Verbene

Verbena bonariensis

Diese Staude mit violetten Blütenständen lockt Schmetterlinge und andere Insekten an. Grünfinken, Distelfinken und Blaumeisen fressen die Samen.

HÖHE 1,5 m **AUSBREITUNG** 50 cm

PFLEGE Bevorzugt Sonne und durchlässige Böden. Aussaat im Herbst und Frühjahr. Stauden im Frühjahr teilen, falls notwendig.

VERWANDTE ARTEN *V. alpina* ist eine niedrig wuchernde Staude; *V.* x *hybrida* wächst langsam und wird einjährig kultiviert.

Wilde Karde

Dipsacus fullonum

Diese kurzlebige Staude trägt Köpfe mit winzigen violetten Blüten. Im Winter picken Stieglitze und Kreuzschnäbel die Samen aus den Blütenköpfen.

HÖHE 2 m **AUSBREITUNG** 60 cm

PFLEGE Wächst in mäßig fruchtbaren Böden, auch Lehmböden, in der Sonne oder im Halbschatten.

VERWANDTE ARTEN Die Weberkarde (*D. f.* ssp. *sativus*) wird wegen der steifen, stacheligen Samenstände angebaut.

Große Brennnessel

Urtica dioica

Mit den nesselnden Blättern und dem schnellen Wuchs gehört diese Pflanze zum Unkraut, für Tiere jedoch ist sie sehr wichtig. Viele Raupen fressen die Blätter.

HÖHE 1,5 m **AUSBREITUNG** 15 cm

PFLEGE Wächst am besten in nährstoffreichen, gedüngten Böden. Alte Stängel abschneiden, damit sie neu austreiben und Raupen Nahrung bieten.

VERWANDTE ARTEN Die Kleine Brennnessel (*U. urens*) ist eine kleinere, weniger wuchernde Art.

Gewöhnliche Nachtkerze

Oenothera biennis

Dieses zweijährige Kraut hat nacheinander erscheinende, kurzlebige Blüten, die sich abends öffnen. Die Blüten locken Insekten an, und Finken fressen die Samen.

HÖHE 1 m **AUSBREITUNG** 40 cm

PFLEGE Braucht volle Sonne und durchlässige Böden. Sät sich selbst aus und kann im Frühjahr geteilt werden.

VERWANDTE ARTEN *O. acaulis* und die Missouri-Nachtkerze (*O. macrocarpa*) sind 15 cm hoch und passen in kleine Gärten.

Breitwegerich

Plantago major

In Gärten ist diese Staude ein Unkraut, das im Rasen oder auf Kieswegen wächst. Ringeltauben, Ammern und Finken fressen die Samen.

HÖHE 30 cm **AUSBREITUNG** 60 cm

PFLEGE Ein häufiges Unkraut, das sich leicht verbreitet und wuchert. Gedeiht am besten in der vollen Sonne und in durchlässigen Böden.

VERWANDTE ARTEN Der Spitzwegerich (*P. lanceolata*) ist auch ein Gartenunkraut; *P. nivalis* ist eine kompakte Art, die in Steingärten passt.

Griechisches Blaukissen

Aubrieta deltoidea

Diese immergrüne Staude bildet Polster oder Teppiche, die über Steine, Böschungen oder Mauern wuchern. Die violetten Blüten erscheinen von März bis Juni. Stare und Haussperlinge benutzen die frühen Blüten zum Nestbau.

HÖHE 8–10 cm
AUSBREITUNG 40–60 cm

PFLEGE Wächst in durchlässigen Böden in der vollen Sonne. Nach der Blüte zurückschneiden, um kompakte Polster zu erhalten.

VERWANDTE ARTEN *A.* x *cultorum* 'J. S. Baker' bildet violotto Blüton mit weißem Auge.

Star

Weißer Gänsefuß

Chenopodium album

Die Samen dieses einjährigen Krautes, die zum Teil im Winter noch an der Pflanze verbleiben, locken verschiedene Vogelarten an, darunter die Türkentaube.

HÖHE 1 m **AUSBREITUNG** 30 cm

PFLEGE Wächst am besten in fruchtbaren Böden, besiedelt aber auch kahle Flächen. Kulturarten im Frühjahr aussäen. Blüht von Juni bis Oktober.

VERWANDTE ARTEN Der Gute Heinrich (*C. bonus-henricus*) bildet Blütenähren.

Zitronenmelisse

Melissa officinalis

Eine Minzenverwandte, deren Blätter nach Zitrone duften. Die Samen locken Stieglitze an, und andere Vögel fressen die Insekten, die die Blüten besuchen.

HÖHE 80 cm **AUSBREITUNG** 45 cm

PFLEGE Aussaat im Herbst oder Frühjahr. In feuchte Erde im Halbschatten pflanzen. Kann aus Stecklingen gezogen werden.

VERWANDTE ARTEN *M. o.* 'All Gold' besitzt gelbe Blätter. *M. o.* 'Aurea' hat grün-gelb gestreifte Blätter.

Löwenzahn

Taraxacum officinale

Dieses häufige, mehrjährige und hartnäckige Unkraut gedeiht in Rasen und Beeten. Finken und andere Vögel fressen die Samen.

HÖHE 30 cm
AUSBREITUNG 15 cm

PFLEGE Ein hartnäckiges Unkraut, das sich selbst aussät. Samenstände für die Vögel stehen lassen.

VERWANDTE ARTEN Keine kultivierten Sorten.

Sonnenblume

Helianthus annuus

Diese hohe einjährige Pflanze bringt einzelne große Blüten hervor. Viele Vogelarten, darunter Schwanzmeise und Bergfink, fressen die Samen. Sie sind Hauptbestandteil fertiger Vogelfuttermischungen.

HÖHE 3 m **AUSBREITUNG** 60 cm

PFLEGE Bevorzugt volle Sonne und durchlässige Böden. Die riesigen Blüten müssen mit Stangen gestützt werden. Abgeschnittene Samenstände für die Vögel aufhängen.

VERWANDTE ARTEN Es gibt zahlreiche Varietäten und Zwergformen; *H. a.* 'Teddy Bear' ist geeignet als Kübelpflanze; *H.* x *laetiflorus* und *H. salicifolius* passen in Naturgärten.

Schwanzmeise

Goldrute

Solidago virgaurea

Eine Staude mit kleinen, gelben, margeritenähnlichen Blüten, aus denen Köpfe mit behaarten Samen hervorgehen. Vögel wie Zeisig und Hänfling fressen sie gern.

HÖHE 75 cm **AUSBREITUNG** 45 cm

PFLEGE Wächst in mageren Böden in der Sonne oder im Halbschatten. Falls nötig stützen und über dem Boden abschneiden, bevor sie neu austreibt. Sät sich selbst aus.

VERWANDTE ARTEN *S. v.* 'Golden Wings' gedeiht in mageren Böden.

Gewöhnliches Greiskraut

Senecio vulgaris

Dieses einjährige Kraut trägt das ganze Jahr über kleine gelbe Blüten. Finken fressen die kugeligen Samenstände.

HÖHE 40 cm **AUSBREITUNG** 10 cm

PFLEGE Dieses Kraut muss nicht kultiviert werden und wächst in jedem Boden. Es sät sich selbst aus und gedeiht in Blumenbeeten. Kultursorten brauchen mäßig fruchtbare Böden in voller Sonne.

VERWANDTE ARTEN *S. cineraria* besitzt silbrig grüne, filzige Blätter.

Glattblattaster

Aster novi-belgii

Eine hohe, sich verzweigende Staude, die aus Nordamerika stammt und an feuchten Standorten wächst. Die zahlreichen violetten Blüten erscheinen September/Oktober. Sie bieten Insekten noch spät im Jahr Nektar. Zeisig und Hänfling fressen die Samen.

HÖHE 1 m **AUSBREITUNG** 50 cm

PFLEGE Bevorzugt feuchte Böden in der Sonne. Vermehrung durch Teilen der Stauden oder durch Stecklinge im Frühjahr oder Sommer. Höhere Pflanzen stützen.

VERWANDTE ARTEN *A. tradescantii* bildet weiße Blüten. *A. alpinus* eignet sich für Steingärten.

Zeisig

Schafgarbe

Achillea millefolium

Diese Staude bildet weiße oder rosa Blütenstände, die sich zu Köpfen mit kleinen Samen entwickeln. Vögel fressen die Samen und die bestäubenden Insekten.

HÖHE 60 cm
AUSBREITUNG 60 cm

PFLEGE Bevorzugt sonnige, trockene Standorte. An ungeschützten Standorten Stängel stützen.

VERWANDTE ARTEN *A. m.* 'Fire King' besitzt rote Blüten.

Kornblume

Centaurea cyanus

Die einjährige Art hat leuchtend blaue Blüten und überlebt sogar manchmal den Winter. Blaumeisen, Grünfinken und andere Arten fressen die Samen.

HÖHE 1 m **AUSBREITUNG** 30 cm

PFLEGE Im Spätsommer oder im Frühjahr in durchlässige Böden in sonniger Lage pflanzen. Ideal zum Verwildern auf Wiesen.

VERWANDTE ARTEN Die Skabiosen-Flockenblume (*C. scabiosa*) ist häufig; die mehrjährige Berg-Flockenblume (*C. montana*) wuchert kräftig.

Wegdistel

Carduus acanthoides

Die zweijährige Pflanze wächst in Hecken und an Wegrändern. Die Blüten werden von zahlreichen Insekten besucht. Im Herbst fressen Finken die Samen.

HÖHE 1,2 m
AUSBREITUNG 50 cm

PFLEGE Wächst überall und sät sich selbst aus.

VERWANDTE ARTEN Die Nickende Distel (*C. nutans*) hat purpurrote Blüten.

Holzscheite sind *unter einem Sonnenkollektor aufgeschichtet. Sie sind nicht nur Heizstoff für den Winter, sondern beherbergen auch viele kleine Tiere, die zu einem ökologischen Garten gehören.*

In einer Aluminiumrinne *fließt Wasser durch den Garten. Die Rinne ist so flach, dass Vögel sicher trinken und baden können. Fließendes Wasser bringt eine entspannende Atmosphäre in den Garten.*

Der Japanische Spindelstrauch *ist ein widerstandsfähiger, immergrüner Strauch mit gestreiften Blättern und rosa Früchten. Er eignet sich als Hecke oder Hintergrund für eine Rabatte. Vögel finden hier Blattläuse und Raupen.*

Stieglitze *gehören zu den farbenprächtigsten Gartenvögeln. Karden, Lavendel und Unkräuter, die kleine Samen bilden, wie der Löwenzahn, locken sie an. Auch Sämereien aus hängenden Futtergefäßen nehmen sie gerne an.*

Die Hängebirke *ist ein kleiner, anmutiger Baum mit einer silbrig weißen, abblätternden Borke. Er ist bei Vögeln beliebt, weil auf ihm viele Insekten leben und seine geflügelten Samen essbar sind.*

Moderne Gärten in der Stadt

FÜR VIELE MENSCHEN ist der Garten ein Zimmer im Freien – ein angenehmer Ort, um zu Entspannen oder Gäste zu empfangen. Auch ein modern gestalteter Stadtgarten kann auf unkomplizierte Weise und mit natürlichen Mitteln so ausgestattet werden, dass Vögel hier einen Lebensraum finden.

Der Buchfink *ist ein sehr geselliger Stadtvogel.*

Auch moderne, funktionale Stadtgärten können ein Lebensraum für Vögel sein, wenn Sie einheimische Pflanzen mit synthetischen Materialien und zeitgemäßer Umwelttechnologie kombinieren.

Als umweltbewusster Städter können Sie mit kleinen Solarzellen Gartenlampen und Wasserpumpen betreiben. Brennende Holzscheite in einer Feuerschale ermöglichen es, auch im Herbst noch draußen zu sitzen. Und im gestapelten Holz leben viele Insekten, die wiederum Vögel auf der Nahrungssuche anlocken. Auch modern gestaltete Wasserelemente sind für Tiere attraktiv. Aluminiumrinnen mit fließendem Wasser sind ein Ersatz für Teiche und Vogeltränken. Im Boden eingelassene Regenwasser-Sammelbecken stellen Reserven bereit, wenn es längere Zeit nicht regnet.

Aus Recyclingmaterial wie Altglas oder gebrauchten Reifen können Hochbeete oder Sitzmöbel gefertigt werden, und mit etwas Phantasie können Sie auch Skulpturen bauen, die den Garten vogelfreundlich machen.

PFLANZENWAHL UND PFLEGE

Moderne Materialien unterstreichen den urbanen Charakter eines Gartens. Einzelne Bäume wie Kirsche oder Birke bringen Höhe hinein, ohne allzu viel von der kleinen Fläche einzunehmen.

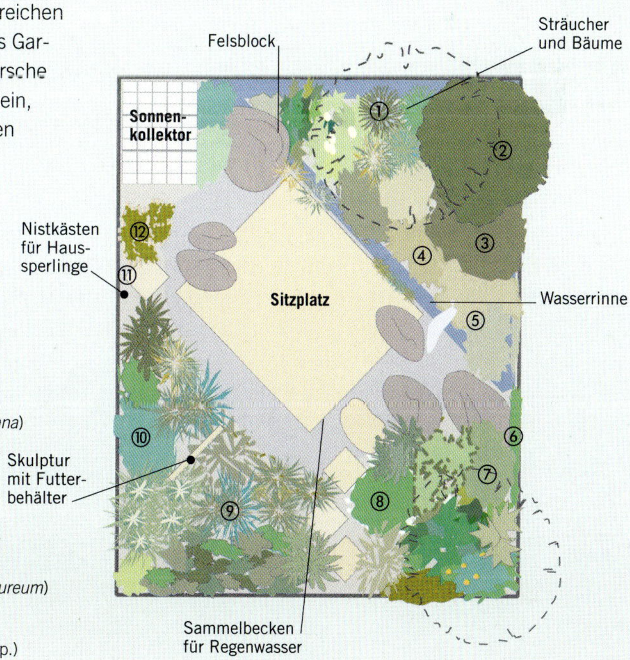

Pflanzenliste

① Pfaffenhütchen (*Euonymus* sp.)
② Hängebirke (*Betula pendula*)
③ Feuerdorn (*Pyracantha* sp.)
④ Weißklee (*Trifolium repens*)
⑤ Hainveilchen (*Viola riviniana*)
⑥ Berg-Waldrebe (*Clematis montana*)
⑦ Fächer-Zwergmispel (*Cotoneaster dammeri*)
⑧ Thymian (*Thymus* sp.)
⑨ Teppich-Zwergmispel (*Cotoneaster horizontalis*)
⑩ Rote Taubnessel (*Lamium purpureum*)
⑪ Efeu (*Hedera* sp.)
⑫ Schneebeere (*Symphoricarpus* sp.)

Reihenhausgärten

Der Grauschnäpper *bevorzugt ältere Gärten.*

OBWOHL DIE EINZELNEN GÄRTEN von Reihenhäusern meist relativ klein sind, bilden sie in ihrer Gesamtheit einen ansehnlichen Lebensraum für Vögel in der Stadt. Die geeignete Bepflanzung spielt auch hier die entscheidende Rolle. Vor allem in älteren Gärten, die gut eingewachsen sind, finden sich viele Vogelarten ein.

Vielfalt ist der Schlüssel zum Erfolg, wenn man Vögel in kleinere Stadtgärten locken will. Auf einem Rasen finden Amseln, Drosseln, Rotkehlchen und Stare Nahrung, besonders wenn Sie manche Stellen selten mähen und Klee und Schafgarbe wachsen können. Bäume und Sträucher bieten Vögeln Aussichts- und Ruheplätze, und Samen und Früchte sind eine wichtige Nahrungsquelle. Sie sollten einheimische Pflanzen bevorzugen, manche Zierarten wie der Kronenapfel sind jedoch ebenfalls für Vögel wertvoll.

Ein Beet mit nektarreichen Pflanzen lockt Schmetterlinge, Bienen und Hummeln in den Garten. Baumstämme und Holzstapel bieten Schnecken, Spinnen und Insekten Unterschlupf und locken Igel, Waldmäuse und Vögel an. Wenn Sie auf Pestizide verzichten, werden sich die Insekten sofort erheblich vermehren. Wenn auch die Nachbargärten vogelfreundlich bepflanzt sind, finden sich mit Sicherheit jede Menge Vögel ein. Zwar wird ein Stadtgarten nicht so artenreich werden wie ein Garten auf dem Land, was jedoch die Anzahl der gefiederten Besucher betrifft, kann er durchaus mit einem solchen konkurrieren. Kohl- und Blaumeise, Rotkehlchen und Zaunkönig finden sich ein, und auch Zeisig, Bachstelze und Buntspecht werden zu den Gästen gehören.

BEPFLANZUNG UND PFLEGE

Häufig wurden Stadtgärten auf Schutt angelegt, deshalb sind die Böden oft mager. Gebäude können viel Schatten werfen – Faktoren, die beim Bepflanzen berücksichtigt werden müssen. Oft sind Hauskatzen auf der Jagd, deshalb müssen Futterhäuschen und Nistkästen geschützt sein.

Pflanzenliste

① Scheinzypresse (*Chamaecyparis* sp.)
② Berg-Waldrebe (*Clematis montana*)
③ Zwergmispel (*Cotoneaster* sp.)
④ Baummalve (*Lavatera* sp.)
⑤ Wucherblume (*Tanacetum* sp.)
⑥ Margerite (*Leucanthemum* sp.)
⑦ Seidelbast (*Daphne mezereum*)
⑧ Schafgarbe (*Achillea* sp.)
⑨ Felberich (*Lysimachia* sp.)
⑩ Kirschlorbeer (*Prunus* sp.)

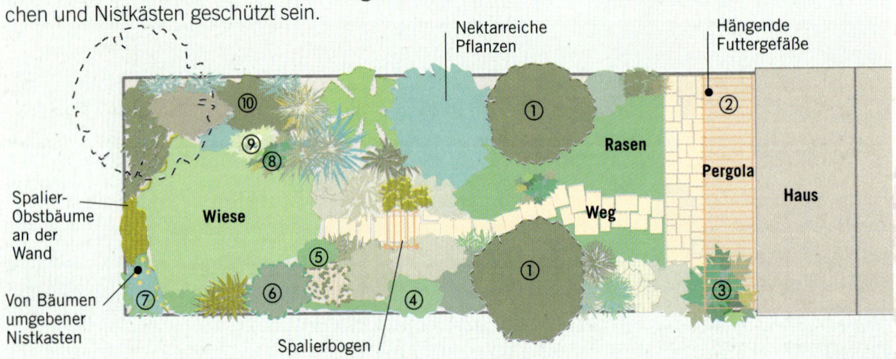

Die Vogelkirsche *ist ein kleiner Baum, der für Stadtgärten geeignet ist. Die duftenden Blüten locken Insekten an, und die bitteren schwarzen Kirschen sind die Lieblingsnahrung von Kernbeißern.*

Mehlschwalben *brüten unter Dachvorsprüngen und nehmen auch Nistkästen an. Sie fangen Insekten in der Luft, wobei sie im Sturzflug über die Dächer fliegen, und landen nur, um Schlamm für den Nestbau zu sammeln.*

Geißblatt *eignet sich gut dafür, unansehnliche Wände oder Schuppen zu verdecken. Alte Exemplare bilden ein dichtes Gestrüpp, in dem Vögel nisten können. Die roten Beeren sind im Spätsommer eine gute Nahrungsquelle.*

Komposthaufen *sind einfach zu errichten, und Garten- und Küchenabfälle werden hier zu humusreicher Erde. In den verrottenden Pflanzen leben Würmer, Insekten und andere Tiere, die wiederum Vögel auf Nahrungssuche anlocken.*

Bambus *und andere Gräser werden wegen ihrer attraktiven Wuchsform angepflanzt. Die langen Blätter sind gutes Nistmaterial, und verschiedene Vogelarten fressen die Samen.*

Solch ein Futtergefäß *aus Draht ist ideal für die Dachterrasse oder den Balkon. Vögel, die nicht auf dem Gefäß landen können, fressen die verstreuten Nussstückchen.*

Nach vorne offene *Nistkästen werden von Stadtvögeln wie Rotkehlchen und Bachstelze angenommen. Wenn der Nistkasten an einem Spalier hängt, sollte er durch Kletterpflanzen getarnt und geschützt sein.*

Mit einem Vogelbad *können Sie Vögel in jeden Dachgarten locken. Die Schale passt gut zwischen Kübelpflanzen. Ein Metallgefäß wirkt interessant, achten Sie jedoch unbedingt darauf, dass es nicht zu tief für die Vögel ist.*

Bachstelzen *kann man in der Stadt sogar dabei beobachten, wie sie auf gepflasterten Wegen und Plätzen nach Insekten suchen. Häufig sitzen sie auf Dächern, und meist rufen sie laut, bevor sie losfliegen.*

Kapuzinerkresse *ist leicht anzupflanzen und bringt jede Menge Farbe in den Garten. Die Blüten bilden reichlich Nektar, der zahlreiche Insekten anlockt.*

Dachgärten

IN DER STADT ist der Platz sehr begrenzt. Aber auch wenn Sie nur ein Flachdach oder einen Balkon besitzen, können Sie mit der geeigneten Bepflanzung Tiere anlocken. Vögel, die in Städten auf der Suche nach Nahrung und Nistplätzen sind, finden sich in den grünen Oasen inmitten des Häusermeeres ein.

Amseln *nisten manchmal auf hochgelegenen Fenstersimsen.*

Im Stadtzentrum ist sowohl die Vielfalt wie auch die Anzahl der Vögel meistens geringer als in der Vorstadt. Welche Arten Ihren Dachgarten besuchen, hängt weitgehend davon ab, ob in benachbarten Parks und an Straßenrändern ausreichend Bäume und Büsche stehen. Trotzdem können Sie auch den kleinsten Garten mit der richtigen Bepflanzung zu einem Anziehungspunkt für Vögel machen.

In einem Dachgarten ist die Artenvielfalt zwar relativ gering, dafür ermöglicht er Ihnen aber ungewöhnliche Einblicke in das Leben bestimmter Arten: Schwalben und Mauersegler sieht man über den Dächern jagen, Stare und Haussperlinge kann man beim Nisten aus nächster Nähe beobachten, und Bachstelzen sind oft stundenlang auf der Suche nach Insekten. Im Sommer können sich auch ungewöhnliche Besucher einstellen: Mehlschwalben sonnen sich auf erwärmten Dachziegeln, und sogar Kiebitze und Goldregenpfeifer rasten manchmal auf Flachdächern.

Das Anlegen eines Dachgartens ist relativ aufwendig. Dies beginnt beim Hochtragen von Pflanzen, Erde und Gefäßen und endet beim häufigen Gießen.

BEPFLANZUNG UND PFLEGE

Die Pflanzen in einem Dachgarten sind Wind und Wetter ausgesetzt. Sind keine schützenden Wände vorhanden, müssen Windbrecher angebracht werden. Ziehen Sie in jedem Fall einen Fachmann zu Rate, bevor Sie ein Hochbeet errichten.

Pflanzenliste

① Geißblatt (*Lonicera* sp.)
② Hortensie (*Hydrangea macrophylla*)
③ Drachenbaum (*Dracaena fragans*)
④ Efeu (*Hedera helix*)
⑤ Heiligenkraut (*Santolina* sp.)
⑥ Säckelblume (*Ceanothus impressus*)
⑦ Salweide (*Salix caprea*)
⑧ Begonie (*Begonia* sp.)
⑨ Myrte (*Myrtus communis*)
⑩ Buddleia (*Buddleia davidii*)

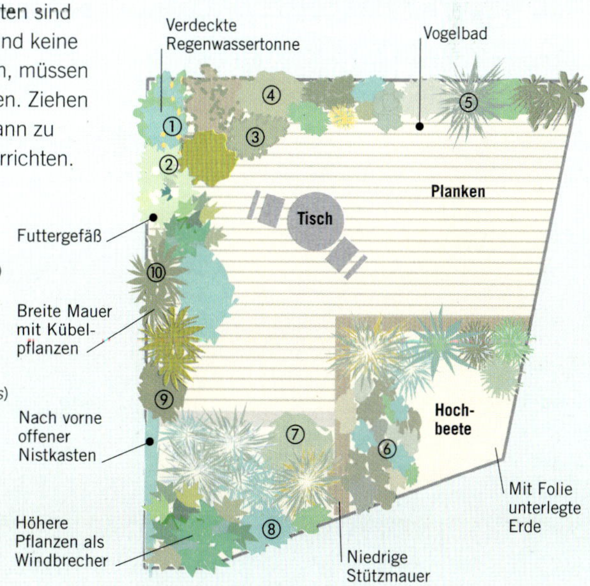

Mediterrane Gärten

Der Grünfink *sucht in Gärten nach Samen.*

AUCH IN NORDEUROPA werden mediterrane Gärten immer beliebter, wobei hier sicher auch die Klimaerwärmung eine Rolle spielt. Heiße, trockene Sommer und frostfreie Winter werden immer häufiger. Als Gartenbesitzer können Sie die Bepflanzung den veränderten Bedingungen anpassen und die Tiere damit unterstützen.

Mediterrane Pflanzen lieben Sonne und vertragen Trockenheit, manche brauchen sie sogar. Viele Arten blühen üppiger, wenn sie weniger gegossen werden. Sie vertragen in der Regel die Winterkälte, allerdings nicht in Verbindung mit Nässe. Bewässerung ist jedoch auch bei trockenheitsresistenten Sorten wichtig. Die umweltfreundlichste Methode ist das Sammeln von Regenwasser in Zisternen und das Errichten von Bewässerungssystemen, die einzelne Pflanzen versorgen.

Der klassische mediterrane Garten hat in der Regel einen klaren Aufbau mit Terrassen, Statuen und immergrünen Hecken. Rasenflächen, die typisch für Gärten der gemäßigten Zonen sind, lassen sich bei regelmäßiger langer Trockenheit schwer erhalten und werden deshalb durch gepflasterte Innenhöfe ersetzt. Dickwandige Pergolen bieten luftige, kühle Schattenplätze. Auch Bäume spenden Schatten und bieten Schutz vor austrocknenden Winden. Einige der Zierarten – Olive, Dattelpalme, Feige und Pinie – liefern auch wertvolle Früchte. Beete können mit aromatischen Kräutern und Büschen wie Thymian, Rosmarin, Fenchel und Myrte bepflanzt werden. Nach winterlichen Regenfällen gedeihen Zwiebelpflanzen im Frühjahr gut.

BEPFLANZUNG UND PFLEGE

In nördlichen Breiten sollte viel Sand und Kies in den Boden eingearbeitet werden, damit die Pflanzen mit den nassen Wintern zurechtkommen. Mediterrane Gärten erfordern während der Blütezeit wenig Pflege. Nur im Spätsommer sind einige Pflege- und Schneidearbeiten notwendig, um im nächsten Jahr einen dichten, gesunden Wuchs zu gewährleisten.

Pflanzenliste

① Schafgarbe (*Achillea* sp.)
② Rose (*Rosa* sp.)
③ Klebschwertel (*Ixia viridifolia*)
④ Phlox (*Phlox divaricata*)
⑤ Schöterich (*Erysimum* sp.)
⑥ Nachtkerze (*Oenothera* sp.)
⑦ Lavendel (*Lavandula* sp.)
⑧ Wacholder (*Juniperus* sp.)
⑨ Geißklee (*Cytisus* sp.)
⑩ Enzian (*Gentiana* sp.)

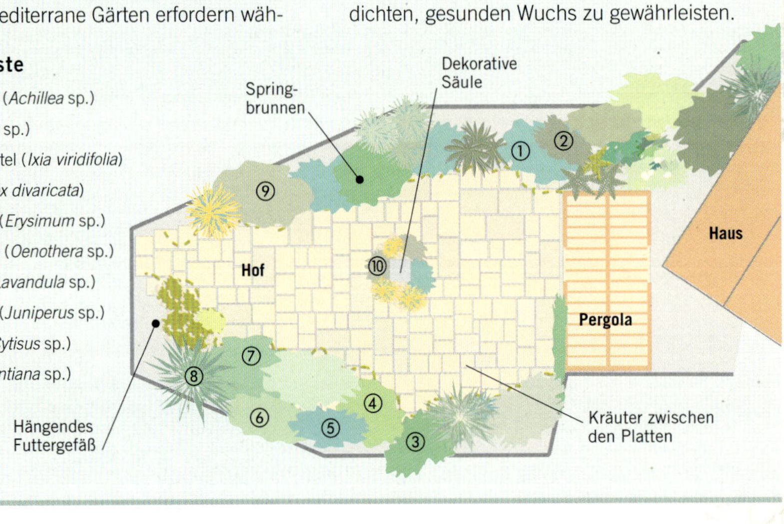

Der Hausrotschwanz *brütet gelegentlich in Industriegebieten und Vorstädten. In Löchern oder Spalten von Gebäuden baut er sein Nest.*

Die Mittelmeer-Zypresse *ist ein schlanker Baum mit aromatischen, graugrünen Blättern. Sie wächst schnell und bietet bald Schatten und Sichtschutz, wird aber nicht zu groß für den Garten. Nistende Vögel finden hier Schutz.*

Zistrosen *sind niedrige, wuchernde Sträucher, die in Steingärten und an trockenen Böschungen gedeihen. Sie bringen nicht nur Farbe in den Garten, sondern beherbergen auch viele kleine Tiere, von denen sich Vögel ernähren.*

Lavendel *kann als niedrige Hecke oder mit anderen Stauden kombiniert gepflanzt werden. Die Blüten produzieren viel Nektar, der Schmetterlinge und Bienen anlockt. Distelfinken und Girlitze fressen die Früchte.*

Ein Springbrunnen *ist pflegeleicht und lockt Vögel in den Garten, die hier baden und trinken. Die Kiesel harmonieren mit dem umgebenden Pflaster.*

Der Schneeball *gedeiht in voller Sonne oder im Halbschatten in feuchten Gartenbereichen. Aus den weißen Blütenständen entwickeln sich rote Beeren, die von vielen Vögeln gefressen werden.*

Hängende Futtergefäße *stellen zusätzliche Nahrung bereit. Die schmiedeeisernen Halterungen sind außerdem seht dekorativ, und im Sommer können Sie hier Blumen in Hängekörben anbringen.*

Die auffallenden Blüten *der Schwertlilie bringen Farbe ans Teichufer. In den Sommermonaten bietet die Pflanze Deckung. Vögel finden hier Insekten und andere Tiere, die sich am Grund der Blätter verstecken.*

Die Heckenbraunelle *sucht im Schutz der Büsche nach Nahrung, kommt jedoch zur Futtersuche gelegentlich auch auf den Rasen. Dieser unscheinbar gefärbte Vogel ist leicht zu übersehen, hat aber eine kräftige Stimme.*

Die Ligularie *fördert die Artenvielfalt im Garten, weil die Blüten Insekten anlocken und Schnecken sich unter den breiten Blättern sammeln.*

Vorstadtgärten

Die meisten grossen Gärten liegen am Stadtrand und in Dörfern. Wenn sie eingewachsen sind, werden sie von vielen Vögeln besucht. Vogelfreundliche Vorstadtgärten bieten ähnliche Bedingungen wie der Wald, der natürliche Lebensraum der meisten Gartenpflanzenarten.

Der Buntspecht *ist in Gärten mit hohen Bäumen regelmäßig anzutreffen.*

Vorstadtgärten sind in der Regel größer als Gärten in der Stadt, und meistens stehen hier auch mehr Bäume und Sträucher. Wurde ein Garten gut angelegt, wachsen hier Pflanzen in allen Formen, Farben und Strukturen, und das Auge des Betrachters wird von niedrigen Stauden über Büsche zu Bäumen im Hintergrund geleitet.

Berberitze, Feuerdorn und andere Sträucher bieten den Vögeln ausgezeichneten Schutz. Die Vielfalt an Pflanzen in größeren Gärten garantiert die Anwesenheit von zahlreichen Insekten und andere Wirbellosen, die wiederum Vögel anlocken. Eine abwechslungsreiche Bepflanzung sorgt dafür, dass Früchte, Beeren und Nüsse im Sommer, Herbst und Frühwinter verfügbar sind und der Garten so das ganze Jahr über für Tiere interessant ist. Kleine blühende Sträucher und Stauden – wie Johannisbeere, Mahonie und Kaiserkrone – bieten die Gelegenheit, Meisen und andere Arten beim Blütenbesuch zu beobachten.

Ein Teich in einem großen Garten ist für Tiere außerordentlich wertvoll. Ein flacher Bereich sollte für Vögel zum Baden und Trinken zugänglich sein. Auch Dachse, Igel und andere Säugetiere besuchen Teiche gelegentlich, um zu trinken.

BEPFLANZUNG UND PFLEGE

Ein sorgfältiger Schnitt der Sträucher ist erforderlich, damit sie sich nicht gegenseitig überwuchern und die niedrigeren Stauden beschatten. Futterhäuschen bringen Sie am besten auf der Terrasse an, wo Sie sie vom Fenster aus sehen können. Der Teich braucht regelmäßige Pflege. Pflanzen, die in Töpfen wachsen, können zum Schneiden herausgehoben werden.

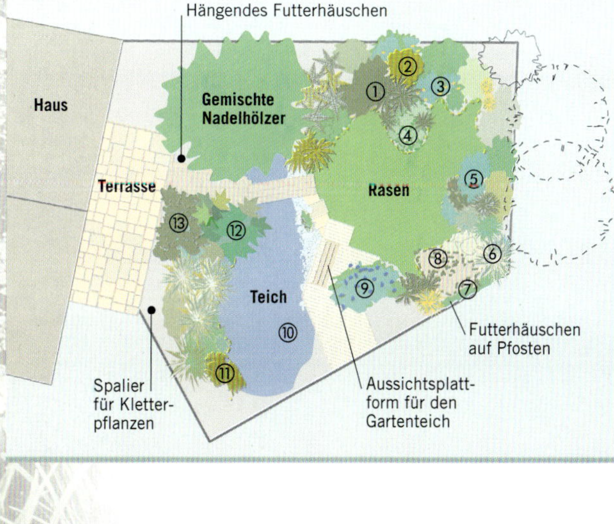

Pflanzenliste

① Aralie (*Fatsia japonica*)
② *Elaeagnus macrophylla*
③ Ahorn (*Acer* sp.)
④ Frauenmantel (*Alchemilla* sp.)
⑤ Schneeball (*Viburnum opulus*)
⑥ Hängebirke (*Betula pendula*)
⑦ Geißblatt (*Lonicera* sp.)
⑧ Kaiserkrone (*Fritillaria* sp.)
⑨ Johannisbeere (*Ribes* sp.)
⑩ Weiße Seerose (*Nyphaea alba*)
⑪ Schildfarn (*Polystichum* sp.)
⑫ Mammutblatt (*Gunnera manicata*)
⑬ Ligularie (*Ligularia* sp.)

Ländliche Gärten

Kleiber *kommen aus benachbarten Wäldern in den Garten.*

Einen grossen Garten auf dem Land können Sie so gestalten, dass Vögel nicht nur gelegentliche Gäste sind, sondern regelmäßig und in großer Zahl kommen. Vögel schließen den Garten bei ihrer Nahrungssuche mit ein, und oft bieten Gärten ihnen sogar bessere Bedingungen als ihr natürlicher Lebensraum.

Die intensive Landwirtschaft der letzten Jahrzehnte hat die Landschaft eintöniger gemacht und einige Lebensräume ganz verschwinden lassen. Nur auf traditionell bewirtschafteten Flächen, wo noch Feldränder und Hecken erhalten geblieben sind, gibt es bedeutende Vogelbestände.

Ländliche Gärten sind mittlerweile zu einem wichtigen Ersatzlebensraum geworden. Vor allem im Winter, wenn die natürliche Nahrung knapp wird, weichen Vögel in Gärten aus. Ein vogelfreundlich angelegter Garten zieht fast alle Arten an, die auf dem Land vorkommen, und auch in der Stadt seltene Besucher wie Goldammer und Turteltaube sind hier häufig zu Gast. In einem großen Garten können Flecken unberührt gelassen werden, auf denen die Pflanzen nicht gepflegt werden und Unkraut wachsen darf. Brennnesseln bieten vielen Insekten, besonders Raupen, Nahrung, und die Samen von Unkräutern wie Greiskraut, Löwenzahn und Gänsefuß locken Vögel an. Sogar trockenes Gras kann wegen der Samen und als Nistmaterial von Bedeutung sein. Blühender Weißdorn und Ligusterhecken, die Blüten und Beeren bilden können, sind für Tiere wertvoll. Je größer die naturbelassenen Bereiche sind, umso mehr Vögel stellen sich ein.

BEPFLANZUNG UND PFLEGE

In diesem großen Landgarten sind verwilderte Bereiche und ein Teich vorhanden, der groß genug ist, um Wasservögel und Tiere, die trinken und baden wollen, anzulocken. Trotz der Vielfalt an natürlichen Futterpflanzen wurden hier noch Futterhäuschen aufgestellt.

Pflanzenliste

① Fiederspiere (*Sorbaria aitchisonii*)
② Bambus (*Arundinaria* sp.)
③ Wiesen-Schwertlilie (*Iris sibirica*)
④ Neuseeland-Flachs (*Phormium tenax*)
⑤ Weißdorn (*Crataegus* sp.)
⑥ Vogelkirsche (*Prunus padus*)
⑦ Löwenzahn (*Taraxacum officinale*)
⑧ Morgenstern-Segge (*Carex grayi*)
⑨ Primel (*Primula* sp.)
⑩ Beinwell (*Symphytum* sp.)
⑪ Schilf (*Phragmites* sp.)

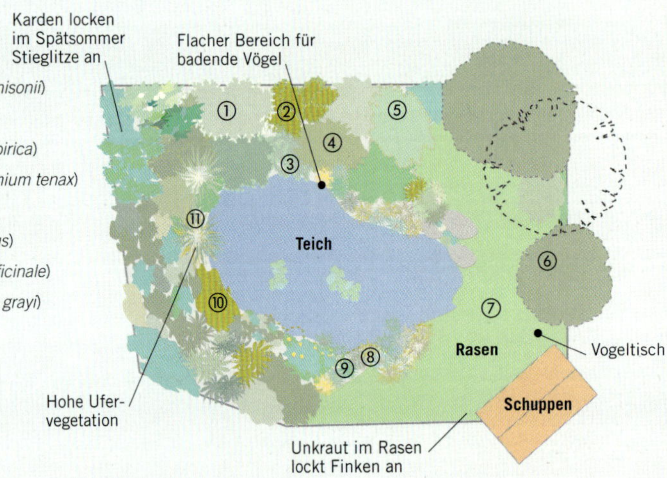

Karden *sind äußerst dekorative Pflanzen. Die Samen werden von Vögeln gern gefressen. In die leeren Samenstände können Sie Hirse füllen und sie so weiter zur Vogelfütterung nutzen.*

Sträucher und Hecken *sollten sorgfältig geschnitten werden. Der Schnitt sorgt für dichten Wuchs und somit für Nist- und Ruheplätze. Lässt man einige Sträucher wachsen, bilden sie Blüten und Früchte, eine wichtige Nahrungsquelle.*

Ein Garten *mit einem großen Teich kann sogar Eisvögel anlocken. Wenn man am Ufer Erde aufschüttet, können die Vögel in der Böschung ihre Nisthöhlen anlegen. Ansitze über dem Wasser erleichtern ihnen die Nahrungssuche.*

Grünspechte *besuchen Landgärten, um nach Ameisennestern im Rasen zu suchen. Hat der Specht erst einmal einige Nester entdeckt, wird er zu einem regelmäßigen Besucher, der jedoch immer sehr scheu bleibt.*

Aufgeschichtetes, *verrottendes Holz entwickelt sich zu einem kleinen Ökosystem. Vögel können hier nisten und ruhen. Mäuse, Wühlmäuse, Amphibien und Reptilien finden Unterschlupf.*

Gartenvögel beobachten

Sogar der kleinste Garten in der Stadt lockt eine Menge Vögel an. Das Beobachten macht noch mehr Spaß, wenn man das Verhalten deuten kann. Und die richtige Ausrüstung hilft dabei, die Lebensweise der Vögel zu erforschen.

Richtig beobachten

Ihre ersten Vogelbeobachtungen können Sie im eigenen Garten machen. Die Suche nach seltenen Arten in freier Natur mag zwar aufregender sein, aber die Grundlagen des Beobachtens und Bestimmens lernen Sie am besten in der gewohnten Umgebung des eigenen Gartens. Hier können Sie mit kleinen Umbauten ökologische Studien und Experimente durchführen, die Aufschluss über das Vogelverhalten geben.

Im Garten *lassen sich Vögel gut aus der Nähe beobachten. Man kann Details im Gefieder erkennen und ihre Verhaltensweisen studieren.*

Vom Haus aus beobachten

Ihr Haus ist ein ideales Versteck, und Vögel lassen sich leicht aus nächster Nähe beobachten und bestimmen, wenn Sie Futterhäuschen in der Nähe von Fenstern anbringen. Im Freiland kommen Sie den Vögeln selten so nahe, und bei deren hektischem Treiben haben Sie oft keine Gelegenheit, Gefieder, Schnabelform, Augenfarbe und andere Einzelheiten zu untersuchen.

Sie können natürlich ab und zu hinausschauen, während Sie Ihrem normalen Tagesablauf nachgehen. Für ernsthafte Beobachtungen müssen Sie sich allerdings mehr Zeit nehmen. Legen Sie ein Fernglas griffbereit neben das Fenster, falls unerwartet ein Vogel erscheint oder etwas Ungewöhnliches geschieht. Sie können auch ein Spektiv installieren, das auf einen Futterplatz gerichtet ist. Da scheue Arten wie Krähen, Sperber und Reiher durch die kleinste Bewegung aufgeschreckt werden, ist es am besten, wenn Sie beim Beobachten nicht direkt am Fenster stehen.

Es ist schön, wenn man Vögel bestimmen kann (S. 124–125). Im Garten gehören die meisten Vögel zu den etwa zwölf häufigsten Arten, die Sie bald unterscheiden können. Dafür lohnt es sich, diese genauer zu beobachten und ihr Verhalten den ganzen Tag über oder im Jahresverlauf aufzuzeichnen. Wenn Sie das Leben der Vögel erforschen und die verschie-

Mit einem Spektiv *kommt man im Garten den Vögeln so nahe wie sonst nirgendwo. Selbst häufige Arten zu beobachten kann so sehr spannend und aufschlussreich sein.*

Von einem Gartenschuppen *oder Sommerhäuschen aus können Sie bequem ihre Beobachtungen durchführen.*

Ornithologen *setzen nummerierte Fußringe ein, um die Migration der Vögel, besonders auf langen Wanderzügen, zu verfolgen. Auch Partnertreue, Nistplatzwahl und Lebenserwartung können so untersucht werden.*

denen Aktivitäten über längere Zeit dokumentieren, werden Sie ein ganz neues Verständnis für ihren Garten als natürlichen Lebensraum bekommen.

Das Verhalten der Vögel zu studieren bedeutet mehr, als nur zu beobachten, was passiert. Sie sollten auch immer hinterfragen, warum etwas passiert. Sie sehen z.B. einen Vogel, der zum ersten Mal ans Futterhäuschen kommt. Es könnte eine Amsel oder Heckenbraunelle sein (beide fressen normalerweise am Boden) oder vielleicht ein Neuling im Garten wie ein Kleiber oder Eichelhäher. Nun sollten Sie darauf achten, wie er die neue Situation bewältigt. Versucht er sich mit heftigem Flügelschlagen am Futterhäuschen festzuhalten oder ist er so wendig und geschickt wie eine Meise? Viel schwieriger ist es allerdings, herauszufinden, warum ein Vogel ein bestimmtes Verhalten zeigt. Da wir ihn nicht befragen können, müssen wir ihn so genau wie möglich beobachten und daraus Schlüsse ziehen. Türkentauben beispielsweise sitzen manchmal mit einem angehobenen Flügel im Regen. Dieselbe Position nehmen sie auch beim Sonnenbaden ein. Daraus lässt sich schließen, dass die Tauben »Regenbäder« nehmen, die denselben Zweck erfüllen wie ein Bad im Teich oder der Vogeltränke.

Individuen erkennen

Beobachten Sie das Verhalten über längere Zeit, werden Sie bald bestimmte Vögel im Garten identifizieren können. An Besonderheiten im Gefieder und Körperbau oder bestimmten Verletzungen oder Verhaltensweisen kann man alte Bekannte wiedererkennen. So lassen sich Beziehungen innerhalb einer Gruppe und das Brutverhalten einzelner Tiere im

ABSTAND HALTEN

Die erste Regel beim Beobachten lautet: Das Wohl der Vögel geht vor. Mit alltäglichen Störungen im Garten kommen die Tiere zurecht. Man sollte jedoch unbedingt der Versuchung widerstehen, sich einer seltenen Art zu sehr zu nähern oder schützende Pflanzen zu bewegen, um einen Blick ins Nest zu werfen. Dadurch könnte der brütende Vogel aufgescheucht werden, und selbst wenn das nicht passiert, könnten Feinde durch die Störung angelockt werden.

VOGELSPUREN

Ein geübter Vogelbeobachter schaut nicht nur in den Himmel, sondern auch auf den Boden. Vögel hinterlassen viele Spuren, die einiges über ihr Verhalten und ihre Lebensweise verraten. Untersuchen Sie diese Spuren, Sie werden viel erfahren.

Federn *können durch die Mauser oder einen Angriff verloren gehen. Bei der Mauser sind die Federn abgenutzt, bei einem Angriff sind sie meistens beschädigt.*

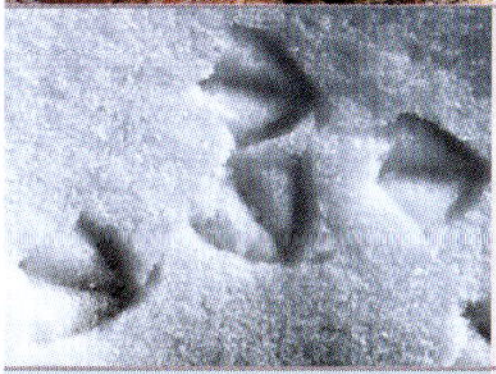

Fußspuren *im Schnee oder Matsch sagen etwas über den Gang aus, ob der Vogel schreitet oder hüpft. Sie können auch Aufschluss darüber geben, was der Vogel getan hat.*

Ein mit Kot verschmutzter Pfosten *ist vermutlich ein Platz, der regelmäßig zum Singen oder zum Ruhen benutzt wird. Richten Sie ihr Spektiv auf den Pfosten und warten Sie auf den Besucher.*

Ein in eine Fels- oder Baumspalte *geklemmter Zapfen wurde von Specht oder Kleiber dort untergebracht. Die Vögel verkeilen Zapfen oder Nüsse, bevor sie sie aufhämmern.*

An solchen Plätzen *rupfen und zerteilen Greifvögel ihre Beute. Es lohnt sich, diese Orte regelmäßig zu kontrollieren.*

Gesang und Rufe *sind wichtig für die Bestimmung, besonders wenn der Vogel im Laub versteckt ist. Mit einem Kassettenrekorder können Sie den Gesang aufnehmen und ihn sich so später wieder in Erinnerung rufen. Eine CD mit häufigen Vogelstimmen ist ebenfalls eine gute Investition.*

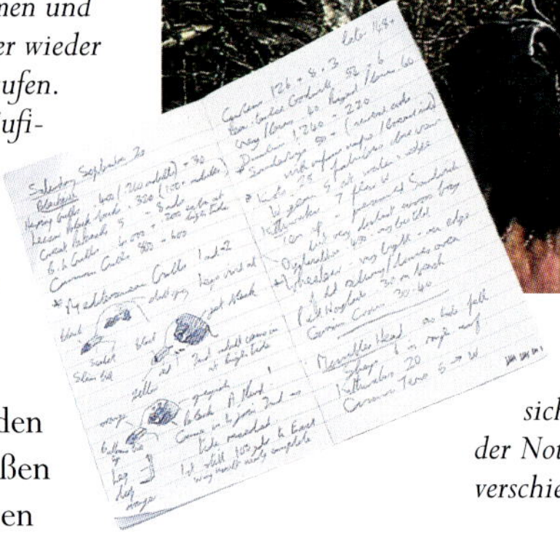

Notieren Sie *möglichst schnell, was Sie sehen und hören. Verlassen Sie sich nicht auf ihr Gedächtnis. Mithilfe der Notizen lassen sich Beobachtungen an verschiedenen Zeiten und Orten vergleichen.*

Jahresverlauf untersuchen. Ornithologen unterscheiden Individuen durch Metall- oder Plastikringe an den Füßen mit Farbkombinationen, die aus der Ferne zu erkennen sind. Um Vögel zu fangen und zu beringen, bedarf es einer speziellen Genehmigung. Wenn Sie Ringe an toten oder verletzten Vögeln finden, senden Sie die Beringungsnummer mit Angaben darüber, wo, wann und wie der Vogel gefunden wurde an die auf dem Ring angegebene Adresse. So erfahren Sie, wo und wann der Vogel beringt wurde.

Protokoll führen

Beobachtungen können viel aufschlussreicher sein, wenn Sie sie schriftlich festhalten. Notieren Sie die Anzahl der beobachteten Vögel, was sie tun, Einzelheiten über das Gefieder und andere Hinweise für die Bestimmung. Die Beschreibung der äußeren Erscheinung und des Gesangs mit Ihren Worten ist von unschätzbarem Wert, weil sie mehr aussagt als die allgemeinen Beschreibungen in Büchern. Wo immer möglich, fügen Sie Skizzen ein, um Besonderheiten festzuhalten (siehe unten). Es macht nichts, wenn Sie nicht gut zeichnen können. Arbeiten Sie schnell und versuchen Sie, mehrere Skizzen anzufertigen, bevor der Vogel verschwindet. Denken Sie daran, dass Größe und Form des Vogels und die Relationen der Körperteile ebenso wichtig wie die Farbe sein können. Notieren Sie aber auch die Farbe der Beine, des Schnabels

WIE MAN VÖGEL SKIZZIERT

❶ **Beginnen Sie** *mit der Grundform des Vogels. Zwei Ovale geben die relative Größe und die Position von Kopf und Körper an und deuten die Länge des Halses an. Zeichnen Sie Position und Länge von Schwanz und Beinen ein.*

❷ **Zeichnen Sie** *das Federmuster und die Farbverteilung ein. Notieren Sie sorgfältig Augenstreifen, Wangenflecken, Flügelbänder usw. Wenn die Zeit reicht, machen Sie zusätzliche Skizzen von Körperteilen, die besonders auffällige Details zeigen.*

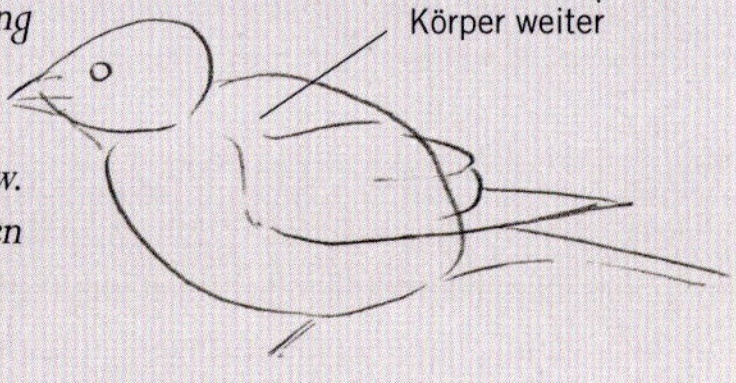

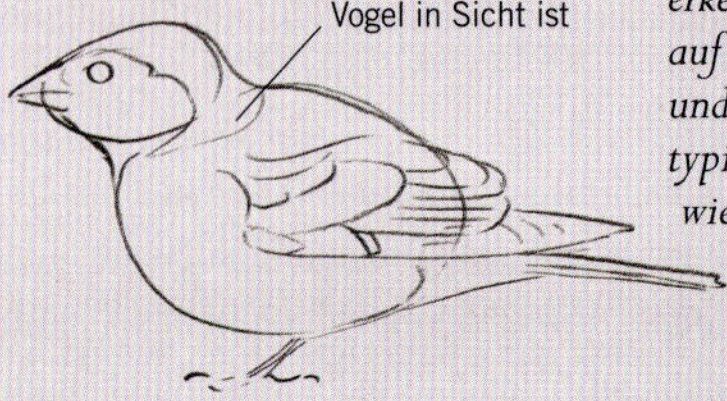

❸ **Jetzt sollte der Vogel** *erkennbar sein. Achten Sie auf Einzelheiten an Kopf und Flügeln. Notieren Sie typische Verhaltensweisen wie Gang und Flugbild – sie können ebenso wichtig sein wie Form und Farbe.*

❹ **Zeichnen Sie** *nach Ihren Skizzen und Notizen ein farbiges Bild. Wenn es fertig ist, vergleichen Sie es mit Illustrationen und Fotos. Achten Sie auf die Unterschiede und denken Sie daran, beim nächsten Mal diese Punkte besonders zu beachten.*

und möglicher Streifen um die Augen. Auch Gesang und Rufe sind für Vögel charakteristisch, jedoch schwerer festzuhalten als körperliche Merkmale. Beschreibungen wie »ein hohes, klares Trällern« sind später wenig hilfreich, Lautmalereien wie »tjüi« oder »tsk-tsk-tsk« geben den Gesang besser wieder.

Aufzeichnungen analysieren

Die einfachsten Aufzeichnungen sind Listen, z.B. von den beobachteten Arten im Garten oder von Vögeln, die bestimmte Futterplätze besucht haben. Listen sind noch aussagekräftiger, wenn Sie sie in regelmäßigen Abständen vergleichen, denn so können Sie analysieren, was im Garten vor sich geht. Sie können Fragen beantworten wie: Kommen bestimmte Vögel zu bestimmten Jahreszeiten in den Garten? Ändert sich der Speiseplan der Singdrossel vom Frühjahr bis zum Herbst? Erscheint die erste Mönchsgrasmücke, bevor die letzte Rotdrossel verschwindet?

Wenn Sie die Anzahl der Vögel im Garten genau aufzeichnen, können Sie auch sehr feine Veränderungen im Vogelbestand erkennen, z.B. die Ankunft von zuwandernden Amseln und Buchfinken im Herbst, durch die der lokale Bestand zunimmt. Sie können auch die Sichtung von seltenen Arten genau verzeichnen – wann wurde zuletzt ein Baumläufer im Garten gesehen?

Einige Vogelbeobachter belassen ihre Aufzeichnungen in den ursprünglichen Notizbüchern, manche übertragen sie in Protokollbücher. So lassen sich die Daten genauer ordnen und analysieren. Wenn Sie gründlich Buch führen wollen, ist ein preiswertes Computerprogramm eine lohnende Anschaffung.

Es macht großen Spaß, *das Nistverhalten der Vögel im Garten zu studieren. Bringen Sie wenn möglich Nistkästen an, die gut vom Haus aus zu sehen sind, um sie bei jedem Wetter beobachten zu können.*

Durch Beobachtungen *an Futtergefäßen werden Sie feststellen, dass einige Vögel zu bestimmten Tageszeiten fressen und andere immer in Gruppen erscheinen. Geduldige Beobachter werden manchmal mit dem Anblick eines seltenen Besuchers belohnt.*

Wo zerbrochene Schneckenschalen *auf einem Fels oder Weg liegen, hat eine Singdrossel die Schneckenhäuser wie auf einem Amboss zertrümmert, um an die weichen Körper zu gelangen. Sie können bestimmen, welche Schneckenarten erbeutet werden.*

Ökologische Experimente

Wenn Ihr naturkundliches Interesse durch die Vogelbeobachtungen geweckt wurde, können Sie einige einfache ökologische Forschungen durchführen. Wenn Sie das nächste Mal eine Blaumeise oder einen Zaunkönig in der Borke eines Baumstammes nach Nahrung suchen sehen, schauen Sie mit einer Lupe nach, was die Vögel fressen. Wenn eine Tannenmeise mit einer ganzen Erdnuss davonfliegt, dann versuchen Sie herauszufinden, wo sie die Nuss versteckt. Beobachten Sie Amseln und Zaunkönige, und finden Sie heraus, wo sie die Nacht verbringen (die Ruheplätze sind an einer verräterischen Anhäufung von Vogelkot zu erkennen).

Sehr interessant ist es, Gartenvögel beim Nisten zu beobachten. Versuchen Sie herauszufinden, ob das Männchen oder das Weibchen das Nest baut und die Eier bebrütet. Möglicherweise sind die Aufgaben verteilt, und vielleicht helfen andere Vögel den Eltern. Wenn die Jungen geschlüpft sind, können Sie die Anzahl der Besuche beider Elternteile am Nest zählen. Wer bringt den Jungen am meisten Futter? Außerdem können Sie versuchen, Zusammenhänge zwischen Bruterfolg, Temperatur und Niederschlägen zu erkennen. Ziehen Sie Ihre eigenen Schlüsse und vergleichen Sie sie zur Überprüfung mit Aufzeichnungen aus früheren Jahren.

Untersuchung der Nester

Im Spätherbst, wenn die Nester verlassen sind, kann man sie untersuchen, ohne die Vögel zu stören. Versuchen Sie herauszufinden, welche Materialien verwendet wurden und achten Sie auf Unterschiede in der Bauweise der Nester verschiedener Arten. Ein Amselnest etwa unterscheidet sich von dem einer Singdrossel darin, dass die Nistmulde mit Gras oder Blättern ausgekleidet ist. Suchen Sie in den Nestern nach verdorbenen Eiern oder toten Nestlingen, nach von Mäusen gehorteten Beeren oder nach Hummelnestern. Um einer möglichen Infektion vorzubeugen, tragen Sie Schutzhandschuhe und atmen Sie keinen Staub des Nistmaterials ein.

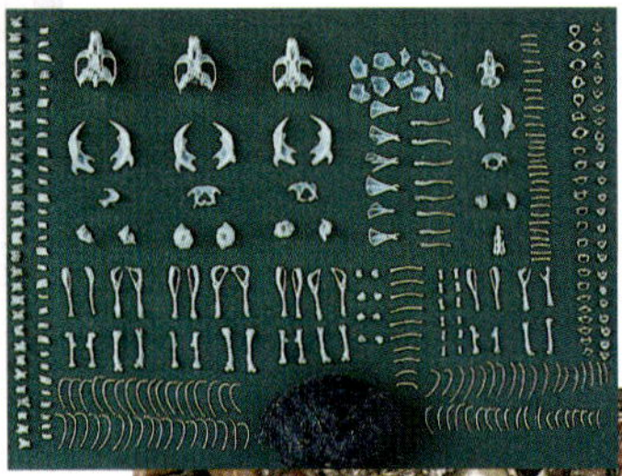

Gewölle *(unten) sammeln sich unter dem Ruheplatz einer Eule. Wenn Sie sie vorsichtig präparieren, sehen Sie, was die Eule gefressen hat (links). Schädel von Kleinsäugern und Vögeln sind leicht zu erkennen, außerdem finden sich Reste von Insekten.*

Auch die Vegetation *kann Aufschluss über die Aktivität von Vögeln geben. Wenn Vögel regelmäßig auf einem Zaun sitzen, scheiden sie mit dem Kot Samen ihrer Futterpflanzen aus. Diese keimen, und es wachsen Kräuter, nach längerer Zeit vielleicht sogar eine Hecke.*

Wenn Sie Vögel, *die jeden Tag im Garten erscheinen, zählen, erkennen Sie Fluktuationen im Bestand. Für Vögel, die in großen Schwärmen fressen, wie Stare, ist ein Handzähler nützlich.*

Naturschutzorganisationen

Eine systematische Beobachtung der Gartenvögel während des ganzen Jahres wird noch interessanter, wenn man die Ergebnisse an Naturschutz- oder Vogelschutzorganisationen weiterleitet. Erkundigen Sie sich bei Organisationen in Ihrer Region, ob diese eventuell daran interessiert sind, Ihre Daten zu erhalten.

DIE HÄUFIGSTEN GARTENVÖGEL

Untersuchungen ergaben, dass Stare, was die Anzahl der Besucher betrifft, die häufigsten Gartenvögel sind, gefolgt von Haussperlingen, Blaumeisen und Amseln. Letztere sind diejenigen, die am weitesten verbreitet sind und in über 90 Prozent der beobachteten Gärten vorkamen. Auch Blaumeisen und Rotkehlchen kamen in über 80 Prozent der Gärten vor. Weil solche Erhebungen seit über 20 Jahren regelmäßig stattfinden, konnte man feststellen, dass sich die Häufigkeiten einzelner Arten verändert haben. Die Starenpopulationen beispielsweise haben deutlich zugenommen, währen die Haussperlinge erheblich seltener geworden sind. Blaumeisen, Kohlmeisen, Grünfinken, Buchfinken, Ringel- und Türkentauben sind in Gärten häufiger zu beobachten.

DER LEBENSZYKLUS

Wenn wichtige Ereignisse im Lebenszyklus der Vögel aufgezeichnet werden, können unerwartete Einflüsse auf das Verhalten deutlich werden. Das zeitigere Ankommen der Frühjahrszieher kann z.B. ein Zeichen für die globale Erwärmung sein: Zilpzalp und Mönchsgrasmücke erscheinen bei jedem Temperaturanstieg um 1 °C etwa drei Tage früher. Für Ihren persönlichen Vogelkalender notieren Sie, wann bei einer bestimmten Art, wie der Schwalbe, Ereignisse wie Ankunft, Nestbau, Schlüpfen der Jungen usw. stattfinden. Vergleichen Sie die Daten aus mehreren Jahren und versuchen Sie, beobachtete Veränderungen zu erklären.

Ausrüstung

BESONDERS VIEL SPASS MACHT ES, Vögel aus der Nähe zu beobachten. Im Garten kann man mit bloßem Auge schon viel sehen. Ein gutes Fernglas oder Spektiv bringt Sie noch dichter ans Geschehen und lässt Sie anatomische Einzelheiten erkennen. Mit der richtigen Fotoausrüstung können Sie auch bemerkenswerte Aufnahmen der Tiere machen.

Stellen Sie das Okular *nach den Angaben des Herstellers ein, um ein scharfes Bild zu erhalten.*

Auswahl eines Fernglases

Ein Fernglas ist unerlässlich, wenn Sie ernsthaft beobachten wollen. Sie können damit zwar nicht weiter sehen, der sichtbare Ausschnitt wird jedoch vergrößert. Daher lassen sich Vögel aus größerer Entfernung bestimmen, besser als mit bloßem Auge. Ferngläser gibt es in vielen Formen und Größen. In der Regel haben größere Modelle eine stärkere Vergrößerung, man sollte beim Kauf jedoch nicht nur darauf achten. Auch Lichtstärke, Verarbeitung, Handhabung und natürlich der Preis sollten berücksichtigt werden. Auf Fachmessen können Sie verschiedene Ferngläser ausprobieren, bevor Sie Geld investieren.

Komfort und Vergrößerung

Die wichtigste Angabe bei einem Fernglas ist ein Zahlenpaar – z.B. 10 x 40. Die erste Zahl gibt die Vergrößerung an und besagt, wie viel Mal größer das betrachtete Objekt erscheint. Die zweite ist der Durchmesser des Objektivs. Je größer er ist, umso heller ist das Bild. Bereiche von 7 x 35

Ferngläser, die Sie im Garten verwenden, *sollten eine kurze Mindestbrennweite haben, damit Sie Vögel, Schmetterlinge und andere Tiere aus der Nähe betrachten können.*

VERSCHIEDENE MODELLE

Alle Ferngläser verwenden reflektierende Prismen, um den Weg des Lichtes zu verlängern und gleichzeitig eine kompakte Form zu behalten. Es gibt zwei Grundausführungen: das Dachkant-Prisma (rechts) und das einfachere und billigere Porro-Prisma (unten). Jedes hat seine Vorteile.

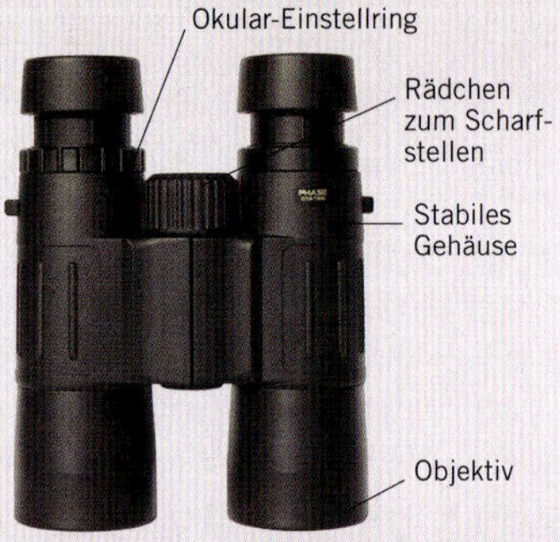

Das klassische Fernglas *besitzt ein so genanntes Porro-Prisma. Diese einfache optische Konstruktion ist robust und für den Anfänger geeignet. Die weit auseinander liegenden Objektive erzeugen ein ausgezeichnetes dreidimensionales Bild.*

Wasserfeste Optiken, *eine Gummiummantelung und zurückziehbare Augenmuscheln machen dieses Porro-Fernglas für jedes Wetter geeignet. Die Objektive bestehen aus wenig streuendem Glas, die Farben werden deshalb natürlich wiedergegeben. Die Linsen sind beschichtet, die interne Reflektion somit minimal.*

Kompakte Modelle *wie dieses 8 x 23 Porro-Fernglas sind gut zu transportieren und für einen optimalen Komfort beim Handling ergonomisch geformt. Durch die kleinen Objektive ist die Helligkeit des Bildes allerdings begrenzt.*

Dachkant-Ferngläser *besitzen ein gerades Gehäuse. Sie sind schlank und kompakt, und die Prismen sind aufwendiger gestaltet als bei Porro-Ferngläsern. Deshalb müssen Glas und Verarbeitung hochwertiger sein, was sich in einem höheren Preis niederschlägt.*

Einige Ferngläser *können mit einem zusätzlichen Okular ausgestattet werden. So erhält man ein kleines Spektiv. Zwar erreicht es selten die Qualität eines richtigen Spektivs, ist aber eine erschwingliche Alternative für alle, die eine noch bessere Vergrößerung wollen.*

bis 10 x 50 sind ideal. Eine stärkere Vergrößerung ist zwar reizvoll, aber mit dem kleinen Sichtfeld ist das Bild nur schwer ruhig zu halten. Achten Sie auch auf eine komfortable Handhabung. Das Fernglas sollte gut in der Hand liegen und nicht zu schwer sein, denn Sie tragen es vielleicht stundenlang um den Hals. Bedenken Sie bei der Auswahl, dass das Rädchen zum Scharfstellen ständig benutzt wird. Es sollte mühelos mit der Fingerspitze verstellt werden können, ohne die ganze Hand bewegen zu müssen.

FERNGLAS UND BRILLE

Brillenträger sind oft der Meinung, das Fernglas bilde schlecht ab. Die Ursache ist jedoch, dass das Auge zu weit vom Okular entfernt ist und Licht von der Seite einfällt. Mit der Hand können Sie das Licht abschirmen, die Ränder des Bildes bleiben aber meist verschwommen oder dunkel. Um dieses Problem zu vermeiden, sollten Sie ein Fernglas mit Okularen kaufen, die sich für Brillenträger einstellen lassen.

Normales Okular **Angepasst an Brillenträger**

Der richtige Umgang mit dem Fernglas

Das erste Anzeichen für die Anwesenheit eines Vogels ist vermutlich sein Ruf oder eine leichte Bewegung der Blätter. Lauschen Sie zunächst und versuchen Sie dann, den Vogel zu entdecken. Um einen Vogel im Blick zu behalten, muss man sich völlig auf das Ziel ausrichten. Der ganze Körper einschließlich der Füße sollte zu dem Vogel weisen und der Kopf, nicht nur die Augen, sollte sich dem Vogel zuwenden. Halten Sie nun Kopf und Körper still und heben Sie das Fernglas an die Augen, während Sie den Vogel weiterhin fixieren. Blicken Sie nicht hinunter auf das Fernglas, während Sie es anheben, weil Sie dann schnell die Position des Vogels aus den Augen verlieren. Stützen Sie Ihre Hand zur Stabilisierung mit einem Finger an der Stirn oder mit dem Daumen am Kinn ab oder legen Sie den Arm auf dem Fensterbrett oder einem Ast auf.

Der kleinste Ruck *wird durch ein Fernglas verstärkt. Wenn Sie sich an einem festen Gegenstand wie einem Baum oder einer Wand abstützen, sorgen Sie für ein ruhiges Bild.*

Tragen Sie das Fernglas an einem Gurt um den Hals, wenn Sie zum Beobachten gehen. Stecken Sie es nicht ins Futteral, da es jederzeit einsatzbereit sein muss. Säubern Sie häufig die Okulare – Wimpern hinterlassen einen Schmierfilm, und das Bild wird verschwommen. Wenn Sie aus einem kühlen Raum hinaus in die warme, feuchte Luft wollen, sollten Sie das Fernglas einige Minuten zuvor aus seiner Hülle nehmen. Dadurch beschlagen die Linsen nicht so stark.

Mit bloßem Auge

Digiscop-Ansicht

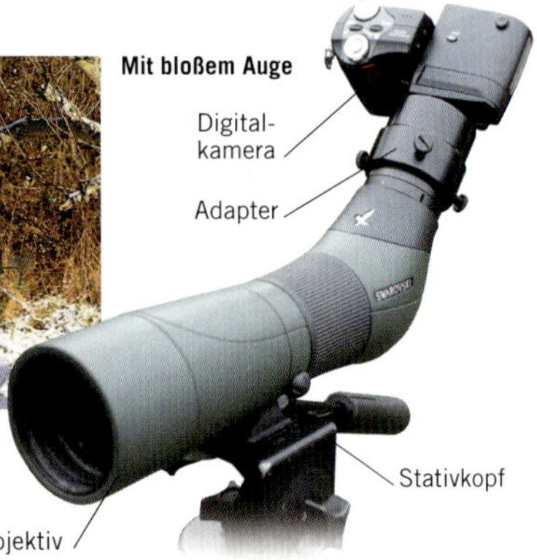

Digiscop-Ausrüstung

Das Digiscoping *bietet Amateuren die Möglichkeit, mit einem Spektiv und einer Digitalkamera bis zu 100fach zu vergrößern. Bestimmte Modelle sind besser geeignet als andere. Suchen Sie im Internet nach den neuesten Tipps.*

Spektiv und Dreibeinstativ

Noch besser können Sie Gartenvögel mit einem Spektiv beobachten. Die meisten Modelle für Vogelbeobachter bieten eine 30fache Vergrößerung oder mehr. Da sich aber die geringste Erschütterung durch zitternde Hände auf das vergrößerte Bild überträgt, müssen Spektive an einem Dreibeinstativ oder einer Klemme befestigt werden.

Viele Spektive haben eine feste Brennweite. Es gibt jedoch auch Modelle mit Zoom-Objektiven, die flexibler einsetzbar sind. Früher erzielte man eine lange Brennweite durch eine große Gesamtlänge. Spektive bestanden aus mehreren ausziehbaren Teilen, die beim Transport zusammengeschoben wurden. Solche Modelle sind auch heute noch erhältlich. Viele moderne Spektive besitzen aber zusätzliche Prismen und sind wesentlich kürzer.

Wie bei Ferngläsern hängt die Helligkeit des Bildes teilweise vom Durchmesser des Objektivs ab. Daher muss man Lichtstärke und Größe gegeneinander abwägen. Spektive sind entweder mit geraden oder mit gewinkelten Okularen ausgestattet. Durch gerade Okulare kann man weit entfernte Vögel leichter und intuitiver anvisieren. Gewinkelte Modelle haben andere Vorteile: Wenn Sie ein Stativ verwenden, sind sie

Alle Spektive *besitzen einen Gewindeanschluss, mit dem sie auf einem Kamerastativ befestigt werden können. Gewinkelte Spektive sind bequemer, wenn Sie aus geringer Höhe beobachten. Diese Position sorgt für größte Stabilität.*

einfacher zu handhaben. Und wenn unterschiedlich große Personen einen Blick auf einen Vogel werfen wollen, lassen sie sich einfacher einstellen.

Mit einem Spektiv beobachten

Es erfordert ein wenig Übung, ein Spektiv optimal zu nutzen. Die erste Herausforderung besteht darin, es auf einen Vogel auszurichten, da der Ausschnitt, den Sie sehen, sehr klein ist. Peilen Sie am besten erst am Gehäuse entlang, um es in etwa auf den Vogel auszurichten. Erst dann schauen Sie durch das Okular.

Das Auge muss immer genau vor dem Okular sein, denn wenn Sie nicht direkt durch das Zentrum blicken, kann das Bild verzerrt oder unscharf sein. Besonders wenn Sie ein gerades Spektiv auf einem Stativ verwenden, ist dies nicht immer einfach umzusetzen. Versuchen Sie außerdem, beide Augen offen zu halten, während Sie durch das Fernglas schauen. Das entspannt das Auge und Sie bemerken andere Vögel, die in ihr Sichtfeld kommen.

VERGRÖSSERUNG

Ferngläser und Spektive vergrößern das Bild, das Sie mit dem bloßen Auge sehen, verbessern die Sicht an einem diesigen oder trüben Tag jedoch nicht. Ein normales Fernglas vergrößert das Bild etwa 8fach, wogegen ein Spektiv um das 30fache oder mehr vergrößert. Bei zu starker Vergrößerung wird das Bild unscharf, wenn das Spektiv nicht sehr stabil steht.

Mit bloßem Auge | **8fach** | **30fach**

Digiscoping

Digitalkameras und digitale Videokameras, die in den letzten Jahren immer populärer wurden, bieten auch dem Spektiv-Nutzer ganz neue Möglichkeiten. Wenn Sie das Zoom-Objektiv einer Digitalkamera auf dem Okular eines Spektivs befestigen (siehe vorherige Seite), können Sie eine Vergrößerung erreichen, die einem Teleobjektiv einer herkömmlichen Kamera entspricht. Die hochwertigen Bilder, die Sie so erhalten, können Sie ansehen und bearbeiten.

AUSWAHL VON SPEKTIV UND ZUBEHÖR

Die meisten Vogelbeobachter ziehen gewinkelte, kompakte Spektive (rechts) geraden Modellen vor. Man muss sich jedoch erst daran gewöhnen, dass man nicht in gerader Linie auf den Vogel blickt.

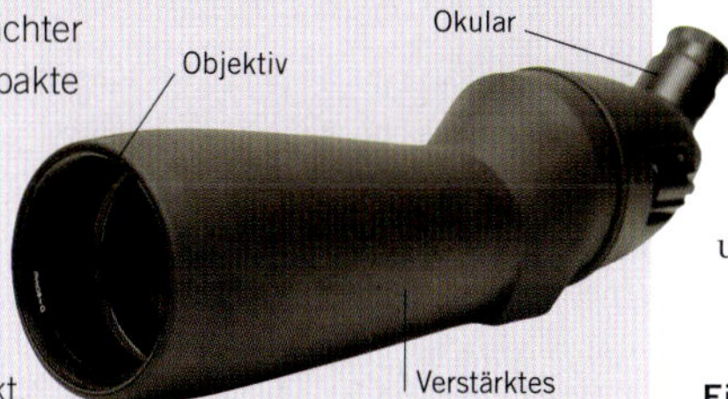

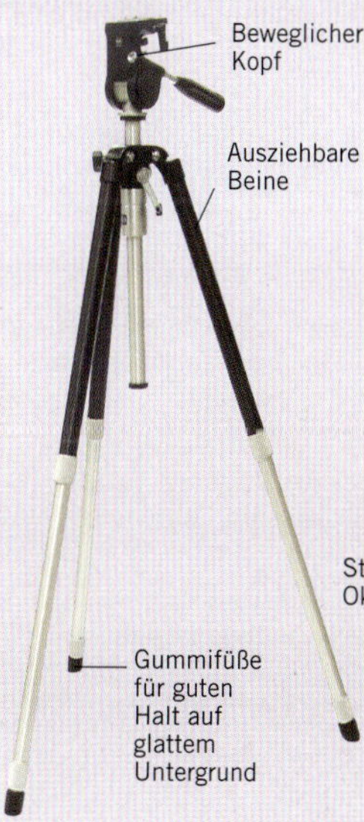

Das ideale Dreibeinstativ *ist leicht, stabil, tragbar, einfach aufzustellen und hoch genug für ein bequemes Beobachten. Es hat einen beweglichen Kopf, der fließende Bewegungen mit einem Hebel ermöglicht.*

Die meisten Spektive *haben auswechselbare Okulare. Weitwinkel-Okulare mit 20- bis 30facher Vergrößerung sind für den normalen Gebrauch geeignet. Zoom-Okulare bieten mehr Flexibilität.*

Eine Klemme *ist besonders nützlich, wenn Sie das Stativ von einem Versteck oder einem anderen Beobachtungspunkt aus dauerhaft ausrichten wollen. Das Spektiv kann schnell montiert werden, und die Klemme ist eine stabile Stütze.*

Eine kurze Verschlusszeit *(unter 1/250 Sekunde) verhindert das Verwackeln, das bei einer langen Brennweite häufig vorkommt. Außerdem lässt sich so die Bewegung eines fliegenden Vogels »einfrieren«.*

Die Verstellung der Blende *(Veränderung des Durchmessers der Irisblende) beeinflusst die auf den Film fallende Lichtmenge. Zusammen mit der Verschlusszeit kontrolliert die Blende die Belichtung.*

Ein Blitzgerät *kann ein Objekt bei schlechtem Licht oder in Dunkelheit beleuchten, ist aber auch bei Tageslicht sinnvoll, weil es Vögel im Schatten aufhellt oder dunkle Schlagschatten zu vermeiden hilft.*

Sogar mit einer *langen Brennweite muss man bis auf wenige Meter an einen Vogel herankommen, um ein formatfüllendes Bild zu erhalten. Hier sind Sie mehr gefordert als beim bloßen Beobachten. Sitzen und Abwarten zahlt sich oft aus.*

Belichtung

Eine Kamera nimmt ein Bild auf, wenn Licht, gebündelt durch eine Linse, auf einen Film oder das digitale Äquivalent fällt. Die einfallende Lichtmenge muss genau kontrolliert werden, um die richtige Belichtung zu erreichen. Zu viel Licht ergibt blasse, verwaschene Bilder (Überbelichtung). Zu wenig Licht führt zu dunklen, trüben Fotos (Unterbelichtung). Bei den meisten Kameras kann man die Automatik oder ein Programm einstellen, sodass Belichtung und Brennweite vom eingebauten Computer berechnet werden. Meistens führt dies zu annehmbaren Ergebnissen.

Vögel fotografieren

Vögel zu fotografieren kann zu einer Leidenschaft werden, obwohl es Zeit, Geduld und einige Investitionen erfordert, um wirklich gute Ergebnisse zu erzielen. Außergewöhnliche Fotos können Sie machen, wenn Sie sehr nahe an die Vögel herankommen. Dazu benötigen Sie ein Teleobjektiv und eine passende Kamera oder eine Digitalkamera mit einem langen Zoom-Bereich.

Die meisten Vogelfotografen verwenden eine 35-mm-Spiegelreflex-Kamera. Die 35 mm beziehen sich auf die Größe der verwendeten Filme. Spiegelreflex bedeutet, dass das Bild des Objektes durch die Linse fällt, über einen Spiegel reflektiert wird und im Sucher genau das erscheint, was abgebildet wird. Spiegelreflex-Kameras sind praktisch, da man die Objektive auswechseln und mit derselben Kamera Weitwinkel- und Teleaufnahmen machen kann. Bei der Vogelfotografie werden Brennweiten von 300 bis 600 mm bevorzugt, die einem Blickwinkel von 6° bis 3° entsprechen. Sie ermöglichen qualitativ hochwertige, formatfüllende Vogelbilder. Sie sind aber nicht nur teuer, sondern auch schwer und unhandlich.

Für Einsteiger ist eine Digitalkamera möglicherweise die bessere Wahl. Die Fotos sind sofort zu sehen und außerdem billiger, da keine Film- und Entwicklungskosten anfallen. Eine Digitalkamera kostet eventuell mehr als eine entsprechende Kleinbildkamera, sie bietet jedoch eine stärkere Vergrößerung.

KLEINBILDKAMERAS

35-mm-Spiegelreflex-Kameras bieten den besten Kompromiss zwischen Tragbarkeit, Kosten und Qualität. Investieren Sie in ein gutes Teleobjektiv mit 300 oder 500 mm Brennweite oder in ein langes Zoom-Objektiv.

Mit einem 24-mm-*Weitwinkel-Objektiv, einem mittleren Zoom – 35 bis 105 mm – und einem Teleobjektiv mit langer Brennweite ist man für die meisten Situationen gewappnet.*

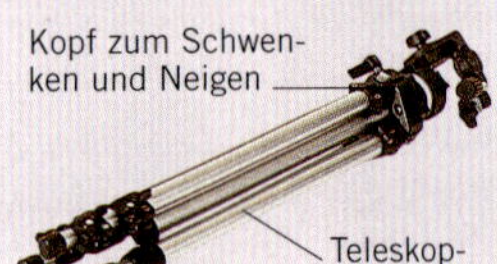

Ein Dreibeinstativ *ist wichtig, um ein Verwackeln bei langen Brennweiten zu vermeiden. Kaufen Sie ein möglichst schweres und stabiles Modell, das Sie aber noch gut tragen können.*

Vögel nähern sich einem Versteck *wie diesem umgebauten Schuppen meist unbefangen. Befestigen Sie die Kamera auf einem Stativ und richten Sie sie auf eine nahe gelegene Futterstelle.*

Wenn man jedoch versteht, wie sich unterschiedliche Belichtungen auswirken, kann man kreativere Fotos machen. Sogar wenn Sie eine vollautomatische Kamera besitzen, lohnt es sich, sie manchmal auf manuell zu stellen und mit den Belichtungseinstellungen zu experimentieren.

Das Licht arbeiten lassen

Die meisten Vogelbilder entstehen bei Tageslicht. Man sollte die Lichtqualität einschätzen, bevor man auf den Auslöser drückt. Diffuses Sonnenlicht, gefiltert durch dünne Wolken oder ein lockeres Blätterdach, ist z.B. ideal für natürliche Vogelporträts. Morgen- und Abendsonne beleuchten den Vogel von der Seite und bringen interessante Aspekte (und einen Goldton) in das Foto, während Licht von oben am Mittag weniger schmeichelnd ist.

Ein Zoom-Objektiv *einer Digitalkamera kann ein Objekt 3fach vergrößern, während der digitale Zoom zusätzlich 4fach vergrößert. Die so entstehende 12fache Vergrößerung reicht aus, um formatfüllende Vogelbilder zu erhalten, obgleich die Qualität im Vergleich zu einer Kleinbildkamera schlechter ist.*

Direktes Sonnenlicht erzeugt starke Schatten, die als hässliche schwarze Stellen auf einem Foto erscheinen können. Mit einem Aufhellblitz lassen sich diese Stellen ausgleichen. Mit dem Blitz lässt sich auch ein Vogel in Bewegung »einfrieren«.

Mit einer längeren Verschlusszeit *belebt die Bewegung des Vogels das Bild. Kreativ eingesetzt verleihen Unschärfen einem ansonsten normalen Foto Atmosphäre.*

Mit einer langen Brennweite *ist die Schärfentiefe gering. Dadurch lässt sich ein Vogel vor einem unruhigen Hintergrund isolieren.*

Das Blitzlicht *dauert nur eine Zehntausendstel Sekunde. Es friert die schnellsten Bewegungen ein und lässt die scharfen Umrisse jeder Feder erkennen.*

Vogelverhalten verstehen

In Ihrem Garten können Sie Verhaltensforschung betreiben. Jeden Tag kommen Vögel, und sie zeigen abhängig von der Jahreszeit viele verschiedene Verhaltensweisen. Beobachten Sie die Besucher genauer, erkennen Sie, wie komplex ihr Verhalten ist, und die Gründe für manch sonderbare Aktionen werden sich Ihnen erschließen.

Der Tagesverlauf

VÖGEL BEMERKT MAN MEISTENS, wenn sie aktiv sind, wenn sie fressen, fliegen, singen, balzen oder kämpfen. Im Frühjahr und Sommer sind sie besonders gut zu beobachten, wenn sie ihre Reviere abstecken, Partner suchen, Nester bauen und ihre Jungen aufziehen. Weitere wichtige Verhaltensweisen sind die Gefiederpflege und das Baden. Wenn die Tage kürzer werden, verbringen viele Vögel den größten Teil des Tages damit, sich auszuruhen.

Vögel singen *und putzen sich in der Morgendämmerung. Dieses Rotkehlchen kratzt sich mit dem Fuß an einer Körperstelle, die es mit dem Schnabel nicht erreicht.*

Aktivitätszyklen

An Tagen außerhalb der Brutsaison haben Vögel zwei Hauptbeschäftigungen: Sie müssen in regelmäßigen Abständen über den ganzen Tag verteilt fressen, und sie pflegen ihr Gefieder, indem sie sich putzen oder baden. Die erste Mahlzeit am Tag ist besonders wichtig, um die in der Nacht für die Wärmeproduktion verbrauchten Fettreserven wieder zu ersetzen. Beobachtet man die Futterplätze, stellt man jedoch fest, dass es die Vögel keineswegs eilig mit dem Frühstück haben. Sie sammeln sich in Bäumen, um zu singen, beginnen mit dem Fressen jedoch erst bei vollem Tageslicht. Ornithologen glauben, dass Vögel erst so spät mit dem Fressen beginnen, weil sie im Dämmerlicht Feinde nicht rechtzeitig bemerken oder die Nahrung nicht lokalisieren können.

Nicht alle Vögel sind zur selben Zeit aktiv. Rotkehlchen und Amseln etwa sind Frühaufsteher und meist auch die letzten, die abends in der Dämmerung verschwinden. Möwen und Stare dagegen verlassen Gärten und Parks am frühen

Das Rotkehlchen *als Frühaufsteher singt schon, bevor der Tag anbricht. Einige Minuten nach dem Aufwachen fliegt es auf seinen Ansitz und singt etwa eine Stunde lang.*

Den größten Teil des Tages *verbringt die weibliche Amsel mit der Nahrungssuche. Sie frisst nicht ständig, sondern ruht nach jeder Mahlzeit aus oder geht anderen Tätigkeiten wie dem Nestbau nach.*

Ein Zaunkönig *spreizt beim Sonnenbad seine Flügel und Körperfedern ab, damit die Sonnenstrahlen eindringen können. Ein Sonnenbad wärmt den Körper an kalten Tagen und pflegt das Gefieder.*

Nachmittag, um noch bei Tageslicht zu ihren Schlafplätzen zu gelangen. In Siedlungen mit Straßenlaternen und Sicherheitsbeleuchtungen singen und fressen Vögel manchmal während der ganzen Nacht. Auch Haussperlinge jagen nachts Falter, die um Laternen kreisen.

Stresszeiten

Zweimal im Jahr ist ein Vogel rund um die Uhr beschäftigt: einmal während der Brutsaison, wenn er seine Jungen füttern und aufziehen muss, und dann wieder im Winter, wenn das eigene Überleben zum Kampf wird. Im Winter sind die Tage nicht nur kürzer, auch die Nahrung ist knapp und schwer zu finden, und der Vogel braucht zusätzliche Energie, um die Körpertemperatur aufrechtzuerhalten. Deshalb müssen kleine Vögel den größten Teil des Tages mit der Nahrungssuche verbringen. Viele verlassen ihre Ruheplätze vor Sonnenaufgang, um zusätzlich Zeit für die Nahrungsaufnahme zu haben.

Diese Grafik zeigt, *wie ein männlicher Kleiber im Frühjahr seinen Tag verbringt. Fast zwei Drittel der Zeit verbringt er mit der Nahrungssuche. Er muss auch sein Revier verteidigen, singen und Rivalen verjagen. Dann hat er noch Zeit zum Putzen und Ruhen.*

Körperpflege

Wenn Vögel nicht fressen, verbringen sie viel Zeit mit der Pflege ihres Gefieders. Die zwischen den Federn eingeschlossene Luft isoliert und macht das Gefieder Wasser abweisend. Wenn Federn beschädigt sind, werden diese Eigenschaften beeinträchtigt und das Fliegen beschwerlicher. Die Häkchen, die die Federn zusammenhalten, werden durch die tägliche Beanspruchung auseinander gezogen. Der Vogel muss sie mit dem Schnabel wieder zusammenfügen wie einen Reißverschluss. Beim Putzen werden die Federn sorgfältig einzeln durch den Schnabel gezogen, damit sich die Haken wieder schließen. Das Knabbern und Reiben entfernt auch Schmutz und Parasiten wie Federlinge und Milben und bringt die Federn zurück in die richtige Position. Zwischendurch drückt der Vogel seinen Schnabel immer wieder gegen die Bürzeldrüse an der Schwanzbasis, um Fett aufzunehmen, das sich dann wie ein Film über die Federn legt. Vermutlich tötet dieses Fett auch Bakterien und Pilze ab.

Vögel baden, um sich der Parasiten in ihrem Gefieder zu entledigen. Die meisten baden in Teichen oder Pfützen, einige nehmen auch Staubbäder oder setzen sich sogar dem Rauch eines Kamins oder Feuers aus.

Dieser Grünspecht *badet in einem Gartenteich, aber auch ein Rinnstein oder eine Pfütze hätten ihm genügt. Nach dem Bad fliegt er an einen sicheren Platz und ordnet sein Gefieder wieder.*

Wie andere Vögel *verbringen Grasmücken viel Zeit mit gründlichem Putzen, damit das Gefieder sauber und ordentlich bleibt. Durch Kratzen, Aufplustern und mit Hilfe des Schnabels werden die Federn geordnet.*

Außerhalb der Brutzeit *sammeln sich Stare am Nachmittag, bevor sie in Schwärmen zu ihren Schlafplätzen fliegen. Auch tagsüber gibt es kurze Ruhepausen zwischen den Phasen der Nahrungsaufnahme.*

Der Jahreslauf: Frühling

Wenn die Tage länger und wärmer werden, kehrt das Leben in den Garten zurück. Zwiebelblumen und andere Pflanzen locken die ersten Insekten an. Diese wiederum sind eine willkommene Abwechslung im Speiseplan der Vögel, wenn die Samenvorräte des Winters zur Neige gehen. Da die Brutsaison beginnt, singen die Vögel deutlich mehr.

Revierkämpfe *werden im Frühling häufig ausgetragen. Die Aggressionen legen sich aber bald, und die Vögel widmen sich der Jungenaufzucht.*

Mit neuer Energie

Der Frühling ist eine Zeit der Veränderungen und Ungewissheit für die Gartenvögel. Zwar steigen die Temperaturen, jedoch können Frost und schlechtes Wetter vielen Arten gefährlich werden, besonders denjenigen, die früh brüten, wie Krähen, Tauben und Drosseln. Ihre Nester sind Wind und Regen ausgesetzt, da die Bäume noch keine Blätter tragen. Außerdem können Feinde die Gelege sehen. Es kommt vor, dass die Eltern ihr Nest deshalb im Stich lassen und die Jungvögel sterben. Auch in Nistkästen ist die Brut nicht sicher vor Kälteeinbrüchen: Die Eltern verbringen viel Zeit damit, die Jungen zu wärmen, obwohl sie eigentlich auf Nahrungssuche gehen müssten.

Einige Vögel, die im Winter am Futterhäuschen im Garten zu Gast waren, ziehen zum Nisten wieder aufs Land. Wie lange sie sich im Garten nicht zeigen, hängt von Temperatur und Nahrungsangebot ab. Finken und Ammern beispielsweise kommen in die Gärten zurück, wenn die Nahrung im Frühjahr knapp ist. Die Brutgebiete anderer Vögel sind zu weit entfernt für solche Besuche.

Gegen Ende des Frühlings kommen die Zugvögel aus dem Süden zurück. Zilpzalp und Mönchsgrasmücke gehören zu den ersten Ankömmlingen. Bald folgen ihnen Schwalben und Mauersegler, die bei schlechtem Wetter über Seen und Flüssen Insekten jagen. Nistkolonien bilden sie erst, wenn sich das Wetter gebessert hat.

Im Frühling kann man Vögel oft in Paaren beobachten, die ihr Revier verteidigen oder balzen. Mit Gesang und Rufen werden Rivalen verjagt, und die Partnerbindung wird verstärkt. Jetzt ist die beste Zeit, um frühmorgens den Gesängen zuzuhören.

Vögel kommen in Brutstimmung, *wenn die Tage länger werden. Der genaue Zeitpunkt der Eiablage wird jedoch von der Temperatur bestimmt. In einem warmen Frühling legen Kohlmeisen oft schon Mitte April Eier, in kalten Jahren erst Mitte Mai.*

WECHSELNDE WINDE

Zugvögel aus Afrika wie der Fitis, der vorwiegend in Ghana und der Elfenbeinküste überwintert, kommen im zeitigen Frühjahr nach Europa. Stürme können die Ankunft verzögern oder beschleunigen. Starke Südwinde verschlagen auch ungewöhnliche Besucher wie Wendehals oder Wiedehopf in die Gärten.

Fitis

Rohrammern *verlassen das winterliche Gartenrevier, um in Feuchtgebieten oder im Ackerland zu nisten. Sie klammern sich gerne an Halme oder an niedrige Büsche.*

Einige Mönchsgrasmücken *bleiben im Winter in Europa, meist in Gärten mit dichter Vegetation. Die meisten sind jedoch Zugvögel und erscheinen im Frühjahr, wenn sie aus ihren Winterquartieren in Spanien, Portugal oder Afrika ankommen.*

Das Picken *gegen Fensterscheiben wird meist im Frühjahr beobachtet. Ein Vogel sieht sein Spiegelbild und pickt nach dem vermeintlichen Rivalen. Oft kommt er zur Kontrolle immer wieder an diese Stelle zurück.*

Im Winter *gebildete Gruppen, etwa bei Blässhühnern, lösen sich im Frühjahr zur Paarungszeit auf. Blässhühner sieht man jetzt Stängel und Blätter sammeln, mit denen sie ihr sperriges Nest im flachen Wasser bauen.*

Stieglitze *legen ihre Eier im späten Frühling, wenn ihr zartes Nest aus Moos, Gras und Spinnweben zwischen den austreibenden Blättern der Bäume gut geschützt ist.*

Der Jahreslauf: Sommer

In den Sommer fällt der Höhepunkt der Brutzeit. Manche Arten, wie der Star, legen ihre Eier zwar früh im Jahr und haben den Brutzyklus bereits abgeschlossen, viele andere wie Amseln und Schwalben brüten jedoch noch. Obwohl es reichlich Nahrung gibt, kann der Sommer ebenso hart wie der Winter sein. Hitze, Trockenheit und Unwetter können Jungvögel töten und verhindern, dass sich die Eltern von der Jungenaufzucht erholen.

Ein Zaunkönig *kehrt mit seiner Beute zum Nest zurück. Zaunkönige sind im Sommer sehr aktiv und fangen unzählige Insekten.*

Zeit des Überflusses

Einige Bergfinken und andere Zugvögel sind manchmal zu Sommerbeginn noch da, aber im wesentlichen gehört der Garten nun den Arten, die hier nisten. Die sprießenden Blätter ernähren Insekten und andere Wirbellose, mit denen die meisten Vögel ihre Jungen füttern. Auf gemähten Wiesen suchen Drosseln und Stare nach Regenwürmern und Käfern. Wird der Rasen nicht gemäht, siedeln sich bald Löwenzahn und Klee an. Die Blüten locken bestäubende Insekten an, und die Samen sind bei Dompfaff und Distelfink beliebt.

Vogelfamilien sind häufig zu beobachten, wenn die Jungen das Nest verlassen und die Eltern sie noch so lange füttern, bis sie selbstständig sind. Jungvögel können Sie meist an ihren kürzeren Flügeln, einem kürzeren Schwanz und einer höheren Stimme erkennen. Sie sammeln sich oft in Gruppen. Stare fliegen in Formationen und lassen sich lärmend auf Bäumen nieder. Schwärme verschiedener Meisenarten bahnen sich ihren Weg durch die Bäume, oft begleitet von Kleibern und Baumläufern. Der Zusammenschluss zu Gruppen bietet ihnen besseren Schutz vor Feinden.

Wenn in der zweiten Sommerhälfte die Brutzeit zu Ende geht, wird der Garten merkwürdig still. Einige Vögel kehren aufs Land zurück, während sich andere ins Unterholz zurückziehen, um die Mauser abzuschließen, bevor sie im neuen Wintergefieder wieder auftauchen.

Vögel brüten so, *dass die Jungen schlüpfen, wenn das Nahrungsangebot am größten ist. Unterschiedliche Arten haben verschiedene Strategien für eine maximale Überlebensrate der Jungen entwickelt. Rotkehlchen legen ihre Eier zeitig im Jahr, sodass sie ihre Jungen mit Raupen füttern können, die um diese Zeit in großer Zahl auf Blättern leben.*

Der Grauschnäpper *brütet später im Jahr, von Ende Mai bis Juni. So kann er die Jungen mit fliegenden Insekten (besonders größeren Fliegen) füttern, die es im Hochsommer reichlich gibt.*

Der Sperber *legt seine Eier Ende Mai. Er brütet mit 35 Tagen sehr lange, und die Jungen schlüpfen nicht vor Anfang Juli. Zu dieser Zeit sind die jungen Meisen und Finken schon flügge und eine hervorragende Nahrung für die kleinen Sperber.*

WETTERBEOBACHTUNG

Das Schicksal der Gartenvögel hängt vom Wetter ab: Eine Hitzewelle lässt den Boden steinhart werden, sodass Drosseln kaum Würmer aus der Erde ziehen können. Für Schwalben, Mauersegler, Stare und Möwen ist heißes, schwüles Wetter ein Segen, weil sie sich von Fliegen und schwärmenden Ameisen ernähren. Starker Regen ist katastrophal für Meisen, die ihre Jungen mit Raupen füttern. Diese werden von den Blättern gespült, und die Meisen müssen nach weniger geeigneter Nahrung suchen. Dies erfordert mehr Zeit, und sie können die Jungen nicht ausreichend wärmen.

Jungvögel, *die im Spätsommer schlüpfen, haben größere Überlebenschancen als solche, die früh im Jahr schlüpfen, da ihnen mehr Nahrung zur Verfügung steht.*

Die meisten Jungvögel *werden nach Verlassen des Nestes noch von den Eltern gefüttert. So können sie ihre Entwicklung abschließen und lernen, selbst auf Nahrungssuche zu gehen. Ihre bettelnden Rufe sind im Sommer häufig zu hören.*

Ein junger Buntspecht *begleitet seine Eltern. Obwohl er noch nicht selbstständig ist, lernt er, wo man Futter findet, indem er seine Eltern genau beobachtet.*

Lange Trockenheit *lässt den Boden hart werden. Würmer ziehen sich tiefer zurück, kein Vogel kann sie noch mit dem Schnabel erreichen. Kontrollieren Sie täglich das Vogelbad, wenn das Wasser knapp wird.*

Die Mauser *im Spätsommer, die mehrere Wochen dauern kann, ist eine anstrengende Zeit. Das Fliegen ist beschwerlich, und die Bildung der neuen Federn benötigt viel Energie.*

Der Jahreslauf: Herbst

Im Herbst lassen sich Vögel besonders gut im Garten beobachten, vor allem wenn Früchte, Beeren und Samen in der Umgebung knapp sind. Nach der Mauser im Sommer tragen viele Vögel ein neues Gefieder, was bei manchen Arten das Bestimmen erschwert. Vereinzelt ziehen Zugvögel vorbei, und die Wintergäste kommen, sobald die Sommerarten verschwinden.

Das Angebot an Beeren *beeinflusst der Zahl der Vögel im Garten. Gärten mit Sträuchern, die Beeren tragen, wie dem Schneeball, locken verschiedene Arten an. Besonders gilt das für Jahre, in denen die Erträge in der Natur gering ausfallen.*

Neue Aktivitäten

Der Herbst bedeutet nicht für alle Vögel das Ende der Brutzeit. Schwalben, Haussperlinge, Grünfinken und Amseln nisten oft auch im September, und Ringeltauben, Hohltauben und Türkentauben brüten sogar noch im Oktober und ernähren ihre Jungen mit Kropfmilch (s. S. 137).

Nach der Pause im Spätsommer werden andere Aktivitäten wieder aufgenommen. Der Gesang einiger Gartenvögel wie Singdrossel, Rotkehlchen, Zaunkönig und Blau- und Kohlmeise steigert sich an schönen Tagen zu einem beachtlichen Chor, und der Waldkauz ist zu dieser Jahreszeit am lautesten. Begleitet von den Herbstgesängen lässt sich wieder Balz-, Revier- und Brutverhalten beobachten. Haussperlinge, Stare und Kohlmeisen inspizieren z.B. Nistkästen und zeigen manchmal auch Nestbauverhalten. Diese Aktivität, die eigentlich in das Frühjahr gehört, gibt den Ornithologen Rätsel auf. Eine Theorie ist, dass die erneut gebildeten Sexualhormone, die in der Ruhephase nach der Brutzeit nicht vorhanden waren, das Verhalten auslösen.

Vielfältige Nahrung

Wenn in Wäldern und Hecken das Nahrungsangebot groß ist, verschwinden die Vögel, die Früchte und Samen fressen, aus dem Garten. Bucheckern locken Meisen, Kleiber und Bergfinken an. Kreuzschnäbel, Erlenzeisige und Spechte fressen Koniferensamen. Rotkehlchen, Sing-, Rot- und Wacholderdrosseln sowie Stare und Ringeltauben fressen Beeren wie die des Weißdorns. Bäume produzieren nicht jedes Jahre gleich viele Früchte und Beeren. Das wirkt sich auf die Gartenbesucher aus. In mageren Jahren ist der Garten voller Vögel, wenn er ihnen Nahrung bietet.

Im Herbst können Sie eine große Vielfalt an Arten beobachten, da die Sommergäste von den Winterarten abgelöst werden. Ein erstes Anzeichen sind die Schwärme von Rot- und Wacholderdrosseln, die lärmend über unsere Köpfe fliegen. Stürme können Zugvögel vom Kurs abbringen, sodass man vielleicht einen Wendehals oder einen Rosenstar sieht. Große Vögel wie Weißstorch oder Raufußbussard fliegen nur vorüber, Sie können sie jedoch auf die Liste der vom Garten aus zu beobachtenden Vögel setzen.

Eichelhäher und andere Vögel *wie Tannenmeise und Sumpfmeise, Kleiber und Buntspecht legen Vorräte an. Sie verstecken alles, was sie nicht fressen können.*

Schwalben *bleiben oft bis in den Herbst hinein in den Gärten. Wenn das Wetter gut ist und sie viele fliegende Insekten fangen können, verzögert sich ihre Abreise.*

Die Klappergrasmücke *überwintert in Afrika südlich der Sahara. Sie zieht im August oder September in den Süden und macht gelegentlich Abstecher in Gärten mit Hecken und Sträuchern, um Beeren zu fressen.*

Schwanzmeisen *kehren im Herbst in den Garten zurück, nachdem sie im Wald gebrütet haben. Familien verteidigen im Winter zusammen ihr Revier. Im nächsten Frühjahr lösen sich diese Gruppen wieder auf.*

Im Herbst *nach Beendigung der Mauser hört man im Garten wieder Vogelgesang. Bei Rotkehlchen verteidigen sowohl Männchen als auch Weibchen das Winterrevier. Ihr Gesang ist ein melodisches Trällern.*

Zur Herbstmitte *sind viele Holunderbeeren bereits abgeerntet. Früchte von Brombeere, Wildrose, Weißdorn und Schlehe sind noch an den Sträuchern, bis der Frost einsetzt.*

Der Jahreslauf: Winter

DER WINTER IST FÜR VÖGEL EINE HARTE ZEIT. Raues Klima und Nahrungsknappheit zwingen viele Vögel zum Wegziehen in mildere Gegenden. Innerhalb Europas erfolgen die Wanderungen nach Süden und Westen, wo das Klima unter dem Einfluss des Golfstroms milder als das Kontinentalklima ist. Vögel, die nicht ziehen, treibt das Wetter oft in die Gärten, wo sie nach Nahrung zu suchen.

Kälte und Tod

Niedrige Temperaturen allein gefährden die Vögel nicht, solange sie ausreichend Nahrung finden. Kurze Tage bedeuten aber, dass die Zeit der Nahrungsaufnahme erheblich kürzer ausfällt, sodass kleine Vögel fast den ganzen Tag mit der Futtersuche verbringen. Wenn die Nahrung knapp wird und Eis und Schnee die Suche behindern, kann die Todesrate aller Vögel – vom Zaunkönig bis zum Reiher – ansteigen. Dies ist die beste Zeit, um sie an die Futterhäuschen zu locken. Die meisten Besucher sind häufige Arten, manchmal jedoch tauchen auch besondere Gäste auf. Wenn Seen und Flüsse zugefroren sind, können die seltenen Rohrdommeln und Wasserrallen in den Garten kommen. Fallobst lockt Fruchtfresser wie Stockente, Teichhuhn und Grünspecht an, während sich auf der Suche nach Beute auch Schleiereule und Bussard Städten und Dörfern nähern.

Farbwechsel

Im Winter findet bei manchen Vögeln eine langsame Veränderung statt. Nach der Mauser im Spätsommer (s. S. 94) tragen die Vögel eine neues Gewand – meist schlichter als zur Brutzeit. Gegen Ende des Winters legen dann die Männchen einiger Arten ihr Hochzeitskleid an. Diese Veränderung erfolgt nicht durch eine weitere Mauser, sondern indem sich die Federspitzen abnutzen und darunter eine kräftigere Farbe zum Vorschein kommt. Männliche Buchfinken werden z.B. viel leuchtender, bekommen rosa Wangen und einen schieferblauen Kopf, während ihre nahen Verwandten, die Bergfinken, einen noch spektakuläreren Wandel vollziehen, indem Kopf und Rücken schwarz werden. Stare beider Geschlechter sind zu dieser Jahreszeit weniger brillant gefärbt, weil die hellen Flecken verschwinden.

In den Schlafbäumen der Saatkrähen *herrscht im Winter eine strenge Hierarchie: Die dominanten Vögel sitzen auf der Seite des Baumes, die besser vor eisigen Winden geschützt ist.*

SELTENE BESUCHER AUS DEM NORDEN

Papageitaucher brüten an nordeuropäischen Küsten und verbringen den Winter auf dem offenen Meer. Selten erscheinen Vögel vor der deutschen Nordseeküste, und bei andauernden Winterstürmen können einzelne Tiere ins Landesinnere verschlagen werden. Orientierungslos und ohne Nahrung sind ihre Fettreserven bald aufgebraucht, und sie sind zu erschöpft zum Fliegen. Sie haben kaum eine Überlebenschance.

Die zwischen den Federn *eingeschlossene Luft isoliert. Viele Vögel wie diese Wacholderdrossel plustern sich bei Kälte auf und sehen dann aus wie eine Kugel.*

Baumläufer *und einige andere kleine Vögel schlafen in Löchern und Spalten, um warm zu bleiben. Der Wärmeverlust kann um ein Drittel verringert werden, wenn sie sich in Gruppen dicht aneinander kuscheln.*

Mistel- und Wacholderdrosseln *fressen bei Schnee Cotoneasterbeeren. Diese sind im Winter eine willkommene Nahrungsquelle, die Vögel verlieren jedoch an Gewicht, wenn sie lange Zeit nur Früchte fressen.*

Die Rohrammer *lebt gewöhnlich in Schilffeldern und Feuchtgebieten. Während der letzten Jahre hat sie begonnen, auch weiter entfernt von Gewässern nach Nahrung zu suchen und kann heute auch am Futterhäuschen beobachtet werden.*

Eis hindert Wasservögel *an der Nahrungssuche und ermöglicht Feinden, sich ihnen zu nähern. Bei Dauerfrost ziehen sie oft fort, um offenes Wasser oder Futter an Land zu suchen.*

Vogelzug

VÖGEL SIND IHR GANZES LEBEN LANG in Bewegung. Jeden Tag pendeln sie zwischen ihren Ruheplätzen und ihren Nahrungsgründen, und jedes Jahr ziehen sie zwischen ihren Sommer- und Winterquartieren hin und her. Die saisonalen Wanderungen können unterschiedlich lang sein. Einige Vögel nisten im Sommer im Wald und ziehen im Winter in einen nahe gelegenen Garten, um dort nach Nahrung zu suchen, während andere tausende von Kilometern zurücklegen.

Schwalben *verbringen den Sommer in Europa und sammeln sich im Herbst, bevor sie in ihre Winterquartiere in Afrika ziehen.*

Unglaubliche Reisen

Jedes Frühjahr warten wir ungeduldig darauf, dass die Zugvögel aus ihren Winterquartieren zurückkehren. Wir beobachten Schwalben und Mauersegler, die pfeilschnell über unsere Köpfe sausen, wir sehen Grasmücken und Fliegenschnäpper zwischen den frisch austreibenden Blättern umherhuschen und wir lauschen dem ersten Kuckuck. Wenn der Sommer zu Ende ist, sind diese Vögel wieder verschwunden, und wir bemerken Rot- und Wacholderdrosseln, die aus noch kälteren Klimaten zu uns kommen.

Obwohl die manchmal hunderte oder tausende von Kilometer langen Wanderzüge einen enormen Energieverbrauch bedeuten, bieten sie für viele Vögel klare Vorteile. Diese bestehen hauptsächlich darin, ausreichend Nahrung zu finden und saisonal bedingt reiche Nahrungsquellen zu nutzen. Es stimmt jedoch nicht, dass die Vögel durch Hunger zum Wegziehen getrieben werden. Sie bereiten sich darauf vor, bevor die Nahrung knapp wird. Sie fressen mehr und legen Fettreserven an, damit sie die lange Reise überstehen. Sobald sie bereit sind, starten sie, wenn Wind und Wetter günstig sind.

Die meisten kleinen Vögel ziehen in der Nacht und sind kaum dabei zu beobachten, wogegen größere Arten tagsüber fliegen. Vögel verlassen ihre Brutgebiete im Herbst in einer ziemlich regelmäßigen Reihenfolge. Mauersegler und andere Vögel, die auf ein reiches Angebot an Insekten angewiesen sind, ziehen eher fort als Schwalben, die auch noch genug Nahrung finden, wenn die fliegenden Insekten seltener werden. Der Übergang zu vegetarischer Ernährung, wenn es kaum mehr Insekten gibt, ermöglicht den Grasmücken, noch einige Wochen länger zu bleiben.

Wacholderdrosseln *sind in Süd- und Westeuropa Wintergäste. In Schwärmen ziehen diese großen, farbenfrohen Vögel auf der Suche nach Nahrung umher.*

Stare sind Teilzieher. *Einige Tiere ziehen fort, während andere das ganze Jahr über hier bleiben. Zugvögel decken sich mit Beeren ein, bevor sie losfliegen.*

Im Frühjahr kehren die Vögel eilig zurück, um ihre Reviere zu besetzen, und leben die meiste Zeit des Sommers im Überfluss. Sobald die Temperaturen ansteigen, breiten sich Schwalben nordwärts über Europa mit einer Geschwindigkeit von 40 km pro Tag aus, bis sie von kaltem Wetter oder Gegenwind aufgehalten werden.

Manchmal kann man Vögel beobachten, die während ihrer Wanderzüge Rast machen. Viele dieser Durchzügler sind häufige Arten, aber manchmal tauchen auch andere auf wie Vögel aus Nordamerika, Zentralasien und dem Polargebiet. Frühling und Herbst können daher sehr aufregende Zeiten sein, weil dann die Chance besteht, Vögel zu beobachten, die normalerweise nicht im Garten zu sehen sind. Diese interessanten Besucher können einige Tage bleiben, um zu fressen, sich auszuruhen oder auf günstigen Wind zu warten, bevor sie ihre lange Reise fortsetzen.

ZUFÄLLIGE VERDRIFTUNGEN

Zugvögel können in einen Sturm geraten und dadurch vom Kurs abkommen, sodass sie tausende von Kilometern entfernt von ihrer normalen Route auftauchen. Nordamerikanische Arten wie dieser Goldflügel-Waldsänger ziehen entlang der Ostküste von Nordamerika südwärts. Werden die Tiere von Westwinden erfasst, können einzelne nach Europa verschlagen werden.

ZUGVOGELROUTEN

Schwalben *ziehen von ihren Winterquartieren in Afrika in alle Teile Europas außer Island. Sie kehren Ende September nach Afrika zurück.*

Grönland-Steinschmätzer *ziehen von ihren Winterquartieren im tropischen Afrika über Westeuropa nach Grönland. Auf dem Rückweg fliegen sie die direkte Route über das Meer.*

Weißstörche *steigen in große Höhen auf, wobei sie die Thermik nutzen, um an Höhe zu gewinnen. Sie ziehen im zeitigen Frühjahr von Afrika nach Europa und vermeiden dabei lange Meeresüberquerungen, indem sie das Mittelmeer an den Stellen überfliegen, wo es am schmalsten ist.*

Fliegen

DER VOGELKÖRPER ist zum Fliegen geschaffen: Geringes Gewicht ist mit kontrollierter Muskelkraft und einem effizienten Stoffwechsel kombiniert. Der große Vorteil des Fliegens ist die Geschwindigkeit, der Körper verbraucht dabei jedoch viel Energie, etwa zehn- bis 15-mal so viel wie beim Gehen. Daher müssen Vögel viel Nahrung zu sich nehmen.

In der Luft bleiben

Einige Vögel, wie Zaunkönig oder Stockente, müssen ständig mit den Flügeln schlagen, um in der Luft zu bleiben. Andere hingegen sparen Energie, indem sie so oft wie möglich segeln. Ökonomie ist wichtiger als Geschwindigkeit, wenn man Nahrung sucht oder lange Strecken zurücklegt. Während Möwen regelmäßig mit den Flügeln schlagen, wenn sie von ihren Schlafplätzen zu den Nahrungsgründen fliegen, segeln sie in langsamen, Energie sparenden Kreisen, wenn sie den Boden nach Nahrung absuchen. Saatkrähen nutzen beim Segeln die Thermik, also die aufsteigende warme Luft, über Klippen oder Städten aus. Vögel wie Meisen, Finken und Stare können nicht gut genug segeln, um thermische Winde zu nutzen, sparen jedoch Energie, indem sie zwischen den Schlägen die Flügel vollständig anlegen, um den Luftwiderstand zu reduzieren.

Durch das Spreizen *der Flügel- und Schwanzfedern kann der Star seine Landung am Nest gut kontrollieren.*

FLUGGESCHWINDIGKEITEN

Die meisten Vögel fliegen nicht immer mit der gleichen Geschwindigkeit. Ein Vogel, der in der Regel 30 km/h fliegt, erreicht beim Wanderzug im Durchschnitt 40 km/h und sogar 50 km/h, wenn er von einem Feind verfolgt wird. Die Tabelle gibt die Durchschnittsgeschwindigkeiten einiger europäischer Arten an.

Blaumeise	29 km/h	**Graureiher**	44 km/h
Rauchschwalbe	32 km/h	**Sperber**	44 km/h
Zaunkönig	32 km/h	**Rabenkrähe**	50 km/h
Star	34 km/h	**Fasan**	55 km/h
Silbermöwe	40 km/h	**Ringeltaube**	61 km/h
Mauersegler	40 km/h	**Stockente**	68 km/h

Abheben und Manövrieren

Wie ein Flugzeug muss ein Vogel beim Abheben eine bestimmte Geschwindigkeit haben. Beim Starten aus dem Stand werden die Flügel vor und zurück bewegt, um einen Luftstrom über der Oberfläche zu erzeugen, wenn der Vogel in die Luft springt. Größere Vögel, die hierfür nicht genug Energie aufbringen können, haben eine andere Methode.

Schleiereulen *haben große, breite, abgerundete Schwingen, mit denen sie langsam und ohne große Anstrengung fliegen können. Die besonders weichen Schwungfedern sorgen für einen fast lautlosen Flug.*

Fasane *verbringen die meiste Zeit auf dem Boden. Manchmal müssen sie schnell auffliegen, um Feinden zu entkommen. Sie können sich mit den kurzen, breiten Flügeln senkrecht in die Luft katapultieren und kurzzeitig sehr schnell fliegen.*

Kleine Vögel *können kurze Zeit in der Luft stehen, um zu fressen oder ihre Jungen zu füttern. Größere Vögel wie der Turmfalke stehen in der Luft, indem sie im Gegenwind fliegen, und zwar genau mit der Geschwindigkeit des Windes.*

Sie lassen sich von einem erhöhten Platz fallen und breiten die Flügel aus. Oder sie laufen einige Schritte, bevor sie abheben. Beim Landen muss der Vogel so viel Energie wie möglich verlieren, ohne abzustürzen. Kleine Vögel drosseln die Geschwindigkeit, bis sie mit schwirrenden Flügeln in der Luft stehen und sanft aufsetzen. Größere Vögel, die auf einem Ast landen, gehen erst etwas tiefer, um dann durch das Aufsteigen Geschwindigkeit zu verlieren. Auf dem Boden landen sie ziemlich abrupt und laufen dann noch ein paar Schritte aus.

Der Flugstil eines Vogels und seine Lebensweise stehen in Wechselwirkung. Schwalben beispielsweise sind wendige Insektenjäger, die mit ihrem langen Schwanz hervorragend manövrieren können. So erbeuten sie im Flug auch schnelle Insekten.

Große Vögel wie der Graureiher *verbrauchen beim Starten vom Boden enorm viel Energie. Einmal in der Luft, bewegen sie sich mit langsamen Flügelschlägen und gelegentlichem Segeln vorwärts. Der Hals wird zwischen die Schultern gezogen, die Beine hängen nach hinten und die breiten, abgerundeten Flügel erscheinen gebogen.*

Ernährung

Wenn Sie wissen, *auf welche Weise sich die verschiedenen Vögel ernähren, können Sie eine größere Vielfalt in den Garten locken.*

EIN VOGEL BENÖTIGT VIEL ENERGIE, daher ist das Finden von geeigneter Nahrung lebenswichtig. Die Energie braucht er für Wachstum, Entwicklung, Bewegung und zur Aufrechterhaltung der Körpertemperatur. Zur Brutzeit ist die Nahrungssuche besonders intensiv, da die Männchen balzen und das Revier verteidigen, die Weibchen Eier produzieren und bebrüten und beide Eltern Futter für sich und ihre Jungen sammeln müssen.

Schnabelform

Verschiedene Arten sind daran angepasst, unterschiedliche Nahrungsquellen zu nutzen. Schnabelgröße und -form geben häufig Aufschluss über die Art der Nahrung. Stare, Amseln und Möwen haben einen Allzweckschnabel, mit dem sie unterschiedliches Futter aufnehmen können. Andere Vögel besitzen einen spezialisierten Schnabel, mit dem sie bestimmte Nahrung höchst effizient nutzen können. Bei den Finken hat z.B. der Erlenzeisig einen dünnen Schnabel, um damit Samen aus den Fruchtständen von Disteln herausholen zu können, während der Dompfaff einen kurzen, scharfkantigen Schnabel besitzt, mit dem er gut Knospen abzwicken, Samen und Früchte zerteilen und schälen und sogar kleine Schnecken knacken kann. Der Dompfaff kann nur schwer einzelne Körner aufpicken, wogegen der Bergfink mit seinem langen Schnabel Samen vom Boden aufnehmen kann, mit großen Samenständen jedoch nicht zurechtkommt.

Die Amsel *hat einen Allzweckschnabel, mit dem sie sich abwechslungsreich ernährt.*

Die Blaumeise *kann mit ihrem kurzen Schnabel winzige Insekten aus Spalten picken.*

Der Teichrohrsänger *fängt mit seinem langen, dünnen Schnabel Raupen und andere Insekten.*

Der Buchfink *kann mit seinem konischen Schnabel die Spelzen von Samen entfernen.*

Der Schnabel *der Stockente hat Lamellen an den Rändern, sodass sie Nahrung aus dem Wasser filtern kann.*

Früchtefresser *gehen oft in Gruppen auf Nahrungssuche, wie diese jungen Amseln, die hier Fallobst fressen.*

Die Mönchsgrasmücke *nutzt zu verschiedenen Jahreszeiten unterschiedliche Nahrungsquellen. Wie viele Grasmücken und Meisen frisst sie im Frühjahr und Sommer Insekten (links) und ab Spätsommer Früchte, Samen und Nüsse (rechts).*

Der Grauschnäpper *bevorzugt Insekten in der Größe von Schmeißfliegen, weil sie leicht zu fangen und zu verschlucken sind. Größere Arten ignoriert er meist.*

Ökonomie der Nahrungsaufnahme

Jeder Vogel versucht, mit möglichst geringer Anstrengung so viel Nahrung wie möglich aufzunehmen. Er verändert seine Strategie, um sich wechselnden Umweltbedingungen anzupassen. Nahrung, die nicht direkt in Energie umgewandelt wird, wird im Körper als Fett gespeichert. Diese Reserve wird in Notzeiten und bei anstrengenden Tätigkeiten wie Brut oder Wanderzug aufgebraucht.

Vögel richten ihre Aufmerksamkeit immer auf das am besten verfügbare Futter und fressen dort, bis der Vorrat erschöpft ist. Der Dompfaff frisst z.B. die Samen von Esche, Brombeere, Ampfer und Nessel, und erst wenn diese Nahrung gegen Ende des Winters knapp wird, kommt er in Obstgärten. Hier muss er riesige Mengen der nährstoffarmen Knospen fressen, um zu überleben.

Samen und Wirbellose sind für viele Vögel eine begehrte Nahrung, weil sie reich an Kohlenhydraten, Fett und Eiweiß sind. Dennoch nehmen Vögel, die sich normalerweise davon ernähren, auch Früchte, wenn sie reichlich vorhanden sind. Die Zeit, die sie einsparen, weil sie so nicht nach Nahrung suchen müssen, kompensiert den geringeren Brennwert der Früchte. Wenn die übliche Nahrung knapp ist, können Vögel auch ungewöhnliche Verhaltensweisen entwickeln. Hungrige Wacholderdrosseln fressen dann auch Rüben, und Stadtamseln füttern bei Trockenperioden ihre Jungen mit Brotkrumen, wenn sie keine Würmer finden.

Einige Arten horten Futter für schlechte Zeiten. Dieses Verhalten sieht man bei Tannen- und Sumpfmeisen und Kleibern häufig. Sie tragen Nüsse fort und verstecken sie an ver-

NAHRUNGSGEWOHNHEITEN

Der Sperber *jagt in der Luft nach kleineren Vögeln. Die Beute wird am Boden oder auf einem Holzstumpf verzehrt, wobei der Vogel mit beiden Beinen auf dem Opfer steht und mit den Flügeln eine Art Zelt bildet.*

Die Kanadagans *ist einer der wenigen großen Vögel, die nur von nährstoffarmen Gräsern, Schilf und Blättern leben. Mit dem Schnabel zieht sie Wurzeln heraus und zerkleinert hartes Pflanzenmaterial.*

Der Fitis *sammelt Insekten und Wirbellose von Blättern ab. Er bevorzugt Fliegen, Raupen, Käfer und Mücken, gegen Ende des Sommers jedoch nimmt er auch gerne Beeren.*

Die Schneeammer *frisst hauptsächlich Samen von Knöterichgewächsen und entfernt mit dem Schnabel die ungenießbaren Spelzen. Zur Brutzeit nimmt sie auch gerne Insekten.*

Der Bluthänfling *hat einen kurzen Schnabel, mit dem er winzige Körner aufpicken kann. Er bevorzugt die Samen von Unkräutern wie Gänsefuß, Vogelmiere und Löwenzahn.*

Ein Kleiber *sucht nach einer Spalte als Versteck für seine Nuss. Er hämmert sie fest und bedeckt sie mit Moos. Die Spalte benutzt er wie einen Schraubstock, wenn er die Nuss öffnet.*

schiedenen Plätzen. Nüsse lassen sich am besten horten, weil sie nährstoffreich und haltbar sind, aber auch Insekten werden gelagert. Krähenvögel vergraben Brot, Fleisch und andere Reste. Es kann Wochen dauern, bis die Eigentümer zum versteckten Futter zurückkehren. Biologen glauben, dass die Vögel sich an Landmarken orientieren, um die Plätze wieder zu finden.

Neue Futterquellen

Die Ernährungsgewohnheiten vieler Gartenvögel haben sich in den letzten Jahren geändert, da die Tiere gelernt haben, neue Nahrungsquellen zu nutzen. Amseln, Heckenbraunellen und Buchfinken, die normalerweise vom Boden fressen, nehmen beispielsweise Futter aus hängenden Futtergefäßen, an denen sie sich festhalten. Vermutlich haben sie dies durch Versuch und Irrtum gelernt, und ihre Jungen und andere Schwarmmitglieder ahmten das Verhalten nach.

Manchmal entwickeln sich auch ganz neue Methoden der Nahrungsaufnahme. Der Buntspecht etwa fängt normalerweise Insektenlarven unter der Rinde von Bäumen, indem er mit seinem Schnabel Löcher ins Holz hackt. In letzter Zeit wurden jedoch auch Spechte beobachtet, die wie Fliegenschnäpper Insekten aus der Luft fangen. Ein Beispiel von Vögeln, die ihre Nahrung an die Lebensumstände anpassen, ist berühmt geworden: In England begannen Blau- und Kohlmeisen, den Rahm aus Milchflaschen, die vor den Haustüren standen, zu stehlen, indem sie die Papp- oder Folienverschlüsse der Flaschen aufpickten. Dieses Verhalten hat sich vermutlich an verschiedenen Orten unabhängig voneinander entwickelt, da die Vögel mit derselben Technik durch den Deckel picken, die sie beim Öffnen von Nüssen verwenden.

Vögel und Früchte

Gartenbesitzer sind meist verärgert, wenn ihre Obsternte von Vögeln geplündert wird, sobald die Reifezeit beginnt. Man denkt natürlich nicht mehr daran, dass Pflanzen im Verlauf der Evolution Früchte hervorbrachten, damit Vögel sie fressen und gleichzeitig die darin enthaltenen Samen verbreiten konnten. Von Kirschen und Holunderbeeren im Sommer bis zu Stechpalmen- und Efeubeeren im Winter sind Früchte während des ganzen Jahres eine wichtige Vogelnahrung. Als Gegenleistung verbreiten die Vögel die Samen der Bäume und Sträucher. Das Fruchtfleisch enthält Stärkezucker, der die Samen im Inneren schützt. Die glänzende, bunte Schale macht die Frucht für Vögel attraktiv. Das Fruchtfleisch wird verdaut, der Samen unversehrt ausgeschieden. So ist die Beziehung zwischen Vögeln und Pflanzen meist für beide Seiten von Nutzen. Arten mit kräftigen Schnäbeln wie Finken und Ringeltauben zerbrechen und zerstören allerdings die Pflanzensamen und verdauen sie. Um dies zu umgehen, produzieren Pflanzen wie der Weißdorn Samen, die hart genug sind, um dem Verdauungssystem fast jeden Vogels zu widerstehen, während die Samen der Eibe mit einem ungenießbaren, giftigen Fruchtfleisch überzogen sind und von Vögeln sofort wieder ausgespuckt werden. Früchte und

Nahrungsspezialisten *muss man bei der Gartengestaltung besonders berücksichtigen. Karden locken Stieglitze an (oben), während Fruchtstände von Koniferen Kernbeißer anziehen (links).*

NAHRUNG UND MENSCHLICHE AKTIVITÄTEN

Auf Müllkippen *suchen Silbermöwen nach Nahrung. Hunderte sammeln sich dort jeden Tag. Von ihren Schlafplätzen fliegen sie oft viele Kilometer weit an. Das riesige Nahrungsangebot führte dazu, dass die Bestände von Möwen und anderen Aasfressern so dramatisch zugenommen haben, dass sie manchenorts zur Plage werden.*

Der kommerzielle Fischfang *hat seit dem Ende des 19. Jh. dramatisch zugenommen. Die Innereien der ausgenommenen Fische werden in riesigen Mengen weggeworfen und versorgen so viele Aasfresser mit Nahrung. Der schnelle Anstieg der Bestände von Eissturmvogel, Basstölpel und verschiedenen Möwenarten wird oft auf diese Nahrungsquelle zurückgeführt.*

Regenwürmer und Insekten *sind die Hauptnahrung der Amsel. Als ursprünglicher Waldbewohner hat dieser Vogel seine Art der Nahrungssuche auf dem Waldboden an die Verhältnisse im Garten angepasst. Er begleitet sogar Gärtner bei der Arbeit, um die Insekten zu fressen, die beim Umgraben freigelegt werden.*

vor allem Beeren sind im Winter eine wichtige Nahrungsquelle für viele Vögel. Es ist sehr eindrucksvoll, einen Schwarm Wacholderdrosseln oder Amseln zu beobachten, der in eine Weißdornhecke einfällt. Seidenschwänze, die durch Irruptionen bei uns auftauchen, sind spektakuläre Gäste, und einer dieser Vögel erntet binnen eines Tages bis zu 500 Cotoneasterbeeren oder andere Beeren ab. Manchmal versucht eine Mistel- oder Wacholderdrossel, ihren Obstbaum gegen Eindringlinge zu verteidigen. Dieser Aufwand lohnt sich für die sichere Nahrungsquelle. Wenn jedoch ein ganzer Schwarm von Konkurrenten einfällt, hat sie keine Chance mehr, sie kann nur noch so schnell und viel wie möglich fressen.

Wasseraufnahme

Obwohl Vögel nicht schwitzen und ihre Ausscheidungsorgane wassersparend funktionieren, verlieren sie durch Atmung und Kotabsatz ständig Flüssigkeit. Etwas Wasser entsteht beim Verbrennen von Fett, daher können Vögel eine Weile von trockenen Samen leben. Insektenfresser nehmen mit der Nahrung Wasser auf. Trotzdem müssen alle Vögel regelmäßig und bei warmem Wetter sogar mehrmals täglich trinken. Die meisten Gartenvögel wenden eine der beiden üblichen Trinkmethoden an (siehe unten). Schwalben bilden eine Ausnahme. Sie trinken an Teichen und Seen, indem sie über der Wasseroberfläche fliegen und ohne zu landen einen Schnabel voll Wasser aufnehmen.

Vögel wie die Drossel, *die saftige Nahrung wie Regenwürmer fressen, müssen nur bei großer Hitze trinken.*

Die meisten Gartenvögel *wie dieser Star trinken, indem sie Wasser aufnehmen und zum Schlucken den Kopf in den Nacken legen.*

Tauben trinken, *indem sie ihren Schnabel eintauchen und das Wasser wie mit einem Trinkhalm hochsaugen.*

Stimme

DIE AKUSTISCHE KOMMUNIKATION zwischen Vögeln derselben Art ist oft überraschend hoch entwickelt. Manche Arten verwenden erstaunlich komplizierte Gesänge, um ihr Revier zu markieren, Rivalen abzuschrecken und Partner anzulocken, wobei das menschliche Gehör die Feinheiten kaum unterscheiden kann. Viele Vögel besitzen auch ein großes Vokabular von Rufen, besonders wenn sie in Schwärmen oder Familien leben.

Eine Nachtigall *ist selten zu sehen, weil sie Deckung bevorzugt. Ihre Anwesenheit verrät sie jedoch durch ihren schönen Gesang.*

Die Bedeutung des Gesangs

Jeder Vogel hat seinen individuellen Gesang. Viele Arten verfügen über ein umfangreiches Repertoire, andere geben nur wenige einfache Laute von sich. Immer jedoch wird der Gesang entweder eingesetzt, um Rivalen zu verjagen oder um Partner anzulocken. Vorwiegend die Männchen singen, besonders intensiv zu Beginn der Brutsaison, wenn die Vögel ihre Reviere abstecken. Mit dem Gesang werden Grenzen markiert und Territorien verteidigt. Nähert sich ein Fremder oder ein möglicher Feind, wird der Gesang heftiger. Wenn Ihr Garten Teil eines Vogelreviers ist, können Sie das leicht beobachten, etwa wenn im Frühjahr ein Star auf einem Dach sitzt und lautstark seine Anwesenheit verkündet.

Viele Arten singen nicht nur, um ihr Revier zu verteidigen, sondern auch, um Paarungspartner anzulocken. Ornithologen sind der Ansicht, dass die Weibchen einiger Arten, wie Rotkehlchen und Heckenbraunelle, ihre Partner nach der Qualität des Gesangs auswählen. Dies leuchtet deshalb ein, weil der Sänger mit dem größten Repertoire mit großer Wahrscheinlichkeit das gesündeste Männchen ist und ein großes Revier mit viel Nahrung besitzt und deshalb eine Familie am besten versorgen kann. Ein abwechslungsreicher Gesang ist das akustische Gegenstück zu einem auffälligen Gefieder – wie das Rad beim Pfau –, das dazu dient, Weibchen zu beeindrucken, damit sie das Männchen akzeptieren. Manche Arten singen weniger oder hören ganz auf, wenn sich ein Paar gebildet hat, während andere weiterhin singen, um die Bindung zu festigen.

Die Feldlerche *unternimmt spezielle Singflüge. Nach dem Abheben steigt sie spiralförmig steil auf und singt dabei laut. Dann segelt sie in großen Kreisen wieder langsam herab.*

Einige Arten *nehmen beim Singen eine bestimmte Pose ein, woran man sie schnell erkennen kann. Der Zaunkönig etwa richtet während seines trällernden Gesangs seinen Schwanz steil auf.*

Der Buntspecht *benutzt nicht seine Stimme, sondern klopft wiederholt mit dem Schnabel auf einen Baumstamm oder Ast. Im Frühjahr trommelt er in kurzen Salven, um seine Anwesenheit zu verkünden.*

Eine Stockente *hält ihre Jungen mit leisem Quaken zusammen, das die Küken bereits vor dem Schlüpfen im Ei zu erkennen lernen. Die Entlein bleiben durch hohes Piepsen mit der Mutter in Kontakt.*

Saat- und Rabenkrähe *sind aus der Entfernung schwer zu unterscheiden und krächzen beide laut. Beim Rufen jedoch heben und senken Saatkrähen den Schwanz, Rabenkrähen nicken dagegen mit dem Kopf.*

Der für eine Vogelart spezifische Gesang wird zum Teil von den Eltern auf den Nachwuchs vererbt. Zum Teil wird er auch von anderen Vögeln erlernt, oft bereits von den Jungvögeln im Nest. Wenn diese aufwachsen, hören sie die männlichen Artgenossen in benachbarten Revieren singen. Mit den Tönen, an die sich die Vögel später erinnern, komponieren sie ihr eigenes Lied.

Kommunikation mit Rufen

Rufe unterscheiden sich von Gesang. Es gibt einfache Rufe, die das ganze Jahr verwendet werden, um anderen Vögeln Absichten mitzuteilen oder Stimmungen wie Aggression oder Angst auszudrücken. Kohlmeisen beispielsweise verwenden über ein Dutzend Rufe mit verschiedenen Bedeutungen in unterschiedlichen Zusammenhängen. Mit einfachen Rufen tut ein Vogel kund, wo er sich befindet, damit die Vögel eines Schwarmes in Kontakt bleiben. Wenn ein kleiner Trupp Meisen in einer Hecke nach Insekten sucht, geben die Vögel schrille Töne von sich, um zusammenzubleiben, obwohl sie sich nicht sehen können.

Mit Alarmrufen werden andere Vögel vor einer möglichen Gefahr gewarnt. Wenn eine Katze versucht, einen Futtertisch zu erklettern, schlägt ihr Jagdversuch oft fehl, weil ein wachsamer Vogel einen Alarmruf ausstößt. Vögel aller Arten erkennen diesen Ruf und fliegen sofort an einen sicheren Platz. Dieses Vorwarnsystem ist ausgeklügelt und berücksichtigt auch die Art der Bedrohung. Wenn ein Habicht auftaucht, ziehen sich die Vögel ins Blätterwerk zurück und geben einen anderen Alarmruf – ein dünnes *»siii«* – ab, der bedeutet: Gefahr von oben. Im Gegensatz zum Warnruf bei Katzen ist dieser Ton nur schwer zu lokalisieren, sodass die Vögel dem Feind ihre Position nicht verraten.

SINGPOSTEN

Der Gesang der Singdrossel ist melodisch und besteht aus verschiedenen Kombinationen kurzer, wiederholter Passagen. Das Männchen behauptet sein Revier, indem es von einem erhöhten Punkt wie einer Baumkrone oder einem Dachfirst aus singt. Es kehrt regelmäßig zu diesem Platz zurück. Wenn Sie die singenden Vögel in Ihrem Garten über Wochen beobachten und notieren, wo sie jeweils singen, können Sie eine grobe Karte mit den Singposten in Ihrem Garten erstellen wie unten abgebildet.

Durch das Singen *von verschiedenen Posten aus markiert die Singdrossel die Grenzen ihres Reviers.*

Revierverhalten

EIN REVIER IST EIN FESTGELEGTES GEBIET, das ein Vogel gegen Eindringlinge verteidigt, weil sich hier sein Brutplatz befindet und er die Nahrungsressourcen für sich und seine Familie beansprucht. Reviere werden meist nur während der Brutsaison besetzt. Der Waldkauz allerdings verteidigt sein Revier sein ganzes Leben lang, die Wacholderdrossel im Winter einen Busch nur, so lange sie dort Beeren sammelt.

Eine männliche Kohlmeise *präsentiert ihre breiten, schwarzen Bruststreifen, um Eindringlingen zu drohen.*

Reviergröße und Überleben

Revierverteidigung kostet Zeit und Energie. Trotzdem betreiben viele Vögel diesen Aufwand, weil das exklusive Anrecht auf Futter und Nistplatz dies aufwiegt. Ohne Revier sind sowohl das eigene Überleben als auch eine erfolgreiche Brut in Frage gestellt. Revierverhalten erhöht außerdem die Überlebensrate, weil Feinde es eventuell schwerer haben, das Gelege zu finden. Nesträuber wie Elstern etwa stehlen die Eier, wenn sie ein Nest gefunden haben, und suchen in der Nähe nach weiteren Gelegen. Sind diese durch Revierbildung weiter entfernt, werden die Räuber weniger Erfolg haben.

Die von vielen Gartenvögeln besetzten Reviere sind in der Regel groß, weil sie genügend Nahrung für das brütende Paar und die Jungen bieten müssen. Jedes Drossel-, Meisen- oder Zaunkönigpaar besetzt z.B. ein Gebiet, das sich über mehrere Gärten erstreckt. Dies erklärt, warum während der Brutzeit weniger Vögel im Garten zu sehen sind als sonst. Andere Arten haben kleinere Reviere und müssen sich bei der Nahrungssuche über ihre Grenzen hinaus wagen. Manche Höhlenbrüter wie Stare oder Kolonievögel wie Möwen verteidigen nur kleine Bereiche in unmittelbarer Nähe des Nestes. Die Reviergrößen der Vögel einer Art sind ähnlich, hängen jedoch auch vom Nahrungsangebot ab. In ertragreichen Jahren brauchen Vögel weniger Platz und verteidigen kleinere Reviere. Ist Nahrung knapp, müssen die Reviere größer sein, und weniger Vögel können brüten.

Viele Arten *tragen Wettkämpfe im Singen aus, indem sie sich mehrere Minuten lang mit dem Gesang des Rivalen messen. Dadurch werden die Reviergrenzen festgelegt.*

Ein Revier besetzen

Der Kampf um Brutplätze ist hart. Die Männchen beginnen daher, ihre Reviere abzustecken, sobald das Wetter nach dem Winter besser wird. Bei Zugvögeln kehren die Männchen vor den Weibchen zurück, um ihr Revier zu besetzen. Reviere werden gewöhnlich von den Männchen allein verteidigt,

REVIERGRÖSSE

Die Ausdehnung eines Reviers variiert zwischen den Arten stark und hängt innerhalb einer Art von der Lebensraumqualität ab.

	25–30 ha	**Waldkäuze** *behalten ihr Revier ein Leben lang. Sie kennen sich gut aus und bewegen sich mühelos in der Dunkelheit.*
	1–1,5 ha	**Männliche und weibliche Rotkehlchen** *haben im Winter getrennte Reviere, im Sommer jedoch ein gemeinsames Brutrevier.*
	0,5–1 ha	**Amseln** *verteidigen Reviere, die ihren Ansprüchen zur Brutzeit genügen, geben sie aber im Winter auf.*
	1 qm	**Stare** *verteidigen die unmittelbare Umgebung des Nestes und gehen in Schwärmen auf Nahrungssuche.*
	Nur das Nest	**Schwalbenpaare** *verteidigen einen kleinen Bereich rund um die Nisthöhle. Da sie nur in der Luft jagen, können sie ihre Nahrungsreviere nicht verteidigen.*

Zwei Rotdrosseln erheben Anspruch *auf Fallobst. Wenn viele Vögel zum Fressen kommen, hören sie auf zu streiten und schließen sich der Gruppe an.*

Zwei Grünfinken *beim Kampf. Junge Vögel erkennen ihre Unterlegenheit und ziehen sich vorher zurück. Kämpfe zwischen Vögeln gleichen Ranges können jedoch hart sein.*

Eine Schleiereule *betrachtet ihr Revier. Sie verteidigt ein kleines Gebiet um ihren Nist- und Schlafplatz, ihr Jagdgebiet überschneidet sich jedoch mit denen der Nachbarn.*

in seltenen Fällen helfen auch die Weibchen. Das Männchen vertreibt Rivalen durch Gesang, Imponiergehabe und manchmal durch Kämpfe. Letztere finden vor allem statt, wenn Vögel zum ersten Mal ihr Anrecht auf ein Gebiet geltend machen. Nach kurzer Zeit kennen sich die Nachbarn, sodass Gesang und Imponiergehabe zum Vertreiben des Eindringlings ausreichen.

Reviergrenzen

Man kann die Grenzen der Vogelreviere im Garten in eine Karte einzeichnen. Achten Sie auf Singposten (s. S. 109), die sich normalerweise an den Grenzen befinden, und notieren Sie, wo Auseinandersetzungen zwischen den Nachbarn stattfinden. Manchmal sind die Grenzen jedoch nicht klar zu erkennen. Wenn ein Revier schon einige Zeit besteht, wird der Inhaber häufig toleranter gegenüber den Nachbarn, die in sein Gebiet vordringen. Dann sieht man auch des öfteren zwei Amselmännchen, die auf demselben Rasenstück nach Nahrung für ihre Jungen suchen. Zwischen weitläufigen Revieren kann es auch Gebiete geben, auf die kein Vogel Anspruch erhebt.

Reviere außerhalb der Brutzeit

Die meisten Vögel verlassen ihr Revier gegen Ende der Brutzeit. Manche verteidigen ihr Territorium aber auch, wenn sie nicht nisten. Rotkehlchen, Zaunkönig, Bachstelze und Turmfalke besetzen beispielsweise im Winter Nahrungsreviere. Wacholder-, Rot- und Misteldrossel verteidigen Bäume oder Sträucher, in denen Früchte hängen. Stare haben außerhalb der Brutzeit Schlafreviere. Man kann beobachten, wie sie sich um die Plätze drängeln, wenn sie sich bei Anbruch der Nacht auf Gebäuden sammeln.

Schwarmverhalten

WÄHREND MANCHE VÖGEL nur allein oder paarweise auftreten, leben andere in großen Schwärmen. In Wäldern Mitteleuropas wurden schon Schwärme von Millionen von Bergfinken auf Nahrungssuche beobachtet, während Schwanzmeisen in großen Familientrupps unterwegs sind. Kooperation bringt viele Vorteile, das Leben im Schwarm hat jedoch auch Nachteile.

Stare verteilen sich *gleichmäßig auf Dächern und Kaminen. Der Abstand verhindert Auseinandersetzungen und wahrt die Harmonie.*

Abstand halten

Alle Vögel halten eine bestimmte Individualdistanz zueinander, die Kollisionen vermeidet, wenn sich ein Schwarm in die Luft erhebt, und Konflikte und Störungen beim Fressen minimiert. Stare verteilen sich bei der Nahrungssuche z.B. gleichmäßig über eine Wiese, sodass jeder die gleichen Chancen hat, Würmer zu finden. Die Individualdistanz hängt sowohl von den Umständen und der Lebensweise ab als auch vom Rang in der Hackordnung, die durch Kämpfe festgelegt wird. Manchmal wird die Distanz bis zum Körperkontakt vermindert, beispielsweise beim Paaren oder beim Zusammenkuscheln am Schlafplatz. Auch einzelgängerische Arten finden sich manchmal zu bestimmten Anlässen zusammen. Rotdrosseln beispielsweise fressen allein, bilden beim Wanderzug jedoch lockere Schwärme.

Feinden entgehen und Futter suchen

In mancher Hinsicht kann man ein Schwarm als einen einzigen Organismus ansehen, der als Einheit frisst, sich bewegt und überlebt. Das Gemeinschaftsleben hat viele Vorteile. Ein Vogel im Schwarm fällt nicht so schnell einem Feind zum Opfer wie ein Einzeltier. Viele Augenpaare achten auf sich nähernde Gefahren, und man hat beobachtet, dass Schwärme bei Gefahr sogar etwas schneller aufflogen als einzelne Vögel. Ein Habicht im Sturzflug weiß, dass er bei einem Zusammenstoß mit einem Vogel aus dem Schwarm verletzt werden kann. Außerdem kann er sich schwer auf ein Ziel konzentrieren, wenn er von so vielen möglichen Beutetieren umgeben ist.

Ein anderer Vorteil ist, dass die Nahrungsaufnahme ökonomischer ist. Der einzelne Vogel muss weniger Zeit damit verbringen, nach Gefahr Ausschau zu halten, und kann daher mehr Energie für die

Ein Schwarm Buchfinken *frisst Getreide. Die Vögel halten Abstand zueinander, um in Ruhe fressen zu können, dominante Vögel achten jedoch darauf, den größten Anteil zu bekommen.*

Nahrungsaufnahme verwenden. Auch die Futtersuche kann einfacher sein, weil man sich Nachbarn, die erfolgreich waren, anschließen kann, statt selbst Zeit für die Suche zu verschwenden. Das Leben im Schwarm ist besonders im Winter sinnvoll, wenn Nahrung schwer zu finden ist. Gemischte Schwärme aus Meisen, Goldhähnchen und Baumläufern etwa sieht man häufig bei der Nahrungssuche.

Schwärme im Flug

Viele Zugvögel bilden Schwärme, der Vorteil des Ziehens in einer Gruppe ist Biologen jedoch nach wie vor unklar. Unwahrscheinlich ist, dass der bessere Schutz vor Feinden eine wesentliche Rolle spielt, da die meisten Vögel nachts ziehen. Für Jungvögel ist es im Schwarm allerdings einfacher, den richtigen Weg zu finden, besonders wenn sich erfahrene ältere Tiere im Schwarm befinden. Eine andere mögliche Erklärung hat mit der Aerodynamik des Langstreckenfluges zu tun. Der einzelne Vogel verbraucht weniger Energie, wenn er im Schwarm fliegt, weil der Luftwiderstand verringert wird, wenn andere Vögel vor ihm fliegen.

Wenn Futter *oder Platz knapp ist, vertreiben ranghöhere Grünfinken ihre Rivalen.*

Allein leben

In mancher Hinsicht haben Einzelgänger Vorteile gegenüber Schwarmvögeln. Wenn Nahrung knapp, aber gleichmäßig verteilt ist, ist es effektiver, allein zu sein, die besten Plätze zu kennen und gute Nahrungsgründe gegen Rivalen zu verteidigen. Manche Vögel verfolgen beide Strategien, je nach den momentanen Umständen.

Haussperlinge *sind gesellig, sie leben in kleinen, lockeren Kolonien. Hier lässt sich eine Gruppe in einer Winternacht zum Schlafen auf einem Stadtbaum nieder.*

Zusammenstöße sind selten, *wenn ein Schwarm Stare kreist, bevor er sich niederlässt. Die Vögel achten auf die kleinsten Bewegungen der anderen. Der Schwarm schwenkt präzise um, wenn ein oder zwei Tiere die Richtung ändern, und eine Welle der Bewegung geht durch die Vogelmenge.*

Balz

Bei einem Haussperlingsmännchen *ist der schwarze Latz ein Zeichen für den Status. Weibchen achten bei der Partnerwahl auf dieses Zeichen.*

BALZ UND PAARBILDUNG haben vieles mit Revierverhalten gemeinsam: Gesang und Imponierverhalten, die der Revierverteidigung dienen, sollen auch Paarungspartner anlocken. Balz bedeutet mehr, als Vögel beider Geschlechter zusammenzubringen. Sie ermöglicht den Vögeln, die besten Partner auszuwählen. Indem das Männchen sein Weibchen bei der Balz füttert, demonstriert es seine Fähigkeit, für eine Familie zu sorgen.

Vorbereitung auf die Elternschaft

Vögel brauchen normalerweise einen gewissen Abstand zueinander, um Konflikte zu vermeiden (s. S. 112). Zur Brutzeit jedoch müssen Männchen und Weibchen in engen Kontakt treten, zunächst um die Eier zu befruchten und dann um Eier und Junge zu versorgen. Die Balz ist notwendig, um die Barriere zwischen den Vögeln zu überwinden, indem die natürlichen Aggressionen abgebaut werden.

Das Balzverhalten ist unverkennbar. Während der meisten Zeit des Jahres leben Vögel sehr unauffällig, um Feinden zu entgehen, bei der Balz jedoch machen die Männchen auf sich aufmerksam, um Weibchen anzulocken. Das ist riskant, zahlt sich aber durch den Erfolg bei der Fortpflanzung aus.

Zu Beginn der Brutsaison greifen Männchen instinktiv zunächst auch Weibchen an, die in ihr Revier eindringen. Weibchen bauen diese Aggressionen ab, indem sie sich unterwürfig verhalten, sodass ihre Anwesenheit allmählich akzeptiert wird. Die Männchen gehen dann zur Balz über, und die Bindung zwischen den Partnern wird verstärkt. Bei einigen Arten geschieht dies schnell, bei anderen dauert es Wochen .

Partnerwahl

Durch die Balz hat ein Vogel die Gelegenheit, den bestmöglichen Partner auszuwählen. Die Wahl hat immer das Weibchen. Es beurteilt das Männchen nach verschiedenen Kriterien: Gesangsqualität, Imponiergehabe, Größe und Farbe. Diese geben Aufschluss über eine gute genetische Ausstattung. Eine Eigenschaft, auf die das Weibchen achtet, ist das Alter des Männchens: Ein älteres, erfahrenes Männchen hat sein Fähigkeit zu überleben schon unter Beweis gestellt und findet ausreichend Nahrung, sodass es vermutlich ein guter Vater ist. Ausgewachsene Männchen verkünden ihr Alter durch einen kunstvolleren Gesang als jüngere Vögel. Außerdem zeigen ältere Männchen ein heftigeres Imponiergehabe und verfolgen die Weibchen entschlossener. Ein älteres Buchfinkmännchen beispielsweise jagt ein Weibchen quer durch die Nachbarreviere, um es wieder in sein eigenes Revier zu locken. Weibliche Schwalben beurteilen die Männchen nach der Länge der Schwanz-

Türkentauben *paaren sich, nachdem das Männchen das Weibchen umworben und mit seinen Flugkünsten beeindruckt hat.*

federn, während ein Zaunkönigweibchen das Männchen nach seinen Fähigkeiten beim Nestbau auswählt.

Ein Weibchen muss nicht immer mit dem ersten Männchen, das es umwirbt, zusammenbleiben. Es begutachtet oft mehrere, bis die Entscheidung fällt. Paart sich das Weibchen mit einem Männchen in einer Brutsaison, wird es vermutlich auch im nächsten Jahr diesen Partner wählen, und sei es nur, weil beide zum selben Nistplatz zurückkehren und sich dort treffen. Vertrautheit und Erfahrungen vom Vorjahr beschleunigen die Balz und ermöglichen eine frühere Brut. Dies ist bei manchen Arten ein Vorteil, weil die ersten Gelege die meisten Jungen hervorbringen.

Ritualisiertes Füttern

Männliche Vögel verschiedener Arten präsentieren den Weibchen Futter. Ornithologen glauben, dass dieses ritualisierte Füttern die Bindung zwischen den Partnern verstärkt, außerdem ist es eine weitere Möglichkeit für das Weibchen, die Fähigkeiten des zukünftigen Partners zu testen: Ein Männchen, das viel Futter bringt, wird sicherlich auch die Jungen gut füttern.

Das Füttern hat auch noch eine andere, sehr praktische Funktion: Es versorgt das Weibchen mit zusätzlicher Nahrung, die es zum Brüten braucht. Ein Meisenweibchen braucht z.B. 40 Prozent mehr Futter als sonst, um die Eier zu bilden, daher sind die zusätzlichen Mahlzeiten eine wichtige Ergänzung bei der Ernährung. Das ritualisierte Füttern erfolgt auch während des Brütens, weil so das Weibchen das Nest weniger oft verlassen muss, um nach Nahrung zu suchen. Auf diese Weise wird verhindert, dass die Eier auskühlen.

PAARBILDUNG

Einige Vögel paaren sich für eine Saison, andere wählen Jahr für Jahr denselben Partner. Heckenbraunellen haben gleichzeitig zwei oder drei Partner, während sich Höckerschwäne ein Leben lang treu bleiben. Wenn sich die Vögel gepaart haben, sind sie meistens bis zur Eiablage unzertrennlich. Sie fressen und ruhen zusammen, und männliche Singvögel folgen ihren Weibchen, wenn diese Nistmaterial sammeln. Dies ist weniger ein Zeichen der Hingabe als der Eifersucht. Das Männchen bewacht seine Partnerin, damit kein anderer sie umwirbt und nur es allein der Vater aller Jungen ist. Andererseits wird es jede Gelegenheit ergreifen, fremdzugehen, wenn der Nachbar nicht aufpasst.

Die Lachmöwe *ist monogam, zumindest eine Saison lang. Oft paaren sich die Partner vom Vorjahr.*

Nach der Paarbildung *folgt der Erpel seinem Weibchen und lässt es niemals aus den Augen.*

Ein männlicher Star *singt, um ein Weibchen anzulocken, und schlägt dabei mit den Flügeln. Auf dem Höhepunkt der Balz werden die Kehlfedern aufgeplustert.*

Ein Rotkehlchenweibchen *nimmt ein Geschenk des Männchens an. Das ritualisierte Füttern beginnt wenige Tage nach der Fertigstellung des Nestes und hält während Eiablage und Brutzeit an.*

Gegenseitiges Putzen *wie hier bei den Teichhühnern stärkt die Paarbindung und erfüllt auch eine wichtige Pflegefunktion.*

Brutverhalten

NESTBAU UND AUFZUCHT DER JUNGEN sind Schlüsselereignisse im Leben eines Vogels. Instinktgesteuert baut er ein Nest, bebrütet die Eier und zieht seine Jungen auf. In der Regel haben Vögel, die kurz nach dem Schlüpfen das Nest verlassen, wie Stockenten und Fasane, ein einfaches Nest, oft nicht mehr als eine Mulde auf der Erde, während diejenigen Arten, deren Junge im Nest bleiben, bis sie fliegen können, komplizierte Konstruktionen bauen.

Meisenmännchen *beginnen schon ab Herbst, mögliche Nistplätze zu inspizieren. Das Weibchen wählt einen davon aus und schläft einige Zeit dort, bis es mit dem Nestbau beginnt.*

Platzwahl

Im Spätwinter und Frühling sieht man häufig Gartenvögel, die in Hecken oder zwischen Büschen und Kletterpflanzen von Zweig zu Zweig hüpfen. Einige suchen nach Futter, viele aber nach geeigneten Nistplätzen.

Bei den meisten Arten ist für die Wahl des Nistplatzes und für den Nestbau das Weibchen zuständig. Bei Höhlenbrütern wie Meise, Star, Trauerschnäpper und Gartenrotschwanz wählt jedoch das Männchen den Platz aus. Beim Zaunkönig baut das Männchen den größten Teil des Nestes.

Zaunkönige nisten gewöhnlich unter Vorsprüngen an Böschungen oder Bachufern, während Rotkehlchen ihre Nester in niedriger Vegetation oder in Höhlen im Dickicht anlegen. Wie jedoch ein Vogel seinen Nistplatz auswählt, bleibt ein Geheimnis. Vermutlich achtet er auf eine günstige Anordnung der Zweige oder ein anderes stabiles Fundament für das Nest. Schutz vor Feinden und vor Witterungseinflüssen sind andere Kriterien, obwohl Vögel auch an erstaunlich ungeschützten Plätzen nisten. Amseln bauen ihr Nest beispielsweise manchmal auf kahlen Fenstersimsen. Entweder ist in solchen Fällen der Nestbauer unerfahren oder geeignete Nistplätze sind rar – eine Situation, die in Gärten auftritt, wo durch übertriebenes Schneiden Unterholz und dichtes Blätterwerk verschwunden sind.

Das Nest der Schwanzmeise *(rechts) ist eine Kugel aus Moos, Haaren und Flechten, mit Spinnweben zusammengeklebt. Das Paar sammelt zusammen über tausend Federn (oben), um das Nest auszukleiden. Das Ergebnis ist eine gut isolierte Kinderstube, die elastisch genug ist, um die wachsende Brut aufzunehmen.*

Nestkonstruktionen

Nester gibt es in allen Formen und Größen, von den massigen Astkonstruktionen der Krähen und Reiher bis zu den zarten Kugeln aus Flechten, Spinnweben und Federn der Schwanzmeisen. Die meisten Gartenvögel bauen becherförmige Nester, einige jedoch nisten lieber in Höhlen. Beim Nestbau wird nur der Schnabel, manchmal unterstützt durch die Füße, als Werkzeug benutzt. Die Fertigstellung kann bis zu drei Wochen dauern. In der Regel dauert der Nestbau zu Beginn der Saison länger, weil die Arbeit bei kaltem Wetter unterbrochen werden muss.

Das Schwierigste ist die Errichtung des Fundaments, einer stabilen Verankerung für das Nest. Wenn ein Buchfinkweibchen mit dem Nestbau beginnt, legt es erst Verankerungspunkte an, indem es Fäden aus Spinnenseide um Zweige wickelt. Dann kommen Moos und Gras hinzu, bis ein festes Polster entsteht. Auf diesem Polster sitzt der Vogel und arbeitet weiteres Material ein, bevor er die Mulde formt, indem er mit der Brust drückt und mit den Füßen scharrt, bis das Material verdichtet ist. Berücksichtigt man Zeit und Energie, die beim Nestbau aufgewendet werden, überrascht es, dass nur sehr wenige Nester für mehr als eine Brut benutzt werden, sogar wenn noch in demselben Jahr weitere Bruten folgen. Jedes Mal wird ein nagelneues Nest gebaut, vermutlich um die Probleme mit Flöhen und anderen Parasiten zu verringern oder weil das Nest von den ersten Jungen beschädigt wurde.

Die meisten Nester überstehen Wind und Regen im Winter nicht, Krähen und Schwalben aber renovieren im Frühjahr regelmäßig ihre alten Nester.

Kleinspechte *legen ihre Nisthöhle in toten Bäumen an. Männchen und Weibchen arbeiten an der Höhle, die 21 cm tief ist und ein Eingangsloch von etwa 3,5 cm Durchmesser hat. Hier wird bereits der Nachwuchs versorgt.*

Eier und Eiablage

Die Bildung der Eier im Körper des Weibchens beginnt einige Tage vor der Eiablage. Die befruchteten Eier, die hauptsächlich aus Dotter bestehen, wandern den Eileiter herab, wo sie mit Eiklar und der Schale umhüllt werden. Die Eiproduktion verlangt dem Weibchen viel ab: Für die Bildung der Schale ist so viel Kalzium erforderlich, dass sogar Mineralreserven aus den Knochen mobilisiert werden. Es ist nicht verwunderlich, dass die Weibchen einiger Arten vor der Eiablage nicht sehr aktiv sind und nachts im Nest schlafen, damit sie weniger Energie zur Erhaltung der Körperwärme verbrauchen.

Gewöhnlich vergehen einige Tage zwischen Nestbau und Beginn der Eiablage, in der sich das Weibchen auf die Nahrungsaufnahme konzentriert. Die meisten Gartenvögel

NESTFORMEN

Zaunkönige *passen ihr Nest einer vorgefundenen Höhle an. Die Kuppelkonstruktion wird vom Männchen aus Gras, Blättern und Moos gebaut und vom Weibchen mit Federn und Haaren gepolstert. Hier hat ein Paar sein Nest in der Tasche eines alten Mantels gebaut.*

Außen besteht das Nest einer Saatkrähe *aus großen Ästen. Innen ist es mit biegsamen Zweigen, Erde und Blättern ausgekleidet. Die Vögel sammeln Äste vom Boden oder brechen sie von Bäumen ab, manchmal stehlen sie auch Material aus anderen Nestern.*

Mehlschwalben *bauen ihre Nester unter Dachvorsprünge. Tagelang sammeln sie Kugeln aus feuchtem Lehm am Rand von Teichen oder Pfützen und kleben sie auf ein Gerüst aus Grashalmen. Die Nester können zerbrechen, wenn das Material nicht stabil genug ist.*

Eine Heckenbraunelle *passt genau in ihr Nest. Sie baut es napfförmig aus Blättern, Zweigen und Wurzeln und kleidet es mit Moos und Wolle aus. Manchmal nutzt sie auch das alte Nest einer anderen Vogelart.*

legen ihre Eier morgens im Abstand von 24 Stunden. Reiher, Eulen und Mauersegler legen in größeren Intervallen. Bei Verlust des Geleges durch Feinde oder weil das Nest zerstört wurde können die meisten Vögel ein Ersatzgelege produzieren.

Gelegegröße

Einige Vögel wie Tauben und Möwen legen immer dieselbe Anzahl an Eiern, bei den meisten Gartenvögeln jedoch hängt die Gelegegröße vom Ernährungs- und Gesundheitszustand des Weibchens sowie von äußeren Umständen ab. Bei schlechtem Wetter legen Mauersegler eher zwei als drei Eier, während Waldkauz und Turmfalke gar nicht legen, wenn Mäuse knapp sind. Auch die geografische Lage und das Klima haben Auswirkungen. Vögel in nördlichen Ländern legen mehr Eier als in südlichen. Das skandinavische Rotkehlchen beispielsweise legt im Durchschnitt ein Ei pro Gelege mehr als das spanische. Deutsche Meisen produzieren eher ein zweites Gelege als britische Meisen. Interessant ist auch, dass einige Vögel im Garten weniger Eier legen als in freier Natur, was vermuten lässt, dass der Garten für manche Arten ein Lebensraum zweiter Wahl ist.

Ein brütendes Weibchen *wie dieses Rotkehlchen schleicht sich oft weg, wenn sich ein Feind nähert. Es ist besser, die Eier zu verlieren und neue zu legen, als eine Verletzung zu riskieren.*

Die Anzahl der Gelege pro Saison hängt vom Nahrungsangebot ab. Meisen, die bei der Jungenaufzucht auf viele Raupen angewiesen sind, die im Frühjahr zu finden sind, brüten gewöhnlich nur einmal im Jahr. Amseln mit ihrem großen Nahrungsspektrum von Würmern und Insekten können mehrere Bruten aufziehen. Wenn aber bei Trockenheit der Boden zu hart wird, um Würmer zu finden, haben Amseln auch weniger Gelege. Buchfinken hören mit dem Nisten im Hochsommer auf, wenn die Insektenschwärme verschwinden.

Das Küken *kündigt sein Schlüpfen schon einige Tage bevor es erscheint an. Es hämmert mit dem Schnabel, der durch einen verhornten, weißen Eizahn geschützt ist, ein Loch in die Schale. Einige Stunden später bohrt es einen Ring aus Löchern in die Schale, um sie zu schwächen, und drückt einen Deckel auf.*

Brüten

Vögel sind Warmblüter, und die sich im Ei entwickelnden Embryos müssen von ihren Eltern warm gehalten werden. Kurz vor der Eiablage verliert der brütende Vogel Federn im

EIER UND NESTER

Wie die Nestformen variieren Gelegegröße und Anzahl der Bruten von Art zu Art, ebenso wie Größe, Form und Farbe der Eier. Die Eier von Vögeln mit offenen Nestern sind z.B. zur Tarnung oft gefleckt, während die Eier von Höhlenbrütern weiß sind, um gesehen zu werden.

Der Graureiher *zieht eine Brut im Jahr auf und baut große Nester aus Ästen in hohen Bäumen. Gelege mit 3–5 weißen Eiern.*

Die Schwalbe *baut ihre Lehmnester auf schmalen Vorsprüngen an senkrechten Wänden. Die Eier sind länglich und stark verjüngt.*

Das Nest der Amsel *ist ein Napf aus Gras, Zweigen und Pflanzenmaterial. Gewöhnlich 2–3, manchmal bis zu 5 Bruten im Jahr.*

Haussperlinge *bauen einfache Kuppelnester aus Heu und Stroh. 2–4 Gelege mit durchschnittlich 4 Eiern im Jahr.*

Silbermöwen *nisten am Boden und auf Dächern. Die Nester sind kaum mehr als angehäuftes Pflanzenmaterial. Ein Gelege mit 2–4 Eiern.*

Der Zilpzalp *zieht in den meisten Teilen Europas zwei Bruten auf. Das kuppelförmige Grasnest mit seitlichem Eingang ist zwischen hohen Pflanzen versteckt.*

Das Nest der Dohle *ist unordentlich und besteht aus Ästen, Lehm und Mist. Pro Jahr ein Gelege mit bis zu acht Eiern.*

Das Nest der Stockente *ist eine flache Mulde am Boden, ausgepolstert mit Federn des Weibchens. Pro Jahr ein Gelege mit bis zu 18 Eiern.*

Brustbereich, die einen kahlen Hautfleck hinterlassen, auch Brutfleck genannt. Enten rupfen sich die Brustfedern aus und polstern damit das Nest. Der Brutfleck wird mit vielen Blutgefäßen versorgt, sodass die Körperwärme wirkungsvoll auf die Eier übertragen werden kann.

Bei den meisten Gartenvögeln brüten die Weibchen, bei Arten jedoch, die sich die Arbeit teilen, entwickelt auch das Männchen einen Brutfleck. Die meisten Vögel bleiben nicht ständig im Nest, wenn sie brüten, sondern verlassen es zum Fressen und Koten und gönnen sich etwas Körperpflege.

Bevor sie sich zum Brüten niederlassen, plustern sich die Vögel auf, um den Brutfleck freizulegen. Immer wieder stehen sie auf und drehen die Eier mit dem Schnabel. Das hat mehrere Gründe. Die Luft kann zirkulieren, damit die Embryos im Innern atmen können, denn der Sauerstoff diffundiert durch die Eischale, und die Eier werden gleichmäßig erwärmt. Vermutlich ist das Drehen der Eier auch notwendig, damit das embryonale Gewebe sich richtig zu den Organen der Jungvögel entwickelt.

Der brütende Vogel muss die Temperatur der Eier ständig überwachen und regulieren. Wie viel Wärme für die Eier benötigt wird, hängt von der Isolation des Nestes und dem Wetter ab. Daher können die Vögel an warmen, sonnigen Tagen das Nest länger verlassen als bei windigem, kühlem Wetter.

Schlupftermin

Die Eier werden im Abstand von etwa einem Tag gelegt, aber die Altvögel beginnen erst ernsthaft zu brüten, wenn das Gelege vollständig ist. Dadurch schlüpfen die Jungen gleichzeitig. Eulen, Greifvögel und einige andere Arten bilden hier Ausnahmen. Sie beginnen schon beim ersten Ei mit dem Brüten, und somit schlüpfen die Jungen in den Abständen der Eiablage.

Kurz nach dem Schlüpfen *entfernen die Eltern die Schalen, vermutlich um Infektionen vorzubeugen, und bringen sie vom Nest weg, damit keine Feinde angelockt werden.*

Heranwachsen

DIE JUNGEN VON SINGVÖGELN, Tauben, Spechten und Greifvögeln sind beim Schlüpfen recht hilflos und bleiben im Nest, bis sie fliegen können (Nesthocker), während kleine Möwen, Blässhühner und Teichhühner das Nest kurz nach dem Schlüpfen verlassen (Nestflüchter). Selbst unter dem Schutz ihrer Eltern beginnt nun für diese unerfahrenen Vögel die gefährlichste Zeit ihres Lebens.

Ein Vogel weiß instinktiv, *wann er fliegen kann, sogar wenn er vor seinem ersten Flug noch niemals die Flügel ganz ausgebreitet hat.*

Elterliche Fürsorge

Wenn Nesthocker schlüpfen, sind sie schwach und unfähig, ihre Körpertemperatur aufrechtzuerhalten, daher müssen sie fast ständig von den Eltern gewärmt werden. Wenn sie kräftiger werden, bleiben sie längere Zeit allein im Nest, während die Eltern Futter suchen. Nachts und bei schlechtem Wetter werden die Kleinen gewärmt, bis sie vollständig entwickelt sind.

Ein reinlicher Kleiber *entfernt den Kot seiner frisch geschlüpften Jungen aus dem Nest.*

Die Eltern sind den ganzen Tag mit dem Füttern der Brut beschäftigt, und selbst die Männchen, die weder beim Nestbau noch beim Brüten geholfen haben, bringen jetzt Futter. Bevorzugte Nahrung für viele Jungvögel sind Insekten und andere Wirbellose wie Spinnen, Schnecken und Würmer. Sogar die Finken als Pflanzenfresser füttern ihre Jungen mit tierischer Nahrung, weil sie mehr Protein, Kalzium und andere wichtige Nährstoffe enthält. Tierische Nahrung ist auch reich an Flüssigkeit, daher müssen die Kleinen nicht trinken. Das Sammeln von Insekten ist jedoch harte Arbeit, besonders bei schlechtem Wetter. Um eine Brut Blaumeisen großzuziehen, bedarf es etwa 10 000 Raupen und hundert Mal so vieler Blattläuse.

Flüggewerden und Fliegen

Wenn die Jungen Federn bekommen und flügge werden, sind sie bereits so groß, dass sie fast nicht mehr ins Nest passen. Nun ist es wichtig, das Nest zu verlassen, da die Jungvögel draußen wahrscheinlich weniger angegriffen werden als

Anfangs können Nesthocker *ihre Augen noch nicht öffnen. Sie heben den Kopf und öffnen den Schnabel, wenn sie Erschütterungen im Nest spüren. Die Eltern stopfen einfach Futter in die aufgesperrten Schnäbel.*

Ältere Nesthocker *haben die Augen geöffnet. Sie reagieren auf den Anblick der Eltern, indem sie ihnen den aufgesperrten Schnabel entgegenstrecken. Die kräftigsten bekommen das meiste Futter.*

Die meisten Vögel *füttern ihre Jungen noch, wenn diese das Nest verlassen haben. Die Kleinen folgen ihren Eltern und lernen so, wie man unterschiedliche Nahrung und reiche Futterplätze findet.*

im Nest. Verschiedene Arten brauchen unterschiedlich lang, bis sie flügge werden, aber im Allgemeinen fliegen Vögel, die in offenen Nestern heranwachsen, eher aus als solche, die in einer sicheren Nisthöhle groß werden. Sogar innerhalb einer Art hängt der Zeitraum vom Nahrungsangebot und der Anzahl der Schnäbel, die die Eltern stopfen müssen, ab.

In den ersten Tagen nach Verlassen des Nestes fliegen die Kleinen nicht viel, sondern sitzen ruhig an einem abgeschiedenen Platz wie einer dichten Hecke oder einem Busch und warten darauf, dass ihre Eltern Futter bringen. Die Jungvögel sind leicht zu erkennen, weil Schwanz und Flügel kurz sind und ihnen die Anmut der Eltern fehlt.

Wenn das Wachstum der Federn abgeschlossen ist, werden die Jungen selbstbewusster. Sie folgen ihren Eltern und lassen sich füttern. Junge Stare kann man oft dabei beobachten, wie sie ihren Eltern bei der Nahrungssuche auf einer Wiese folgen. Die Eltern müssen sich nur umdrehen und das Futter in den wartenden Schnabel stopfen. Die Zeit, bis die Jungen unabhängig sind, variiert zwischen den Arten sehr stark (siehe rechts). Mauersegler sind z.B. ab dem Moment, in dem sie fliegen, selbstständig, während Waldkauzjunge noch drei Monate nach Verlassen des Nestes bei den Eltern bleiben.

Überleben des Stärksten

Viele junge, unerfahrene Vögel sterben kurz nach Verlassen des Nestes, besonders wenn die Nahrung knapp oder das Wetter schlecht ist. Bei Kohlmeisen verlassen bei 1000 gelegten Eiern nur 500 Junge das Nest, und nur 120 erleben den nächsten Frühling. Jungvögel fallen eher Feinden zum Opfer und müssen mit älteren Vögeln konkurrieren, die die besten Nahrungsplätze besetzen und verteidigen.

ZEIT BIS ZUR SELBSTSTÄNDIGKEIT

Die Grafik zeigt, wie lange einige Gartenvögel zum Selbstständigwerden brauchen, nachdem sie das Nest verlassen haben.

AHNUNGSLOSE FÜRSORGE

Der Kuckuck ist dafür bekannt, dass er seine Eier in die Nester andere Arten legt und diese (hier eine viel kleinere Heckenbraunelle) seine Jungen aufziehen lässt. Kuckucke sind aber nicht die einzigen Brutparasiten. Stare legen manchmal ihre Eier in die Nester anderer Stare und entfernen dabei eines der rechtmäßigen Eier, damit der Eigentümer nichts merkt.

Vogelporträts

Wenn Sie Gartenvögel beobachten, gehört dazu, dass Sie die Arten richtig bestimmen können. Außerdem ist es sehr interessant, die Eigenheiten der Vögel kennen zu lernen. Auf den folgenden Seiten werden die häufigsten Gartenbesucher vorgestellt und ihr typisches Nahrungs- und Nistverhalten beschrieben.

Vögel bestimmen

VÖGEL ZU BESTIMMEN lässt sich zwar erlernen, es richtig gut zu beherrschen kann jedoch sehr lange dauern. Aussehen und Gesang sind die ersten Hinweise auf die Identität des Vogels, darüber hinaus müssen Sie auch Vorkommen, Jahreszeit und Lebensraum berücksichtigen. Mit der Zeit und mit viel Geduld lernen Sie, Vögel zu erkennen, als wären sie alte Bekannte.

An weißen Stellen *auf Körper und Flügeln kann man Eichelhäher im Flug erkennen.*

Die Federn *sind in klar abgegrenzte Bereiche unterteilt. Die Bezeichnungen für die wichtigsten Bereiche sollte man kennen.*

Bergfink

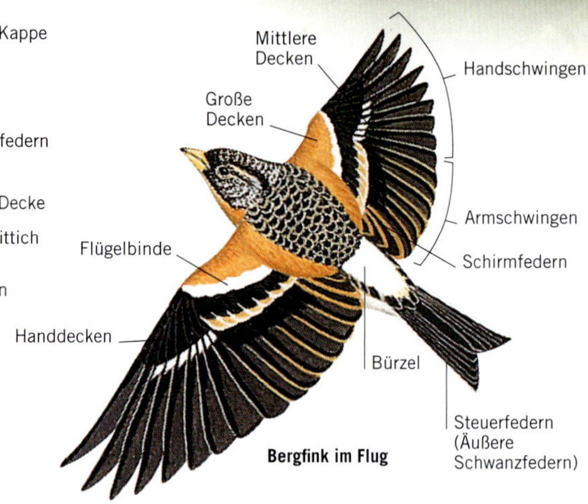

Bergfink im Flug

Unverkennbare Merkmale

Die meisten Arten sind durch bestimmte Merkmale eindeutig zu identifizieren – das Rotkehlchen etwa durch den roten Bauch und der Zaunkönig durch den kurzen Schwanz. Vögel präsentieren sich natürlich selten in einer Position wie im Bestimmungsbuch, und die typischen Merkmale sind nicht immer gut zu erkennen. Auch reicht es meist nicht, sich auf ein einzelnes Merkmal zu verlassen. Farbe und Muster des Gefieders können sich im Laufe des Jahres verändern, und die Größe ist ohne Vergleichsmöglichkeiten oft schwer einzuschätzen. Auch der Körperbau ist schwierig zu erkennen, wenn der Vogel seine Federn aufplustert, seinen Hals streckt oder Flügel und Schwanz abspreizt.

Geübte Vogelbeobachter entwickeln einen Blick für die Gesamterscheinung eines Vogels, zu der körperliche Merkmale, Verhalten und Charakter gehören. Im Laufe der Zeit lernt man, Vögel an

Um die Größe *eines Vogels abzuschätzen, ist es gut, wenn man sie mit Referenzwerten vergleichen kann.*

Auch wenn die Nachtigall *nicht zu sehen ist, ist ihr melodischer Gesang unverwechselbar.*

Kuckucke werden manchmal *mit Sperbern verwechselt. Da sie in Afrika überwintern, ist die Verwechslung aber zumindest zu dieser Jahreszeit auszuschließen.*

ihrem Gang, der Körperhaltung oder an kleinen Angewohnheiten zu erkennen, so als wären sie bekannte Personen.

Mit Hilfe von Büchern und Fachartikeln oder CDs mit Vogelstimmen können Sie sich mit den Merkmalen, dem Verhalten und dem Gesang der Vögel vertraut machen. Dies ist natürlich kein Ersatz für das ausdauernde Beobachten im Freiland oder im Garten. Bald werden Sie lernen, das fließende Flugmuster einer Rauchschwalbe von den eher ruckartigen Flügelschlägen einer Mehlschwalbe oder die klare Kadenz des Fitis von dem Stakkato-Gesang des Zilpzalps zu unterscheiden. Es ist sinnvoll, die Bezeichnung der einzelnen Gefiederpartien zu kennen (s. S. 124), weil man dann die eigenen Beobachtungen und Aufzeichnungen mit Büchern vergleichen oder anderen Vogelfreunden mitteilen kann.

Einen Vogel kann man *auch gut an seinem Verhalten erkennen, wenn Körperbau und Einzelheiten im Gefieder nicht zu sehen sind. Sogar aus der Ferne können Sie den Kleiber von einem Baumläufer unterscheiden, weil er am Baumstamm abwärts läuft (der Baumläufer läuft nur aufwärts).*

DIE VOGELPORTRÄTS

Auf den folgenden Seiten werden die 64 häufigsten europäischen Gartenvögel mit Angaben zu Größe, Form, Farbe, Stimme und Verhalten beschrieben. Verbreitungskarten (Erklärung siehe unten) zeigen das saisonale Vorkommen der Arten. Die Buchstaben unter den Karten geben an, wann die Vögel bei uns zu sehen sind.

LEGENDE

- Sommervogel
- Jahresvogel
- Wintervogel
- Durchzügler

Graureiher

GRAUREIHER SIND VORSICHTIG und in Gärten nicht häufig zu beobachten, da sie dort nur am frühen Morgen erscheinen. Sie fangen Fische und andere Wassertiere, und Gartenteiche mit Zierfischen sind für sie ideale Jagdgründe. Wenn ein Reiher einmal entdeckt hat, wie leicht sich hier Beute machen lässt, kommt er immer wieder.

Ardea cinerea

Ardeidae

LÄNGE 90–98 cm
FLÜGELSPANNWEITE 175–195 cm

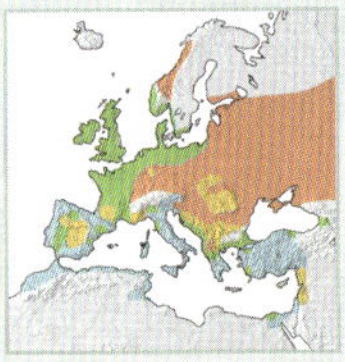

J F M A M J J A S O N D

STIMME meist ein raues *kräik*; im Nest krächzende Laute.
EIER Eine Brut; 4–5 blassblaue Eier, Februar bis März.
AUFZUCHT Beide Eltern brüten 25–26 Tage; die Jungen sind 50 Tage nach dem Schlüpfen flügge.

Teichbesucher

Der Graureiher ist ein unverwechselbarer grauer Vogel mit langen Beinen, einem langen, schlanken Hals und einem dolchförmigen Schnabel. Der Schnabel verfärbt sich zur Brutzeit von Gelb nach Rötlich. Im Flug sind die Größe, die breiten Schwingen und der langsame Flügelschlag typische Erkennungszeichen.

Reiher nisten in hohen Bäumen, (selten auf Gebäuden), in traditionellen Horsten, die Jahrhunderte alt sein können und häufig im Winter als gemeinschaftlicher Ruheplatz genutzt werden. Beide Geschlechter bauen das Nest, das Männchen sammelt das Nistmaterial. Nester der Vorjahre werden mit frischem Material ausgekleidet.

Der Graureiher ernährt sich von Fischen, Amphibien, Wasserinsekten, Schnecken und Würmern, gelegentlich frisst er kleine Säugetiere und Vögel.

Jungvögel *sind an Kopf und Hals weniger weiß als erwachsene Graureiher, außerdem fehlt ihnen die schwarze Federhaube.*

Das Nest des Graureihers *ist eine große Plattform aus Zweigen und Stöckchen, die mit Gras und Laub ausgekleidet ist, und wird in der Regel in einer Baumkrone errichtet.*

IM GARTEN

Graureiher kommen manchmal an Gartenteiche, um Fische und Frösche zu fangen. Schützen Sie die Fische durch Abdecken des Teiches oder indem Sie Nylonschnüre am Ufer spannen.

Stockente

VON DER STOCKENTE stammen fast alle Hausenten ab. Dieser bekannte Vogel besucht gerne Gärten in der Nähe von Seen und Flüssen. Bei dichter Vegetation brütet er hier sogar. Die Küken leben gefährlich, von einer Brut überleben wegen zahlreicher Feinde, schlechtem Wetter und Unfällen meist nur ein oder zwei.

Stockentenküken *können kurz nach dem Schlüpfen fressen und schwimmen, die Mutter sorgt jedoch für sie, bis sie völlig selbstständig sind.*

Eine häufige Ente

Wenn sich Stockenten mit Hausenten kreuzen, entstehen verschiedenste Farbschläge. An den gelockten Federn am Schwanz des Erpels lässt sich jedoch die Abstammung erkennen. Weibliche Stockenten haben ein braunes Gefieder mit dunkleren Streifen und Flecken. Nach der Paarung mausert sich der Erpel und legt sein Ruhekleid an, das dem Gefieder des Weibchens ähnelt, jedoch etwas dunkler ist.

Die Paarbildung findet schon innerhalb der Winterschwärme statt. Das Männchen begleitet das Weibchen zum Nest und verlässt es, sobald es die Eier bebrütet. Das Nest aus Blättern und Gras, gepolstert mit Daunen, liegt unter dichter Vegetation, manchmal in einem Baum oder auf einem Gebäude. Das Weibchen deckt das Gelege ab, wenn es auf Nahrungssuche geht. Die Küken schlüpfen alle gleichzeitig und verlassen das Nest am ersten Tag. Nach der Brutzeit verlieren Stockenten gleichzeitig alle Schwungfedern und sind etwa vier Wochen lang flugunfähig.

Stockenten weiden Gras und fressen Eicheln. Im Wasser jagen sie Schnecken, Frösche und kleine Fische und fressen auch Pflanzen. Die Küken fressen hauptsächlich Insekten.

IM GARTEN

Stockenten fressen Getreide vom Boden. Sie nisten in großen, geschlossenen Kästen mit einem Eingangsloch von 15 cm Durchmesser, die auf einer Insel oder einem Floß stehen. Auch spezielle Nistkörbe nehmen sie an.

Obwohl Stockenten *an Teichen in Parks Besucher häufig um Futter anbetteln, gibt es noch viele wilde Exemplare, die niemals Kontakt mit Menschen haben.*

Anas platyrhynchos

Anatidae

LÄNGE 50–65 cm
FLÜGELSPANNWEITE 80–95 cm
STIMME Verschiedene Quak-Töne als Ruf; beim Weibchen rau, beim Männchen leiser und nasaler.
EIER Eine Brut, 8–12 graugrüne Eier, März bis April.
AUFZUCHT Das Weibchen brütet 27–28 Tage; die Jungen sind 50–60 Tage nach dem Schlüpfen flügge.

J F M A M J J A S O N D

Sperber

DIESER LISTIGE GREIFVOGEL wurde in den letzten Jahrzehnten selten, da viele Tiere an Pestizidvergiftungen starben. Da mittlerweile weniger dieser Gifte eingesetzt werden, konnten sich die Bestände jedoch erholen. Der einzelgängerische Jäger besucht regelmäßig Vorstadtgärten. Seine Fähigkeit, in vollem Flug abzudrehen und seine Beute in den Bäumen zu verfolgen, bietet fesselnde Spektakel.

Accipiter nisus

Accipitridae

LÄNGE 28–40 cm
FLÜGELSPANNWEITE 60–80 cm
STIMME Ein schrilles *kek-kek-kek* meist in der Nähe des Nistplatzes.
EIER Eine Brut, 4–6 graugrüne Eier, April bis Mai.
AUFZUCHT Das Weibchen brütet 32–36 Tage und wird vom Männchen gefüttert; die Jungen sind 24–30 Tage nach dem Schlüpfen flügge.

J F M A M J J A S O N D

Der Sperber *ist eigentlich ein Waldrandbewohner, hat sich aber gut an größere Gärten mit Hecken, Wäldchen und höheren Zierpflanzen angepasst, wo er genug Platz hat, durch die Baumkronen zu fliegen.*

Die Beute *wird zu einem gut geschützten Platz wie einen Baumstamm oder einem dicken Ast gebracht, bevor der Sperber mit dem Fressen beginnt. Federn, Knochen und Schnäbel am Boden verraten solche Rupfplätze.*

Gefieder und Größe

Beim Sperber sehen die Geschlechter deutlich verschieden aus. Ausgewachsene Weibchen sind bis zu 30 Prozent größer und doppelt so schwer wie Männchen und haben ein weniger buntes Gefieder. Männchen sind oberseits blaugrau, am Bauch hell mit orangefarbener Bänderung und im Gesicht kräftig orangefarben. Weibchen und Jungtiere sind oberseits braun und auf der Unterseite hell mit graubrauner Bänderung. Im Flug lässt sich der Sperber durch die Bänderung und die breiten, abgerundeten Flügel vom ähnlichen Turmfalken unterscheiden. Sperber verteidigen ihr Jagdrevier nicht, daher kann man verschiedene Tiere im selben Gebiet beobachten.

Ein junger Sperber *badet in einem Gartenteich. Der Jungvogel hat helle Streifen über den Augen und ist unterseits grau statt orangebraun gebändert.*

Tief und zielgerichtet *ist der Jagdflug des Sperbers. Manchmal steigt er aber auch über Bäume und Sträucher auf, um plötzlich mit angelegten Flügeln herabzustoßen.*

Balz und Brutzeit

Zu Beginn der Brutsaison kreisen Sperber langsam über dem Nistgebiet und stoßen ihr schrilles »*kek-kek-kek*« aus. Manchmal jagen sie sich lärmend durch die Bäume, um die Paarbindung zu stärken. Sperber sind monogam. Das Paar bleibt die ganze Brutzeit über zusammen.

Das becherförmige Nest wird aus Zweigen in einer Astgabel angelegt, manchmal auf einem verlassenen Taubennest. Es wird mit dünnen Zweigen und Blättern ausgekleidet. Die Eiablage erfolgt so, dass die Jungen der Beutetiere das Nest verlassen haben, wenn die Sperber für ihre hungrige Brut auf Jagd gehen. Die jungen Sperber schlüpfen mit zeitlichem Abstand, wie bei den meisten Arten. Ist Nahrung knapp, sterben die jüngsten und schwächsten, und die Eltern konzentrieren sich auf die Aufzucht der älteren und stärkeren.

Listige Räuber

Sperber jagen, indem sie ihrer Beute auflauern oder pfeilschnell um Bäume, Hecken, oder Häuser fliegen, um die Opfer zu überraschen. Bei der Jagd folgen sie meist festgelegten Flugrouten. Ihre Beute sind fast immer kleine Vögel wie Meisen, Spatzen und Finken. Die kräftigeren Weibchen erbeuten größere Arten wie Amseln, Hohltauben oder Eichelhäher und sogar kleine Säugetiere. Die Opfer werden von einem Ansitz aus oder im Flug geschlagen, manchmal nach einer längeren Verfolgungsjagd.

IM GARTEN

Sperber nisten gelegentlich in größeren Gärten in den Bäumen und erbeuten am Futterhäuschen kleine Vögel. Um diesen die Chance zum Entkommen zu bieten, können Sie den Futterplatz mit Hindernissen wie Spalieren oder dichten Büschen umgeben.

Nadelbäume *in der Nähe von Lichtungen, die einen mühelosen Anflug ermöglichen, sind die bevorzugten Nistplätze.*

Turmfalke

DER TURMFALKE ist neben dem Sperber der häufigste Greifvogel in ländlichen Gebieten. Bei flüchtigem Betrachten sind die beiden Arten leicht zu verwechseln. Der Turmfalke ist daran zu erkennen, dass er bei starkem Wind mit ausgebreiteten Schwingen segelt und bei Windstille mit schnell schlagenden Flügeln in der Luft steht.

Weibliche Turmfalken *haben ein braunes, einheitlicheres Gefieder als die Männchen und einen schwarzen Streifen am Schwanzende.*

Der Turmfalke *ist an den spitzeren Flügeln und der gefleckten statt gebänderten Brust vom Sperber zu unterscheiden.*

Ein häufiger Jäger

Der Turmfalke besitzt die typischen spitzen Flügel der Falken. Das Männchen ist etwas kleiner und bunter als das Weibchen, hat einen grauen Kopf, eine rostbraune Brust und einen grauen Schwanz mit einem breiten, schwarzen Quersteifen am Ende.

Turmfalken beobachtet man am häufigsten in Gärten auf dem Land. Einige leben und nisten jedoch in Städten, wo sie ihre Nester auf Fenstersimsen anlegen. Sie bauen kein richtiges Nest, sondern legen Zweige und Halme in eine Baumhöhle, ein verlassenes Vogelnest oder an die Kante einer Klippe oder eines Gebäudes. Beide Eltern füttern die Jungen.

Turmfalken in Gärten und Städten ernähren sich vorwiegend von kleinen Vögeln, manchmal fangen sie auch Mäuse. In freier Natur sind Nagetiere, große Insekten und Regenwürmer die Hauptbeute. Turmfalken jagen von Ansitzen auf Bäumen oder Stromleitungen aus oder stehen in der Luft (man bezeichnet dies als »Rütteln«), um ein größeres Gebiet zu überschauen.

IM GARTEN

■ Turmfalken sind seltene Besucher im Garten, wo sie kleine Vögel und Säugetiere fangen. Sie nisten manchmal in Städten in großen, offenen Nistkästen oder hoch oben in alten Bäumen.

Falco tinnunculus

Falconidae

LÄNGE 34–39 cm
FLÜGELSPANNWEITE 65–80 cm

STIMME Ein schrilles, nasales *kiii-ii-ii* zur Brutzeit.
EIER Eine Brut mit 4–5 braun gefleckten Eiern; April bis Juni.
AUFZUCHT Das Weibchen brütet 27–29 Tage; die Jungen sind mit 27–32 Tagen flügge.

Fasan

Der Fasan wurde einst von den Römern aus Asien nach Europa eingeführt und ist heute in vielen Gegenden häufig. Fasane werden oft für den Abschuss gezüchtet und freigesetzt. Sie kommen im Herbst und Winter besonders bei schlechtem Wetter auch in Gärten am Stadtrand.

Das Fasanweibchen *ist mit dem braunen, schwarz gefleckten Körper viel unscheinbarer als das Männchen.*

Brillante Farben

Das Fasanmännchen ist prächtig gefärbt und hat einen grünen Kopf und Hals, rote Kehllappen und häufig einen weißen Halsring. Im Gegensatz dazu sind Weibchen und Jungtiere kleiner und unscheinbar braun. Männchen kommen häufiger in Gärten als Weibchen und können recht zahm werden.

Wie bei anderen Arten, bei denen das Männchen prächtiger gefärbt ist, sind die Weibchen allein für die Aufzucht der Jungen verantwortlich. Sie bauen das Nest in einer flachen Mulde in einer Hecke oder im hohen Gras oder Farn. Die Küken verlassen das Nest kurz nach dem Schlüpfen und können schon mit zwölf Tagen kurze Strecken fliegen. Erst nach weiteren zehn oder elf Wochen sind sie völlig selbstständig.

Fasane scharren normalerweise am Boden nach Nahrung, fressen aber auch Knospen und Früchte auf Bäumen. Ihre Nahrungspalette reicht von Getreide, anderen Sämereien und Eicheln bis hin zu Insekten, Schnecken, Würmern und manchmal kleinen Säugetieren und Eidechsen. Im Winter fressen sie Gras, Blätter und Wurzeln.

Der Gesang des Männchens, ein lautes korr-kok *begleitet von Flügelklatschen, lockt mehrere Weibchen an, mit denen es sich paart.*

Phasianus colchicus

Phasianidae

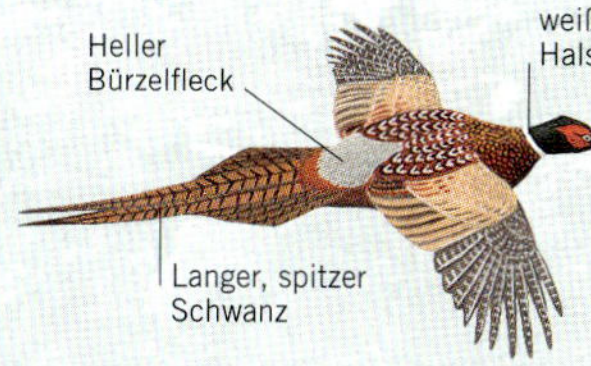

LÄNGE 52–90 cm
FLÜGELSPANNWEITE 70–90 cm

J F M A M J J A S O N D

STIMME Beim Männchen ein lautes *korr-kok*, das Weibchen antwortet mit *kii-kii*.
EIER Eine Brut, 8–15 olivbraune Eier, März bis Juni.
AUFZUCHT Das Weibchen brütet 23–28 Tage; die Jungen verlassen das Nest kurz nach dem Schlüpfen.

IM GARTEN

- Fasane kommen auf dem Land manchmal in Gärten, um nach Futter zu suchen.

Blässhuhn

BLÄSSHÜHNER SIND IN PARKS und städtischen Gewässern häufig. Manchmal kommen sie auch in Gärten, bevorzugen aber größere Teiche und Seen und langsam fließende Flüsse. Rivalenkämpfe, bei denen ein Blässhuhn das andere auf dem Wasser verfolgt oder sich auf dessen Schwanz setzt und es tritt und kratzt, sind oft zu beobachten.

Mit geducktem Kopf *und gespreizten Rückenfedern drohen Blässhühner Eindringlingen in ihrem Revier.*

Ein häufiger Wasservogel

Das Blässhuhn ist größer als das Teichhuhn, hat einen plumpen Körper, einen kurzen Schwanz und schwarzes Gefieder. Typisch sind weißer Schnabel und weißes Stirnschild. Die Füße sind grau, und die langen Zehen haben Schwimmlappen. Beide Geschlechter sehen gleich aus. Die Jungen haben ein blasseres, graubraunes Gefieder, einen gelblichen Schnabel und keinen weißen Stirnschild.

Blässhühner bauen ihre Nester im flachen Wasser, häufig zwischen Schilf oder anderer Vegetation. Beide Eltern errichten einen Hügel aus Stängeln und anderem Pflanzenmaterial. Das Männchen sammelt das Material, das Weibchen baut es ein. Nach dem Schlüpfen bleibt das Weibchen einige Tage bei den Jungen. Danach baut das Männchen eine Plattform, wo es nachts auf den Jungen sitzt.

Allesfresser

Blässhühner verbringen die meiste Zeit auf dem Wasser und ernähren sich von Wasserpflanzen, Fischen und Wirbellosen. Sie finden an der Oberfläche Nahrung, tauchen auf den Grund oder stehlen das Futter von Schwänen und Enten. An Land weiden sie Gras und fangen manchmal kleine Säugetiere und Vögel. Im Winter sammeln sie sich zum Fressen in großen Trupps, oft zusammen mit anderen Wasservögeln.

Fulica atra

Rallidae

LÄNGE 36–38 cm
FLÜGELSPANNWEITE 70–80 cm

STIMME Verschiedene Rufe wie ein lautes *köwk* und hohe Töne.
EIER 1–2 Bruten, je 6–10 gelb gesprenkelte Eier, März bis Juli.
AUFZUCHT Beide Eltern brüten 21–24 Tage; die Jungen sind mit 55–60 Tagen selbstständig.

IM GARTEN

- Blässhühner kommen manchmal in Gärten, in deren Nähe sich Gewässer befinden.

Männchen und Weibchen *füttern ihre Jungen bis zu neun Wochen lang, wobei sie den Nachwuchs unter sich aufteilen.*

Teichhuhn

Teichhühner sind häufig in Parks zu beobachten, wenn sie anmutig über die Wiesen am Seeufer schreiten. Auch Gartenteiche, besonders in der Nähe von anderen Gewässern, besuchen sie. Sie verkünden ihre Anwesenheit mit einem scharfen *purruk*. Teichhühner sind erstaunlich flink und nisten in Büschen und Bäumen.

Die Jungen *können nach nur drei oder vier Wochen selbstständig fressen, werden aber noch gefüttert, bis sie mit sechs Wochen fliegen können.*

Gallinula chloropus

Rallidae

LÄNGE 32–35 cm
FLÜGELSPANNWEITE 50–55 cm

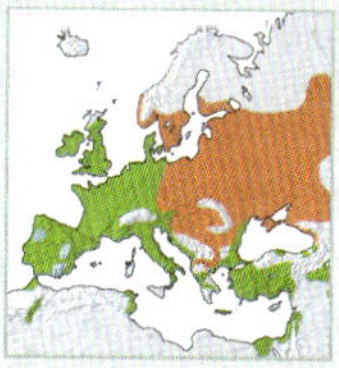

STIMME Verschiedene Rufe wie ein lautes *kürrük* und krächzende Töne
EIER 2–3 Bruten, je 5–8 dunkel gefleckte Eier, März bis Juni.
AUFZUCHT Beide Eltern brüten 21–22 Tage; die Jungen sind mit 40–50 Tagen selbstständig.

Stammgast im Stadtpark

Das Teichhuhn erinnert an ein kleines, schwarzes, langbeiniges Huhn. Das schwarze Gefieder schimmert aus der Nähe betrachtet grau, braun und blau. Beide Geschlechter sehen gleich aus und haben einen roten Schnabel und Schild, der den Jungtieren fehlt. Das Teichhuhn ist durch den kleineren, schlankeren Körper, die weißen Flecken unter dem Schwanz und auf den Flügeln und dem roten Schnabel und Schild leicht vom Blässhuhn zu unterscheiden. Es bewegt beim Schwimmen und an Land ständig seinen Schwanz.

Teichhühner bauen ihre Nester zwischen Wasserpflanzen, aber auch in Hecken oder Bäumen. Beide Eltern bauen das Nest aus Zweigen und Schilf, kleiden es mit feineren Pflanzen aus und teilen sich auch das Brutgeschäft. Hat ein Paar mehr als eine Brut pro Jahr, bleiben die Jungen des ersten Geleges bei den Eltern und helfen beim Füttern ihrer Geschwister.

Teichhühner fressen Kleintiere wie Würmer, Schnecken, Insekten, Spinnen und kleine Fische sowie Blätter, Samen und Beeren. Gelegentlich stehlen sie auch Eier anderer Vögel. Sie picken Futter von der Wasseroberfläche und suchen Pflanzen am Ufer und an Land ab, entfernen sich aber selten weiter als 200 bis 300 Meter vom Wasser.

Zur Brutzeit *sammelt das Teichhuhn Nistmaterial wie Zweige, Pflanzenstängel, Schilf und Gras.*

IM GARTEN

■ Teichhühner kommen zum Fressen in Gärten. Viele nisten an oder in der Nähe von großen Gartenteichen, wenn sie genug Deckung haben.

Silbermöwe

Die Silbermöwe ist ein häufiger Küstenvogel, der außerhalb der Brutzeit zur Nahrungssuche auch ins Landesinnere kommt. In Küstenstädten nistet sie regelmäßig. Ganze Schwärme von Silbermöwen besuchen häufig Müllkippen, wo sie Futter in großen Mengen finden.

Jungvögel *sind mit den braunen Flecken auf ihrem weißen Daunengefieder gut getarnt zum Schutz vor Feinden.*

Larus argentatus

Laridae

LÄNGE 55–67 cm
FLÜGELSPANNWEITE 130–160 cm

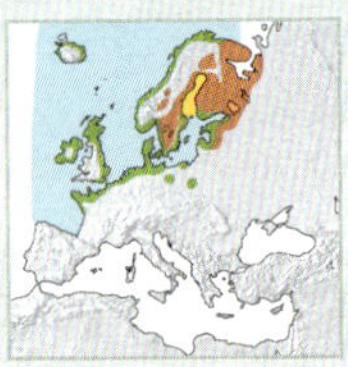

J F M A M J J A S O N D

STIMME Ein langes, lautes, raues *kiu, kii-ju-ju-ju.*
EIER Eine Brut mit drei Eiern, oliv bis braun mit dunkler Zeichnung, April bis Juni.
AUFZUCHT Beide Eltern brüten 28–30 Tage; die Jungen sind mit 35–40 Tagen flügge.

Küstenbewohner

Die Silbermöwe ist eine große Möwe mit einem weißen Körper, einem grauen Rücken und grauen Flügeln mit schwarz-weißen Spitzen. Der Hakenschnabel ist gelb und trägt einen orangeroten Fleck. Beide Geschlechter sehen gleich aus. Jungtiere sind graubraun und bekommen im Laufe von zwei bis drei Jahren allmählich das Gefieder der Adulten.

Silbermöwen sind soziale Vögel. Sie nisten in Kolonien und ruhen und fressen im Winter in riesigen Schwärmen. Im Freiland nisten sie auf offener Erde oder auf Klippen, in Städten brüten ganze Kolonien auf Gebäuden. Die Nester bestehen aus angehäuften Pflanzen, die von beiden Eltern gesammelt, zu einem Napf geformt und mit feinem Material ausgekleidet werden. Die Jungen verlassen das Nest im Alter von zwei oder drei Tagen, bleiben aber im Revier, bis sie fliegen können. Die Eltern bringen ihnen das Futter.

Silbermöwen *werden leicht mit anderen, weniger häufigen Möwen verwechselt. Achten Sie auf die rosa Beine und den roten Fleck am Schnabel.*

Vielseitige Allesfresser

Silbermöwen sind Fleisch- und Aasfresser mit einer vielfältigen Nahrungspalette. Im Meer fangen sie Fische und Muscheln. Schwärme folgen Fischerbooten und fressen die Fischabfälle. Auf dem Land nehmen sie alles Fressbare von Regenwürmern, Kleinsäugern und Entenküken bis zu weggeworfenem Essen und Aas.

IM GARTEN

- Silbermöwen suchen manchmal in Gärten, besonders in Küstennähe, nach Futter.

Lachmöwe

Im Winter *ist der Kopf der Lachmöwe weiß mit einem dunklen Fleck hinter dem Auge.*

OBWOHL DIE LACHMÖWE ein Seevogel ist, dringt sie seit etwa 100 Jahren immer weiter ins Landesinnere vor. Anfänglich nur Wintergäste in den Städten, die zum Brüten an die Küste zurückkehrten, nisten einige jetzt im Landesinnern. Sie brüten in Kiesgruben und an Stauseen und suchen auf Feldern, in Parks und Gärten Nahrung.

Larus ridibundus

Laridae

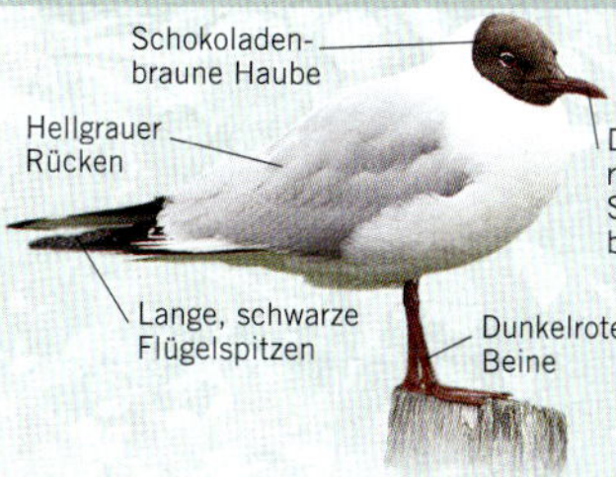

LÄNGE 34–37 cm
FLÜGELSPANNWEITE 100–110 cm

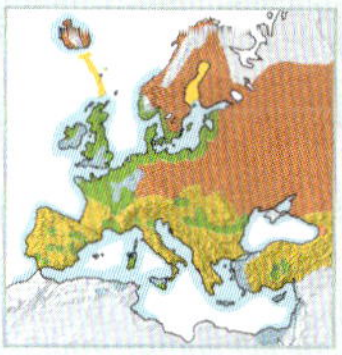

J F M A M J J A S O N D

STIMME Verschiedene raue Rufe wie ein wiederholtes *kik* als Alarmruf.
EIER Eine Brut, drei braun gefleckte graugrüne Eier, März bis April.
AUFZUCHT Beide Eltern brüten 23–26 Tage; die Jungen fliegen mit 35 Tagen aus.

IM GARTEN

■ Lachmöwen suchen in Gärten nach Abfällen und werden manchmal so zahm, dass sie Futter aus der Hand nehmen.

Unverwechselbare Möwe

Die Lachmöwe besitzt die typische schokoladenbraune Haube, die nach der Brutzeit bis auf Flecken hinter den Augen verschwindet. Jungtiere sind hellbraun gefleckt. Mit einem Jahr werden Beine und Schnabel orangefarben, auf den Flügeln ist noch etwas Braun übrig.

Lachmöwen bauen einfache Grasnester am Boden oder auf Gebäuden. Beide Eltern brüten und versorgen die Jungen. Das Männchen füttert das Weibchen vor der Eiablage und während es brütet, konzentriert sich aber nach dem Schlüpfen auf das Füttern der Jungen.

Lachmöwen fressen vorwiegend tierische Nahrung, besonders Insekten und Würmer, die sie im Boden finden oder anderen Vögeln stehlen. Sie kreisen in Aufwärtswinden, um fliegende Insekten zu fangen, pflücken Beeren im Flug und suchen Abfälle.

Lachmöwenpaare *bleiben ein Leben lang zusammen und brüten in Kolonien mit Nestern, die nur wenige Meter Abstand zueinander haben.*

Türkentaube

DIE TÜRKENTAUBE IST EIN NEULING in unseren Gärten. Vor etwa 100 Jahren begann sie, sich von Südosteuropa westwärts auszubreiten. Türkentauben leben vor allem in Städten und Dörfern oder in der Nähe von Bauernhöfen, wo sie viel Nahrung finden. Sie nisten in Gärten häufig in Bäumen und Hecken.

IM GARTEN

■ Türkentauben nehmen Sämereien und Körner vom Boden. Im Herbst fressen sie auch Beeren, z.B. vom Holunder. Sie nisten in Bäumen und großen Hecken.

Streptopelia decaocto

Columbidae

LÄNGE 31–33 cm
FLÜGELSPANNWEITE 47–55 cm
STIMME Ein wiederholtes, monotones *kukuuh-kuk*.
EIER 3–6 Bruten mit je zwei weißen Eiern, vorwiegend von März bis November.
AUFZUCHT Beide Eltern brüten 14–18 Tage; die Jungen sind mit 17 Tagen flügge.

J F M A M J J A S O N D

Türkentauben sieht man häufig *auf Wiesen und offenen Flächen. An Gartenteichen trinken und baden sie. Wie andere Tauben heben sie den Kopf beim Trinken nicht, sondern saugen das Wasser hoch.*

Gedämpfte Farben

Die Türkentaube ist blassgrau und beige, dunkler auf den Flügeln, und hat einen rosa Hauch auf Gesicht, Hals und Brust. Der schmale schwarze Halsring ist weiß gerändert. Die Türkentaube sieht der kleineren, auffälliger gezeichneten Turteltaube ähnlich. Ihre Anwesenheit wird oft von einem sanften Gurren angekündigt, das manchmal mit dem Ruf des Kuckucks verwechselt wird. Türkentauben bilden oft gemischte Schwärme mit Straßentauben und Ringeltauben.

Zur Balz der Türkentaube *gehören zahlreiche Rituale wie das gegenseitige Füttern und Putzen.*

Brut und Ernährung

Bei milder Witterung können Türkentauben bis weit in den Herbst hinein brüten. Die Männchen verteidigen ihr Revier mit spektakulären Flugmanövern. Sie fliegen steil nach oben und kreisen dann mit ausgebreiteten Flügeln, wobei sie einen nasalen Ruf von sich geben. Das Weibchen baut das Nest, eine lockere Plattform aus Zweigen, Stängeln und Wurzeln, während das Männchen das Material sammelt. Beide Eltern bebrüten die Eier, wobei das Weibchen die Nachtschicht übernimmt. Die Jungen werden in den ersten zehn Tagen nach dem Schlüpfen mit Kropfmilch ernährt, einem protein- und fettreichen Sekret aus dem Kropf. Die Eltern beschützen das Nest und versuchen Eichelhäher, Elstern und sogar Menschen zu vertreiben. Sie täuschen sogar eine Verletzung vor, indem sie über den Boden flattern oder humpeln, um Räuber vom Nest wegzulocken.

Türkentauben fressen hauptsächlich Samen. Getreide, das auf Bauernhöfen und Feldern oft liegen bleibt, hat die Ausbreitung der Art begünstigt. Auch von Blättern, Knospen und Früchten, gelegentlich Raupen, Schnecken und anderen Kleintieren ernähren sie sich.

Junge Türkentauben *sind matter gefärbt als die erwachsenen und haben keinen schwarz-weißen Halsring.*

Das spärliche Nest *wird in Bäumen, Büschen oder hohen Hecken angelegt, manchmal auch auf einem Vorsprung an einem Gebäude.*

Diese Taube *nimmt mit einem angehobenen Flügel ein Sonnenbad. Das scheucht Federparasiten auf. Wenn sie herumkrabbeln, kann der Vogel sie leichter finden und entfernen.*

Straßentaube

STRASSENTAUBEN SIND DIE NACHFAHREN von verwilderten Haustauben, die wiederum von den wilden Felsentauben abstammen. Tauben wurden ursprünglich als Schlachttiere gehalten, vor allem um im Winter Frischfleisch zu haben. Später setzte man sie als Brieftauben ein, die Botschaften überbrachten. Heute werden die Tiere noch für Ausstellungen und Wettflüge gezüchtet.

IM GARTEN

■ Straßentauben sind regelmäßige Besucher am Futterhäuschen und fressen Körner. Sie nisten in großen, geschlossenen Nistkästen mit einem Eingangsloch von 10 cm Durchmesser.

Columba livia

Columbidae

LÄNGE 31–35 cm
FLÜGELSPANNWEITE 63–70 cm

J F M A M J J A S O N D

STIMME Das tiefe gurrende *uu-iuuh-urr* und *u-ru-ku* ist häufig in der Stadt zu hören.
EIER 2–3 Gelege, je zwei weiße Eier, vorwiegend März bis September.
AUFZUCHT Beide Eltern brüten 17–18 Tage lang; die Jungen sind mit 35 Tagen flügge.

Stadtvögel

Nur wenige Vögel sind leichter zu erkennen als die Straßentauben, die in großer Zahl in unseren Städten leben, obwohl ihre Färbung stark variiert. Einige Tiere sehen ihren Vorfahren, den Felsentauben, sehr ähnlich. Sie sind blaugrau mit zwei deutlichen schwarzen Binden auf jedem Flügel. Die Gefiederfarbe reicht jedoch von ganz schwarz bis ganz weiß über unendlich viele Schattierungen von Braun und Grau. Alle Straßentauben besitzen einen großen, weißen, fleischigen Fleck an der Schnabelbasis, die Schnabelwarze. Felsentauben leben heute vorwiegend in isolierten Kolonien

Straßentauben *kreuzen sich mit Haustauben und Felsentauben, wodurch sehr unterschiedliche Gefiederfärbungen entstehen. Durch diese Vermischungen ist der Bestand der ursprünglichen wilden Felsentauben gefährdet.*

(siehe Karte links), die Straßentauben jedoch sind in ganz Europa verbreitet und halten sich vor allem in der Nähe menschlicher Siedlungen auf.

Sie sind in Parks und Städten, wo sie gefüttert werden, häufig sehr zahm und können zum Problem werden, weil sie Gebäude schädigen und Krankheiten verbreiten. Bemühungen, ihre Zahl zu dezimieren, haben selten längerfristig Erfolg, weil das Nahrungsangebot groß ist.

Paare fürs Leben

Junge Straßentauben leben in Schwärmen, Paare jedoch verteidigen ihren Nistplatz und leben häufig das ganze Jahr über zusammen, auch außerhalb

Bei der Balz *verbeugt sich das Männchen mit aufgeplusterten Federn vor dem Weibchen und gibt gurrende Laute von sich.*

der Brutzeit. Straßentaubenpaare bleiben wie Felsentauben ein Leben lang zusammen und können jederzeit brüten, wenn die Bedingungen günstig sind, obwohl dies in den Wintermonaten selten vorkommt.

Bei der Balz treibt das Männchen das Weibchen vom Rest des Schwarmes weg und verbeugt sich, wenn es fortfliegt, verfolgt er es. Das Nest aus Zweigen oder Gras baut das Weibchen mit Hilfe des Männchens. Es wird auf einem Vorsprung oder in einem Mauerloch eines Gebäudes, von wo aus

Futter leicht erreichbar ist, angelegt. Beide Eltern bebrüten die Eier und füttern die Jungen bis zehn Tage, nachdem diese flügge geworden sind. In den ersten zehn Tagen nach dem Schlüpfen füttern auch diese Tauben mit Kropfmilch (s. S. 137).

Wahllose Abfallfresser

Stadttauben ernähren sich von allen möglichen fressbaren Abfällen, aber auch von Getreide und Samen. Auf dem Land fressen sie Blätter, Knospen, Sämereien und Wirbellose. Früher waren Körner aus den Futtersäcken von

Straßentauben sammeln sich *zum Fressen, Schlafen und für Langstreckenflüge und brüten oft in lockeren Kolonien. Die großen Schwärme, die man in Städten sieht, finden sich wahllos zusammen.*

Pferden eine wichtige Nahrungsquelle, heute ist der Abfall von Fast-Food-Restaurants ein wesentlicher Bestandteil des Futters. Viele Straßentauben in Parks und auf öffentlichen Plätzen nehmen Futter sogar aus der Hand. Sie lernen schnell, wer sie regelmäßig mit Futter versorgt, und fliegen diesen Menschen entgegen, sobald sie erscheinen.

In einer Straßentaubengruppe *herrscht eine strenge Hierarchie. Die Rangordnung wird durch kleine Kämpfe festgelegt. Höher gestellte Vögel haben das erste Anrecht auf Futter und die besten Plätze.*

Ringeltaube

AUF DEM LAND SIEHT MAN MANCHMAL große Schwärme von Ringeltauben. Diese können für die Landwirte zum Problem werden, weil sie im Winter Getreide, Wurzelfrüchte und Leguminosen fressen. Auf dem Land wild und scheu, werden die Vögel in der Stadt recht zahm. Man kann sie auf Wiesen beobachten, wo sie mit typisch einwärts gerichteten Zehen umherschreiten.

IM GARTEN

■ Ringeltauben sind unverwechselbare Gartenbesucher. Sie fressen Körner und Fallobst vom Boden. Am Gartenteich oder Vogelbad trinken sie.

Eine hübsche Taube

Die kräftige Ringeltaube sieht aus der Entfernung einheitlich grau aus, beim genaueren Hinsehen erkennt man jedoch die rosa schimmernde Brust und den braunen Rücken. Auch im Flug ist sie an den weißen, halbmondförmigen Fleck auf den Flügeln leicht von anderen Tauben zu unterscheiden.

Die Ringeltaube fliegt kraftvoll *und geradlinig mit tiefen, gleichmäßigen Flügelschlägen. Durch schnelles Flattern und Abdrehen entkommt sie Feinden. Bei Störungen fliegt sie mit laut klatschenden Flügeln davon.*

Balz und Brut

Außerhalb der Brutzeit sammeln sich Ringeltauben in großen Schwärmen zum Fressen und Schlafen. Wenn sich die Schwärme auflösen, besetzen die Männchen ein Revier. Sie behaupten ihr Revier, das nur ein einzelner Baum sein kann, indem sie gut sichtbar auf einem kahlen Ast sitzen. Zwischendurch fliegen sie steil auf und segeln. Am höchsten Punkt klatschen sie ein- oder zweimal laut mit den Flügeln. Diese Geräusche entstehen durch ein kräftiges Abschlagen und nicht durch ein Zusammenschlagen der Flügel.

Ringeltauben brüten in der offenen Landschaft, in Wäldern und zunehmend in Städten. Beide Eltern bauen das Nest, das nur eine dünne Plattform ist. Es wird meistens in einem Baum, manchmal auf einem Gebäude angelegt. Wird ein altes Nest wieder benutzt, wird es mit Zweigen verstärkt. In Nordeuropa reicht die Brutsaison vom zeitigen Frühjahr bis zum Spätherbst. Dies ist deshalb möglich, weil die Jungen nicht mit Insekten, die nur einen begrenzten Zeitraum verfügbar sind, gefüttert werden, sondern mit Kropfmilch (s. S. 137), die reich an Protein und Fett ist.

Pflanzliche Kost

Ringeltauben fressen vornehmlich Pflanzen: Blätter, Beeren, Samen und Blüten. Im Gegensatz zu anderen europäischen Tauben besitzen sie einen Hakenschnabel, um Blätter zerreißen zu können, und sie schlucken Steinchen, die das Futter im Muskelmagen zerkleinern. Manchmal fressen sie kleine Insekten wie z.B. Käfer.

Ringeltauben kommen im Sommer *häufig an Gartenteiche. Sie müssen regelmäßig trinken, besonders bei heißem Wetter, weil sie mit der Nahrung nicht genug Flüssigkeit aufnehmen.*

Beim Balzen *gibt das Männchen ein zartes Gurren von sich und verbeugt sich mit aufgeplustertem Gefieder und aufgefächertem Schwanz vor dem Weibchen.*

Junge Ringeltauben *(rechts) sind matter gefärbt als die Adulten. Ihnen fehlen die weißen Flecken an den Halsseiten. Wie die Adulten sind sie am schwarzen Band am Schwanz zu erkennen.*

Nur selten sieht man *Ringeltauben allein beim Ruhen oder Putzen (links). Im Sommer sind sie paarweise zu sehen, im Winter in großen Schwärmen bei der Futtersuche. In der Stadt lebende Tiere verteidigen ihr Revier das ganze Jahr über.*

Columba palumbus

Columbidae

LÄNGE 40–42 cm
FLÜGELSPANNWEITE 75–80 cm

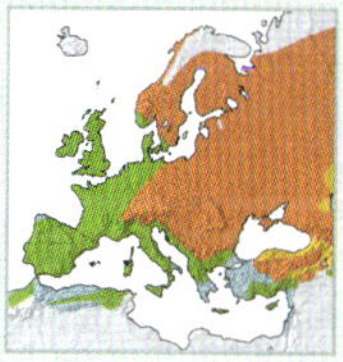

J F M A M J J A S O N D

STIMME Ein wiederholtes *kuu-kuhku* und ein nasales *gwurrr* im Flug.
EIER Zwei oder mehr Gelege, je zwei weiße Eier, Februar bis November.
AUFZUCHT Beide Eltern brüten 17 Tage lang; die Jungen sind mit 20–35 Tagen flügge.

Man sieht Ringeltauben *häufig auf Wiesen oder Feldern Nahrung aufnehmen. Sie suchen jedoch auch in Bäumen nach Futter.*

Kuckuck

DER KUCKUCK IST EIN SOMMERGAST in Europa, der dafür berüchtigt ist, dass er seine Eier in die Nester kleinerer Vögel legt. Sein unverwechselbarer Ruf kündigt den Frühling an. Sein Aussehen ist weniger bekannt, oft wird er mit einem Sperber verwechselt. Der Kuckuck kommt nur selten in Gärten, um einen Wirt für seine Eier zu finden.

Beim Sitzen *ist der Kuckuck an der horizontalen Haltung und den herunterhängenden Flügeln von einem Sperber zu unterscheiden.*

Cuculus canorus

Cuculidae

LÄNGE 32–34 cm
FLÜGELSPANNWEITE 55–65 cm

J F M **A M J J A S** O N D

STIMME Das bekannte *ku-kuh* oder manchmal länger *ku-ku-kuh.*
EIER 1–25 unterschiedliche Eier, jeweils eins pro Wirt, Mai bis Juni.
AUFZUCHT Der Wirtsvogel brütet 12 Tage; das Junge ist mit 19 Tagen flügge.

Brutparasit

Der Kuckuck hat etwa die Größe einer Türkentaube, spitze Flügel und einen abgerundeten Schwanz. Er ist oberseits grau, auf Flügeln und Schwanz dunkler. Die helle Unterseite ist braun gebändert. Die Geschlechter sehen gleich aus, Jungtiere sind entweder grau oder rostbraun, auf Ober- und Unterseite gebändert, mit einem weißen Fleck auf dem Hals.

Das Weibchen legt seine Eier in die Nester anderer Vogelarten. Es sucht einen Vogel, der gerade seine Eier legt, und sobald dieser das Nest verlässt, legt es ein Ei dazu. Häufig sehen die Kuckuckseier den Eiern der Wirtsvögel ähnlich. Der kleine Kuckuck schlüpft zuerst und wirft die anderen Eier aus dem Nest, sodass er die alleinige Aufmerksamkeit seiner Wirtseltern bekommt. Wenn er das Nest verlässt, bettelt er seine Zieheltern mit piepsenden Rufen um Futter an und veranlasst sogar andere Vögel, ihn zu füttern. Jungtiere nehmen die übliche Nahrung ihrer Zieheltern, erwachsene Kuckucke fressen Raupen und Käfer.

Die Wirtseltern, *hier ein Rohrsänger, füttern und versorgen das riesige Kuckucksjunge, als wäre es das eigene. Die häufigsten Wirtsvögel im Garten sind Rotkehlchen und Heckenbraunelle.*

IM GARTEN

■ Der Kuckuck ist nur auf dem Land häufiger in Gärten anzutreffen. Jungtiere sind öfter zu sehen als Adulte, besonders im Spätsommer, wenn sie laut nach Futter rufen.

Waldohreule

WALDOHREULEN JAGEN UND NISTEN in offeneren Landschaften als Waldkäuze und leben in manchen Teilen Europas auch in Parks und Vorstädten. Im Winter sammeln sie sich an traditionellen Ruheplätzen, wo dann ein Dutzend oder mehr Eulen im Abstand von ein oder zwei Metern sitzen. Vor Winterende kehren sie zu ihren Brutgebieten zurück.

Die Waldohreule *ruht tagsüber bevorzugt in Kiefern und dichtem Dickicht und bricht selten vor Einbruch der Dämmerung auf.*

Unverwechselbar

Die Waldohreule ist etwas kleiner als der ähnliche Waldkauz und leicht an den typischen langen Federohren zu erkennen. Das Gefieder ist gelblich braun mit dunkleren Strichen, wobei sich Rücken und Vorderseite kaum unterscheiden. Aus geringer Entfernung beeindrucken die orangefarben leuchtenden Augen.

Geübter Jäger

Das Männchen wirbt um das Weibchen, indem es bei langsamem Flug ab und zu mit den Flügeln klatscht und langgezogene Rufe ausstößt. Waldohreulen nisten meistens in alten Elstern-, Krähen- oder Eichhörnchennestern. Auch Nistkästen werden angenommen. Das Weibchen brütet und füttert die Jungen, während das Männchen das Weibchen füttert.

Die Hauptnahrung sind Feldmäuse, manchmal andere Säugetiere und Vögel, die von einem Ansitz aus oder im Flug über offenem Gelände gejagt werden. Waldohreulen jagen vorwiegend nachts. Wenn hungrige Junge zu füttern sind, wird die Jagd manchmal tagsüber fortgesetzt.

Die Jungen *werden vom Weibchen gefüttert. Sie können nach etwa vier Wochen fliegen, werden aber noch weitere vier bis fünf Wochen von den Eltern versorgt.*

IM GARTEN

- Ein sehr seltener Gartenbesucher. Die Eule besetzt manchmal alte Nester oder hoch in Bäumen aufgehängte Körbe.

Asio otus

Strigidae

LÄNGE 35–37cm
FLÜGELSPANNWEITE 84–95 cm

STIMME Ein kurzes, tiefes *hu-hu-hu*; Jungtiere betteln mit hohen, piepsenden Tönen um Futter.
EIER Ein Gelege, 2–5 weiße Eier, April bis Juni.
AUFZUCHT Das Weibchen brütet 25–30 Tage; die Jungen sind erst nach über 30 Tagen flügge.

Waldkauz

URSPRÜNGLICH IN ALTEN WÄLDERN BEHEIMATET, hat sich der Waldkauz an den Lebensraum Stadt angepasst. Er benötigt allerdings genügend große Bäume zum Schlafen und Nisten. In vielen Teilen Europas ist er häufig, da er aber fast ausschließlich nachtaktiv ist, sieht man ihn selten. Sein Ruf, das vertraute, hohle hu-hu-huuu, das man an Herbstabenden häufig hört, hat ihn bekannt gemacht.

Junge Waldkäuze *haben zwar ein gebändertes Daunenkleid, sehen aber ansonsten ihren Eltern schon recht ähnlich.*

Unverkennbares Äußeres

Der Waldkauz besitzt einen großen, rundlichen Kopf mit einem Gesichtsschleier, der wie eine riesige Brille aussieht. Das braune Gefieder ist dunkel gebändert. Durch den stämmigen Körper und den großen Kopf ist er im Flug nicht zu verwechseln. Beide Geschlechter sehen gleich aus.

Balz und Brut

Waldkauzpaare bleiben das ganze Jahr über in ihrem Revier. Im Laufe ihres Lebens kennen sie ihr Jagdgebiet in- und auswendig. Das Männchen lockt sein Weibchen mit einem speziellen Werbungsruf an. Das Weibchen legt die Eier in eine Höhle in einem Baum oder einem Gebäude oder in ein verlassenes Elster- oder Eichhörnchennest. Wenn die Jungen fliegen können, bleiben sie im Revier der Eltern und verstecken sich zwischen Ästen. In Sommernächten ist ihr fauchender Ruf häufig zu hören. Sie werden von den Eltern gefüttert, bis sie drei Monate alt sind. Dann werden sie verjagt und müssen ein eigenes Revier finden, wenn sie überleben wollen.

Das Waldkauzweibchen *bleibt die ersten 15 Tage bei den Jungen, während das Männchen die Nahrung herbeischafft.*

Erfahrene Jäger

Waldkäuze erbeuten vorwiegend Kleinsäuger wie Feldmäuse und Vögel, fangen aber auch Fische, Amphibien, Reptilien, Würmer, Käfer und Nachtfalter. Regenwürmer sind in feuchten, warmen Nächten, wenn sie an die Oberfläche kommen, eine leichte Beute. Die Eule landet, lauscht angestrengt und hüpft vorwärts, um den Wurm zu packen. Obwohl Eulen gut sehen, wird die Beute vorwiegend mit dem Gehör geortet. Daher behindern Regen und Wind die Jagd, weil die Eulen dann keine Bewegungen hören können.

Auf dem Land fangen Waldkäuze im Garten hauptsächlich Mäuse, Stadtvögel jedoch jagen vorwiegend Vögel bis zur Größe einer Taube. Gartenvögel werden vor allem in der Morgen- oder Abenddämmerung erbeutet, wenn sie gerade aktiv werden. Man hat auch Waldkäuze beobachtet, die schlafende Vögel gefangen haben. Außerdem greifen sie manchmal Nester an, verjagen die Eltern und stehlen die Brut. Die Vögel werden zuerst gerupft. Die Reste und das ausgewürgte Gewölle häufen sich am Boden unter den Ruheplätzen an.

Der Waldkauz trägt Beute, *die zu groß zum Verschlucken ist, zu einem Ansitz, wo er sie zerteilt.*

IM GARTEN

- Der Waldkauz besucht in der Dämmerung Futterplätze, um kleine Vögel zu fangen. Sind natürliche Nistplätze rar, nutzt er auch spezielle Eulennistkästen.

Das Gewölle *gibt Aufschluss über die letzte Mahlzeit des Waldkauzes. Dieses enthält Knochen und Schädel von Kleinsäugern.*

Tagsüber *ruht der Waldkauz mit geschlossenen Augen und aufgeplustertem Gefieder in einem Baum. Trotz seiner Größe ist er zwischen den Blättern erstaunlich schwer zu erkennen. Manchmal jedoch verrät der weiße Kot seine Anwesenheit.*

Strix aluco

Strigidae

LÄNGE 37–39 cm
FLÜGELSPANNWEITE 94–104 cm
STIMME Ein hohles huuu, gefolgt von einem *huu-huu-huuu*; durch ein scharfes *ku-wit* bleiben die Vögel in Kontakt.
EIER Ein Gelege, 3–4 weiße Eier, Februar bis März.
AUFZUCHT Das Weibchen brütet 28–30 Tage; die Jungen sind mit 32–37 Tagen flügge.

J F M A M J J A S O N D

Steinkauz

Der Steinkauz jagt *nur vor der Morgen- und nach der Abenddämmerung nach Kleinsäugern, Vögeln, Amphibien und verschiedenen Insekten.*

DER STEINKAUZ IST IN GANZ EUROPA mit Ausnahme des Nordens verbreitet. Er lebt in offenen Landschaften, auch in Parklandschaften. Sogar Städte sind beliebte Lebensräume. Manchmal streift er durch Gärten. Er ist öfter zu sehen als der Waldkauz, vielleicht, weil er tagsüber in der Nähe des Nestes auf einem Baum oder Zaunpfahl sitzt und Wache hält.

Wächter am Tag

Die kleine, langbeinige Eule mit dem kurzen Schwanz ist häufig tagsüber zu sehen. Das braune Gefieder ist auf der Oberseite gesprenkelt, auf der Unterseite gestrichelt. Die Geschlechter sehen gleich aus, Jungtiere sind heller mit weniger Zeichnungen. Der wellenförmige Flug, bei dem zwischen den Flügelschlägen die Flügel angelegt werden, ist unter Eulen einzigartig.

Der Steinkauz ist durch die geringere Größe und die gelben Augen vom Waldkauz zu unterscheiden.

Die Eier werden in einer Höhle in einem Baum oder Gebäude, manchmal auch in Nistkästen gelegt. Es wird kein Nistmaterial eingetragen, das Weibchen kratzt nur eine Stelle frei, an die es die Eier legt. Die Jungen verlassen das Nest, bevor sie fliegen können, und erkunden die Umgebung. Warnrufe der Eltern lassen sie ins sichere Nest zurücktrippeln. Die Jungen werden noch einen Monat, nachdem sie das Nest verlassen haben, gefüttert und lernen in dieser Zeit selbst das Jagen.

Beim Jagen schwingt sich der Steinkauz von seinem Ansitz herab. Um Regenwürmer und Käfer, aber auch Kleinsäuger und Vögel zu fangen, rennt er über den Boden. Er jagt Schnaken und andere fliegende Insekten und durchwühlt Komposthaufen nach Würmern.

Athene noctua

Strigidae

LÄNGE 21–23 cm
FLÜGELSPANNWEITE 50–56 cm
STIMME Der Ruf des Männchens ist ein klagendes *kuuuhk*, worauf das Weibchen mit einem Schrei antwortet.
EIER Ein Gelege, 2–5 weiße Eier, April bis Juni.
AUFZUCHT Das Weibchen brütet 27–33 Tage; die Jungen sind mit 30–35 Tagen flügge.

J F M A M J J A S O N D

Im Sitzen *hat der Steinkauz eine rundliche Form. Ist er alarmiert, streckt er sich und wirkt eher länglich.*

IM GARTEN

Steinkäuze nisten in großen, geschlossenen Nistkästen mit einem Eingang von 7 cm Durchmesser, die an einem beschatteten Ort in einem eingewachsenen Landgarten aufgehängt wurden.

Mauersegler

KEIN ANDERER VOGEL VERBRINGT so viel Zeit in der Luft wie der Mauersegler. Nach dem Brüten landet er nicht mehr, bevor er im nächsten Frühjahr das Nest wieder aufsucht, nachdem er sich im Flug gepaart hat. An Sommerabenden sammeln sich Schwärme, um in große Höhen aufzusteigen. Sie verbringen die Nacht im Wind segelnd in einer Art Halbschlaf und steigen erst am Morgen wieder ab.

Typisches Flugbild

Im Flug hat der Mauersegler eine pfeilförmige Silhouette mit schlanken, gebogenen Flügeln und einem kurzen Gabelschwanz. Das Gefieder ist völlig dunkel außer dem weißen Kinn. Dies unterscheidet ihn von den Schwalben, die eine helle oder weiße Unterseite haben. Jungtiere sehen den erwachsenen Vögeln ähnlich, haben aber eine hellere Kehle und zarte weiße Ränder an den Schwungfedern.

Mauersegler legen ihre Nester in Mauerlöchern oder unter Dachvorsprüngen an und nehmen auch spezielle Nistkästen an. Das Nest ist ein flacher Napf aus Gras, Blättern und Federn, die in der Luft gesammelt und mit Speichel verklebt werden. Die Jungen sind sofort selbstständig, sobald sie das Nest verlassen.

Mauersegler ernähren sich von kleinen fliegenden Insekten wie Blattläusen, Käfern, Ameisen und Fliegen, die sie während eines langsamen Gleitfluges fangen. Über Seen sammeln sie sich, um Mückenschwärme zu jagen. Sie steigen über 500 m auf, um kleine Insekten und Spinnen an Spinnfäden zu erbeuten, die durch Aufwinde hochgetragen wurden. Bei kaltem, nassem Wetter sind wenige Insekten in der Luft. Dann müssen Mauersegler lange Strecken zurücklegen, um Nahrung zu finden.

Die Jungen *nehmen rasant an Gewicht zu und können in Kältestarre lange Zeit überleben, ohne gefüttert zu werden.*

Apus apus

Apodidae

LÄNGE 16–17 cm

FLÜGELSPANNWEITE 42–48 cm

STIMME Ein lautes *sriiii* in Schwärmen und ein Zirpen am Nest.

EIER Ein Gelege, 2–3 Eier, Mai bis Juli.

AUFZUCHT Beide Eltern brüten 18–22 Tage; die Jungen sind mit 35–56 Tagen flügge.

Mauersegler landen *nur selten, manchmal klammern sie sich jedoch an eine Wand oder einen Dachfirst. Vom Boden können sie nur mit größten Schwierigkeiten wieder auffliegen.*

IM GARTEN

■ Mauersegler brüten in speziellen Nistkästen mit einem Eingangsloch auf der Unterseite. Diese sollten unter einem Dachvorsprung angebracht werden.

Grünspecht

MIT SEINEN KRÄFTIGEN FARBEN ist der Grünspecht ein interessanter Gartenbesucher. Da er sich hauptsächlich von Ameisen ernährt, ist er auf von Schafen oder Kaninchen abgeweidete Wiesen angewiesen, die für Ameisen ein idealer Lebensraum sind. Im Garten locken ihn Ameisennester im Rasen an. Hat er ein Nest entdeckt, kehrt er immer wieder zurück und findet es sogar unter einer Schneedecke wieder.

Zur Brutzeit *höhlt der Grünspecht eine Nisthöhle in einem geeigneten Baum aus. Da der Schnabel nicht sehr kräftig ist, kann dies zwei bis drei Wochen dauern.*

Picus viridis

Picidae

LÄNGE 30–33 cm
FLÜGELSPANNWEITE 40–42cm

STIMME Rufe laut, lachend; Gesang ist ein *klü-klü-klü.*
EIER Ein Gelege, 5–7 weiße Eier, April bis Juni.
AUFZUCHT Beide Eltern brüten 17–19 Tage (Männchen nachts); die Jungen sind mit 23–27 Tagen flügge.

Buntes Gefieder

Der Grünspecht ist ein großer, auffälliger Vogel mit leuchtend grünem und gelbem Körpergefieder, einer roten Kappe und schwarzen Augenflecken. Im typisch wellenartige Flug ist der leuchtend gelbe Bürzel zu erkennen. Das Männchen trägt einen schwarz umrandeten, roten Bartfleck, der beim Weibchen völlig schwarz ist. Den gesprenkelten Jungvögeln fehlt er, und auch die typische Kappe ist noch schwach gefärbt.

Baumbewohner

Der Grünspecht höhlt mit seinem Schnabel weiches Holz aus, wenn er nach Insekten sucht oder eine Nisthöhle baut. Im Gegensatz zu anderen Spechten trommelt er selten auf Baumstämmen. Beide Geschlechter kündigen sich mit lauten, lachenden Rufen an.

Grünspechte nisten manchmal in größeren Gärten, wenn sie geeignete Bäume für ihre Nisthöhlen vorfinden. Besonders günstig sind Eichen, Birken und Eschen. Die Nisthöhle wird meist vom Männchen ausgehöhlt. Sie ist bis zu 50 cm tief und hat einen Eingang von 6 cm Durchmesser. Das Nest kann in den Folgejahren wieder benutzt werden, häufig wird es jedoch von Staren besetzt.

Ameisenfresser

Die Nahrung des Grünspechts besteht hauptsächlich aus Ameisen, obwohl er manchmal auch andere Insekten erbeutet. Um an Ameisen in ihren Nestern zu gelangen, reißt oder gräbt er Löcher in den Boden. Er steckt er seine 10 cm lange Zunge hinein und holt

Der Grünspecht *frisst vorwiegend am Boden. Mit kurzen Sprüngen sucht er die Wiese nach Ameisen ab. Bei Gefahr richtet er sich blitzschnell auf.*

IM GARTEN

■ Grünspechte sind seltene Gartenbesucher, nehmen aber Talg und Mehlwürmer. Sie suchen im Rasen nach Ameisen, bohren Löcher in den Boden und ziehen die Ameisen mit ihrer langen Zunge heraus. Manchmal nisten sie in alten Bäumen in großen Gärten.

so die Ameisen, ihre Puppen, Larven und Eier aus dem Nest. Wird er nicht gestört, frisst er eine Stunde oder länger an einem Nest und unterbricht nur, um sich Ameisen aus den Federn zu schütteln.

Obwohl er hauptsächlich am Boden frisst, sucht er manchmal auch in weichem Holz nach Insekten oder jagt sie auf Ästen. Im Winter, wenn Insekten schwer zu finden sind, sucht er im Holz von Telegrafenmasten, Hausverkleidungen und Schuppen nach Nahrung. Damit macht sich der farbenprächtige Specht manchmal unbeliebt.

Jungvögel *haben ein matteres Gefieder als adulte Grünspechte. Die grüne Oberseite ist weiß gesprenkelt, die Unterseite dunkel gebändert.*

Weibchen *sind von den Männchen an dem rein schwarzen Bartfleck zu unterscheiden. Beide Eltern füttern die Jungen im Nest.*

Im Flug kann der Grünspecht *mit dem selteneren Pirol verwechselt werden, weil dann der leuchtend gelbe Bürzel zu sehen ist. Im Sitzen jedoch sieht man die grüne Färbung.*

Buntspecht

DER BUNTSPECHT IST IN VIELEN GÄRTEN ein regelmäßiger und interessanter Besucher, jedoch nicht immer willkommen, weil er manchmal Nistkästen plündert, um Eier und Jungvögel zu fressen. Wie andere Spechte hat er einen kräftigen Schwanz und ungewöhnlich angeordnete Zehen: zwei weisen nach vorne, zwei nach hinten. Dadurch kann er Bäume hinauf und manchmal auch hinab klettern und hat einen sicheren Halt, wenn er auf der Suche nach Insekten oder beim Nestbau Holz wegmeißelt.

Die Nahrung des Buntspechts *besteht hauptsächlich aus Insekten, im Herbst und Winter nimmt er auch verschiedene Sämereien, Früchte und Nüsse. Um die Samen aus einem Kiefernzapfen herauszuholen, klemmt er den Zapfen in einer Baumspalte fest, damit er ihn wie auf einem Amboss aufhämmern kann und an die Samen gelangt.*

Dendrocopos major

Picidae

LÄNGE 22–23 cm
FLÜGELSPANNWEITE 34–39 cm

J F M A M J J A S O N D

STIMME Schnelles Trommeln mit dem Schnabel auf einen Ast; Ruf ein lautes *kik.*
EIER Ein Gelege, 4–7 weiße Eier, April bis Juni.
AUFZUCHT Beide Eltern brüten 10–13 Tage (Männchen nachts); die Jungen sind mit 21 Tagen flügge.

Leuchtende Farben

Der Buntspecht ist ein mittelgroßer Specht mit kräftiger schwarz-weißer Färbung am Rücken, weißer Unterseite und Rot auf der Schwanzunterseite. Das Männchen hat einen scharlachroten Nacken, während Jungtiere matter gefärbt sind und eine rote Kappe haben. Der Buntspecht ist an dem schnellen, wellenförmigen, abwechselnd flatternden und gleitenden Flug und den gebänderten Flügeln mit den weißen Flecken zu erkennen. In Gebieten, wo verschiedene Spechtarten vorkommen, sind diese Merkmale wichtig für eine genaue Bestimmung.

Das Jungtier *ist leicht an der leuchtend roten Kappe zu erkennen. Nach dem Ausfliegen wird es noch eine Woche lang von den Eltern gefüttert.*

Buntspechte *leben außerhalb der Brutzeit allein. Nur selten sieht man mehr als ein Exemplar an der Futterstelle.*

Hölzerne Töne

Der »Gesang« ist ein schnelles Trommeln (20mal pro Sekunde) auf einen Stamm oder Ast, das ein weit hallendes Geräusch erzeugt. Die Töne variieren je nach Größe und Art des Astes. Um das Gehirn vor den starken Erschütterungen zu schützen, ist es in einem stabilen Schädel eingebettet, der die Stöße dämpft.

Männchen und Weibchen leben bis zum Spätwinter, wenn die Paarbildung beginnt und das Trommeln des Männchens zu hören ist, in getrennten Gebieten. Paare bleiben bis zu drei Jahre zusammen. Sie brauchen etwa zwei bis drei Wochen, um die Nistkammer in einem Baumstamm, meistens in 3 bis 5 m Höhe, auszuhöhlen. Einmal fertig gestellt wird sie mehrere Jahre benutzt, wenn sie nicht von Staren besetzt wird. Beide Eltern bebrüten die Eier und füttern die Jungen.

Der ausgewählte »Amboss-Baum« *wird im Winter immer wieder benutzt. Die leeren Zapfen wirft der Specht auf den Boden.*

Nahrung nach Saison

Buntspechte haben ein großes Nahrungsspektrum. Im Sommer fressen sie vorwiegend verschiedene Insekten, von im Holz bohrenden Käferlarven bis zu Fliegen, die sie in der Luft fangen. Sie sind dafür bekannt, dass sie im Holz lebende Insekten mit ihrem Schnabel freihämmern. Daher verwundert es, dass sie im Garten Erdnüsse fressen. Sie holen weiche Larven aus dem Holz, indem sie sie mit ihrer 4 cm langen Zunge aufspießen. Kleinere Insekten bleiben an den speichelbedeckten Borsten der Zungespitze hängen.

Im Winter fressen Buntspechte Samen von Kiefern, Lärchen, Fichten, Birken und anderen Bäumen, ebenso wie Nüsse, Früchte und Pilze. In manchen Teilen Europas hämmern sie auch Löcher in Baumstämme und trinken den austretenden Saft.

Das Weibchen *ist einfach vom Männchen zu unterscheiden, weil ihm der rote Fleck am Hinterkopf fehlt.*

IM GARTEN

- Buntspechte fressen Erdnüsse und Talg am Futterhäuschen. In eingewachsenen Gärten nisten sie manchmal in Löchern in alten Bäumen.

Mehlschwalbe

Bevor die Mehlschwalbe begann, an Gebäuden zu nisten, baute sie ihre Nester an Klippen und Felsvorsprüngen, wo heute immer noch Kolonien zu finden sind. Mittlerweile sind die Nester jedoch meist unter Dachvorsprüngen oder an Fensterrahmen zu finden. Während die meisten Menschen sich über diese bezaubernden Vögel freuen, beschweren sich manche über verschmutzte Fenster und Wege. Dieses Problem kann mit einem Schmutzfänger unter dem Nest behoben werden.

IM GARTEN

Mehlschwalben nisten unter Dachvorsprüngen und nutzen hoch angebrachte künstliche Nester. Sie werden oft im nächsten Jahr wieder vom gleichen Paar bezogen.

Sommergäste

In fast ganz Europa sind Mehlschwalben willkommene Sommergäste, die entweder hoch am Himmel oder in ihren Schlammnestern unter Dachvorsprüngen zu beobachten sind. Sie ziehen im Herbst Richtung Süden, um in Afrika zu überwintern. Von den ähnlichen Rauchschwalben sind sie leicht zu unterscheiden, weil ihrem Gabelschwanz die langen Schwanzfedern fehlen. Die Oberseite ist blauschwarz, Unterseite und Kehle sind weiß gefärbt. Im Flug ist der leuchtend weiße Bürzel zu erkennen. Jungtiere sind matter und etwas bräunlicher gefärbt und haben weiße Flecken auf dem Nacken.

Mehlschwalben sammeln *in Pfützen oder an Teichufern Schlamm, um ihre Nester zu bauen. In warmen, trockenen Sommern finden sie nicht genug Material. Man kann ihnen helfen, wenn man im Garten schlammige Stellen feucht hält.*

Mehlschwalben *leben das ganze Jahr über im Sozialverband. Sie bilden beim Zug und in ihren Winterquartieren Schwärme und nisten zur Brutzeit in kleinen Kolonien.*

Gruppendynamik

Kurz nach der Rückkehr in ihre Brutgebiete im Frühjahr suchen die Mehlschwalben nach geeigneten Nistplätzen. Sie kehren gewöhnlich zu ihrem alten Nest zurück oder suchen in der Nähe einen neuen Platz. Sie nisten in Kolonien von durchschnittlich fünf Nestern, obwohl es auch zehn oder sogar hunderte sein können. Kolonien, die seit Jahren bestanden haben, lösen sich manchmal plötzlich auf, zum Teil, weil die Vögel an neuen Gebäuden Nistplätze finden, aber auch, weil die Bestände allgemein zurückgehen. Angebotene Kunstnester werden von den Mehlschwalben gerne angenommen und animieren dadurch andere Paare, in der Nähe zu nisten.

Aus Schlammkügelchen *wird ein becherförmiges Nest gebaut und mit Gras und Federn, die in der Luft gesammelt werden, gepolstert. Beide Eltern bauen am Nest, den Nistplatz wählt aber vor allem das Männchen aus.*

Ein Mehlschwalbenpaar verbringt meist einige Zeit im Nest, bevor die Eiablage beginnt. Beide Eltern bebrüten die Eier und füttern die Jungen.

Wenn die Jungen fast ausgewachsen sind und bald das Nest verlassen, erscheinen ihre Köpfchen am Nesteingang. Wenn es Zeit ist auszufliegen, versuchen die Eltern und nicht verwandte Artgenossen die jungen Schwalben herauszulocken, indem sie vor dem Eingang in der Luft stehen und rufen. Schließlich landet ein Vogel, meistens die Mutter, auf dem Nest, und ein Junges erscheint und fliegt mit ihr weg. Später werden die Jungen in der Luft von den Eltern gefüttert.

Jäger der Lüfte

Mehlschwalben fressen im Flug. Sie fangen verschiedene fliegende Insekten wie Blattläuse, Fliegen und Mücken. Manchmal picken sie auch Beute vom Boden oder einem Baum, auf dem sie sitzen. Im Flug steigen die Schwalben plötzlich mit schnellen Flügelschlägen steil auf, fangen ein Insekt und segeln wieder tiefer. Mehlschwalben fliegen höher als Rauchschwalben und fangen kleinere Insekten.

Mehlschwalben sind oft im Flug *oder auf Hochspannungsleitungen oder Dachfirsten sitzend zu beobachten. Sie verbringen nicht viel Zeit am Boden, außer wenn sie Schlamm zum Nestbau sammeln.*

Delichon urbica

Hirundinidae

LÄNGE 12 cm
FLÜGELSPANNWEITE 26–29 cm
STIMME Sanfter, zwitschernder Gesang; Kontaktrufe mit kurzen Piepstönen.
EIER 1–3 Gelege, je 2–5 weiße Eier, Ende März bis August.
AUFZUCHT Beide Eltern brüten 15 Tage; die Jungen sind mit 22–32 Tagen flügge.

J F M **A M J J A S O** N D

Rauchschwalbe

RAUCHSCHWALBEN VERBRINGEN DEN WINTER in Afrika und kehren zum Brüten nach Europa zurück. Der genaue Ankunftstermin hängt immer vom Wetter ab. Ein Kälteeinbruch oder ungünstige Winde verlangsamen die Wanderung. Vor dem Nisten und auch danach ruhen Rauchschwalben oft gemeinsam in Schilfgürteln und Gebüschen, manchmal auch in Gebäuden.

IM GARTEN

■ Rauchschwalben bauen napfförmige Nester in Scheunen und anderen Gebäuden. Lassen Sie ein Fenster von Schuppen oder Garage offen. Wässern Sie bei sehr trockenem Wetter ein Stück Erde, damit sich Schlamm für den Nestbau bildet.

Unverwechselbar im Flug

Die Rauchschwalbe ist oberseits glänzend blauschwarz und unterseits weiß gefärbt. Gesicht und Kehle sind rot, und über die Brust verläuft ein breites blauschwarzes Band. Lange Schwanzfedern und stärker zugespitzte Flügel unterscheiden diese Art von Mehl- und Uferschwalbe. Männchen haben längere Schwanzfedern als Weibchen.

Das Nest *wird aus Schlammkügelchen, die an Pfützen und Teichen gesammelt werden, gebaut. Das Männchen sammelt Nistmaterial, während das Weibchen das Nest errichtet.*

Balz und Brut

Im Gegensatz zu Mehlschwalben nisten Rauchschwalben nicht in Kolonien, sondern bauen einzeln becher- oder schalenförmige Nester aus Schlamm und Gras, die mit Federn gepolstert werden. Das Männchen kreist singend über dem ausgewählten Platz, um ein Weibchen anzulocken. Gebäude haben Klippen und hohle Bäume als Nistplätze fast völlig verdrängt. Die Nester werden gewöhnlich auf einem Balken oder Sims errichtet oder an einer senkrechten Fläche verankert. Eine Lampenhalterung oder ein vorstehender Nagel reichen als Unterbau aus. Alte Nester werden oft wieder benutzt, besonders von erfahrenen Paaren.

Das Weibchen brütet, das Männchen hilft beim Füttern der Jungen. Beide Eltern vertreiben Feinde wie Katzen, Elstern, Greifvögel und sogar Menschen, indem sie immer wieder dicht über sie hinwegfliegen und auch manchmal angreifen. Andere Artgenossen kommen dabei häufig zur Hilfe.

Wenn die Rauchschwalben *nach ihrer langen Reise im Frühsommer ankommen und das Wetter schlecht ist, beginnen sie verspätet mit dem Nestbau.*

Im Flug

Die Rauchschwalbe fängt Insekten in der Luft, entweder im Tiefflug oder in großer Höhe, wo sie anmutig ihre Kreise zieht, die von flinken Wendungen unterbrochen werden. Die langen Schwanzfedern sorgen für gute Manövrierfähigkeiten im Flug. Rauchschwalben sind beim Beutefang deshalb geschickter als andere Schwalben oder Mauersegler.

Sie fressen vorwiegend größere Insekten, darunter Schmeißfliegen, Bienen, Schmetterlinge und Nachtfalter. Bei kälterem Wetter, wenn wenige große Insekten in der Luft sind, fangen sie auch Blattläuse und andere winzige Tiere oder picken Insekten von Blättern oder vom Boden auf.

Die Jungen *verlassen das Nest nach etwa drei Wochen, werden aber von beiden Eltern weitere sieben Tage lang gefüttert.*

Hirundo rustica

Hirundinidae

LÄNGE 17–19 cm
FLÜGELSPANNWEITE 32–35 cm

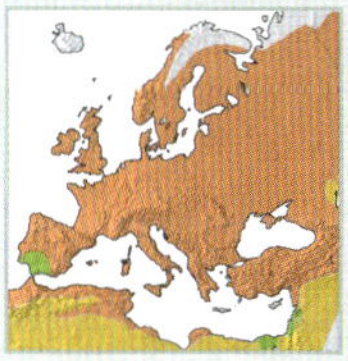

J F M **A M J J A S O** N D

STIMME Angenehmes Zwitschern; Rufe mit wiederholtem *witt-witt.*
EIER 2–3 Gelege, je 4–5 rot gefleckte weiße Eier, Mai bis August.
AUFZUCHT Das Weibchen brütet 14–15 Tage; die Jungen sind mit 19–21 Tagen flügge.

Bevor die Rauchschwalben *wegziehen, sammeln sie sich zu riesigen Schwärmen und sitzen dann oft in langen Reihen auf Hochspannungsleitungen.*

Rauchschwalben fliegen *dicht über dem Wasser und trinken beim Fliegen. Über offenen Wasserflächen jagen sie auch nach Insekten, besonders im zeitigen Frühjahr.*

Bei der Jagd nach Insekten *fliegt die Rauchschwalbe elegant mit flachen Flügelschlägen, unterbrochen von anmutigen Sturz- und Gleitflügen.*

Bachstelze

ALS URSPRÜNGLICHER UFERVOGEL hat sich die Bachstelze gut an menschliche Lebensräume angepasst. Sie besucht zur Nahrungssuche Gärten, Parks, Parkplätze und Müllkippen und nistet und schläft in Gebäuden. Der aktive Vogel mit dem wippenden Schwanz ist immer in Bewegung und schreitet oder rennt auf dem Boden umher, um Insekten zu fangen.

Die Unterart Motacilla alba *alba brütet in Europa. Sie ist an ihrem hellgrauen Rücken zu erkennen.*

Motacilla alba

Motacillidae

LÄNGE 18 cm
FLÜGELSPANNWEITE 25–30 cm

J F M A M J J A S O N D

STIMME Ein lautes, scharfes *tissik* im Flug und ein melodisches *ziewit* zur Revierverteidigung.
EIER Zwei Gelege, je 3–5 gefleckte weißliche Eier, April bis Juni.
AUFZUCHT Das Weibchen brütet 14 Tage; die Jungen sind mit 14 Tagen flügge.

Kontrastfarben

Mit dem auffälligen schwarz-weißen Gefieder und dem langen, wippenden Schwanz ist die Bachstelze unverwechselbar. Sie kommt in Städten häufig vor. Im Winter wird die schwarze Kehle weiß. Beim Weibchen ist der Rücken eher grau gefärbt. Jungetiere sehen schmutziger aus und haben einen kürzeren Schwanz.

Viele Bachstelzen bilden im Winter Schwärme und ruhen gemeinsam in Lagerhäusern, Treibhäusern, Stadtbäumen und an anderen warmen, sicheren Orten. Im Frühjahr zerstreuen sie sich in ihre Brutgebiete. Das becherförmige Nest aus Gras, Wurzeln und Moos wird in ein geeignetes Loch in einer Böschung, Klippe oder der Wand eines Gebäudes angelegt. Auch alte Nester von größeren Vögeln werden benutzt. Brütende Weibchen sind manchmal daran zu erkennen, dass ihr Schwanz gebogen ist, weil er im engen Nest abgeknickt wird.

Bachstelzen sind bei der Nahrungssuche sehr emsig. Sie picken Futter während des Laufens auf, jagen aber auch mit einem pfeilschnellen Spurt oder Sprung oder in kurzen Flügen Insekten. Sie haben sich gut an den Lebensraum Stadt angepasst.

IM GARTEN

■ Bachstelzen nehmen Körner und Mehlwürmer vom Boden auf. Sie benutzen manchmal offene Nistkästen, besonders wenn sie zwischen Efeu oder anderen dichten Pflanzen angebracht sind.

Fliegen und andere kleine Insekten *sind die Hauptnahrung der Bachstelze, aber sie frisst auch Spinnen, Schnecken, Regenwürmer und kleine Samen.*

Seidenschwanz

DER SEIDENSCHWANZ IST AN DEN BUNTEN Flügel- und Schwanzabzeichen zu erkennen. Seidenschwänze brüten in Nordeuropa. Jedes Jahr ziehen einige Vögel nach Süden und erreichen so Norddeutschland, Belgien und die Niederlande. Einige fliegen auch nach Großbritannien, besonders wenn die Nahrung knapp ist.

Das Weibchen *bebrütet die Eier, und beide Eltern füttern die Jungen mit Insekten und Beeren.*

Auffälliges Gefieder

Der Seidenschwanz ist ein auffälliger Vogel, beigefarben mit einem kräftig schwarzen Latz, einem spitzen Schopf und leuchtend roten Flecken auf den Flügeln. Am Schwanzende hat er ein gelbes Band. Männchen haben außerdem gelbe Abzeichen an den Flügeln. Männchen und Weibchen sind schwer zu unterscheiden, obwohl die Flecken auf den Flügeln und der Latz beim Weibchen blasser sind. Auch Jungvögel sind weniger bunt und haben keinen schwarzen Latz.

Außerhalb der Brutzeit bilden die Seidenschwänze zur Nahrungssuche, zum Schlafen und auf Wanderzügen Trupps. Nahrungsknappheit zwingt sie immer wieder dazu, ihre Winterquartiere zu verlassen. Dann fallen sie invasionsartig in entfernt gelegenen Gegenden ein.

Seidenschwänze nisten in Nadel- und Birkenwäldern. Das becherförmige Nest aus Zweigen, Gras und Flechten, ausgepolstert mit dünnem Gras, wird von beiden Eltern dicht am Baumstamm in bis zu 15 m Höhe gebaut.

Im Sommer ernähren sich die Vögel vorwiegend von Insekten, vor allem von Mücken. Wenn das Wetter im Herbst kühler wird und kaum Insekten zu finden sind, stellen sie ihre Nahrung auf Früchte und Beeren um.

IM GARTEN

- Seidenschwänze fressen im Winter Früchte und Beeren von verschiedenen Gehölzen wie Eberesche, Apfel, Feuerdorn, Cotoneaster und Heckenrose.

Beeren und Früchte *sind im Winter wichtige Nahrung. Seidenschwänze pflücken sie von Bäumen und Büschen und suchen am Boden nach herabgefallenen Früchten.*

Bombycilla garrulus

Bombycillidae

LÄNGE 18 cm
FLÜGELSPANNWEITE 32–35 cm

J F M A M J J A S O N D

STIMME Ruhiges Trillern und Pfeifen; Ruf ist ein trillerndes *siirrr.*
EIER Ein Gelege, 5–6 blassblaue Eier, Juni bis Juli.
AUFZUCHT Das Weibchen brütet 14–15 Tage; die Jungen sind mit 14–15 Tagen flügge.

Heckenbraunelle

DIE HECKENBRAUNELLE sieht dem Haussperling recht ähnlich, gehört aber zu einer anderen Familie. Der scheue Waldvogel wird wegen seiner heimlichen Lebensweise leicht übersehen. Er bleibt immer in der Nähe eines schützenden Dickichts und hält sich meistens in Büschen auf.

Heckenbraunellen *kommen auf der Suche nach Nahrung und Nistplätzen in Gärten. Besonders attraktiv für sie ist dichtes Gebüsch, das ihrem Nest Deckung bietet.*

Der trällernde Gesang *ähnelt dem des Zaunkönigs. Das Männchen singt vom zeitigen Frühjahr an und während der gesamten Brutzeit meistens von einem erhöhten Platz in einem Baum oder Strauch aus, manchmal auch im Flug.*

Prunella modularis

Prunellidae

LÄNGE 14 cm
FLÜGELSPANNWEITE 19–21 cm

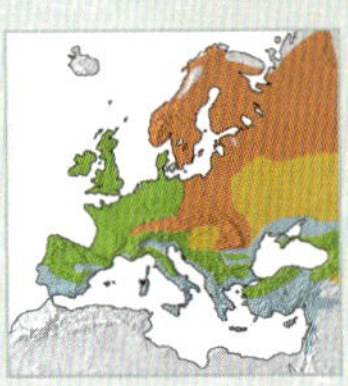

J F M A M J J A S O N D

STIMME Ein schnelles Trällern, ähnlich dem Zaunkönig; der Ruf ist ein schrilles *tsiiiht*.
EIER 2–3 Gelege, je 4–5 blaue Eier, April bis Juli.
AUFZUCHT Das Weibchen brütet 14 Tage; die Jungen sind mit 12 Tagen flügge.

IM GARTEN

Heckenbraunellen fressen Nigersaat, Erdnusskerne und Haferflocken vom Boden. Sie sammeln auch Reste unter Futterhäuschen auf.

Beide Eltern *versorgen die Jungen. Auch zusätzliche Männchen helfen. Die Jungen bleiben noch 2–3 Wochen bei den Eltern, nachdem sie das Nest verlassen haben.*

Die Heckenbraunelle *ist in Westeuropa ein Standvogel. Vögel aus Nordeuropa ziehen dagegen im Winter südwärts.*

Feine Zeichnung

Auf den ersten Blick wirkt die Heckenbraunelle einheitlich braun, bei genauerem Hinsehen sieht man jedoch die gestreifte Oberseite und das Grau an Kopf, Kehle und Brust. Die Geschlechter sehen gleich aus, die Jungtiere haben weniger Grau und sind stärker gestreift. Obwohl sie ähnlich groß ist wie ein Haussperling, ist die Heckenbraunelle leicht an dem dünnen Schnabel und den orangefarbenen Beinen zu erkennen.

Paarungsverhalten

Viele Heckenbraunellen sind den ganzen Winter über Einzelgänger, einige jedoch schließen sich zusammen, um gute Futterquellen zu nutzen. Sie kündigen ihre Anwesenheit in den Winterrevieren mit wiederholten *tsiiiht*-Rufen an und drücken Aggression durch einen angehobenen, zitternden Flügel aus.

Heckenbraunellen haben ein komplexes und ungewöhnliches Paarungsverhalten. Männchen und Weibchen besetzen getrennte Reviere, die sich aber überlappen. Ein Männchen kann sich mit ein oder zwei Weibchen zusammentun oder umgekehrt, manchmal schließen sich auch zwei Männchen und zwei Weibchen zusammen. Der Vorteil für ein Weibchen, ein zusätzliches Männchen zu haben, besteht darin, dass beide Männchen die Jungen füttern.

Das Weibchen baut das Nest aus Zweigen und Moos tief in Hecken und Büschen verborgen und polstert es mit Moos und Haaren. Es bebrütet die Eier allein. Heckenbraunellen sind häufig Wirtsvögel des Kuckucks, der manchmal auch in Gärten nach geeigneten Nestern für seine Eier sucht.

Dem Jungtier *fehlen die grauen Abzeichen der adulten Vögel. Das Gefieder ist braun und stärker gestreift.*

Das tägliche Brot

Die Heckenbraunelle verbringt einen Großteil des Tages mit Fressen. Im Winter sucht sie nach Futter, so lange es hell ist. Die Vögel hüpfen über den Boden und picken ununterbrochen. Ihre Nahrung besteht im Sommer vorwiegend aus kleinen Insekten, Spinnen und Würmern, die sie zwischen Pflanzen und am Boden finden. Im Winter picken sie vor allem Samen vom Boden auf.

Abgespreizte Flügel *und schrille* tsiiiht-*Rufe gehören zu dem einzigartigen Balzverhalten der Heckenbraunelle.*

Zaunkönig

DER WINZIGE ZAUNKÖNIG hat eine heimliche Lebensweise und wird leicht übersehen, da er sich im dichten Unterholz aufhält. Ohne Deckung rennt er wie eine Maus auf Zäunen, Mauern und Beeteinfassungen entlang. Zaunkönige fressen meistens am oder in der Nähe des Bodens. In strengen Wintern, wenn die Erde schneebedeckt ist, überleben viele nicht. Wenn die Folgejahre mild sind, erholen sich die Bestände jedoch schnell wieder.

Trotz der geringen Größe *hat der Zaunkönig eine kräftige Stimme. Sein trällernder Gesang ist fast das ganze Jahr über zu hören.*

Aussehen und Brutverhalten

Der kleine, gedrungene Vogel mit dem dünnen Schnabel und dem kurzen, aufgerichteten Schwanz ist oberseits rötlich braun und auf der Unterseite heller gefärbt. Flügel und Flanken sind gebändert, oberhalb des Auges verläuft ein weißer Streifen.

Die Nahrung *des Zaunkönigs besteht vorwiegend aus kleinen Insekten, die er mit dem pinzettenartigen Schnabel aufpickt.*

Männchen besetzen ein großes Revier, in dem sie mehrere Nester in Löchern in Mauern oder Bäumen anlegen oder alte Nester anderer Vögel nutzen. Das Männchen singt in Nestnähe, um das Weibchen anzulocken. Ist es mit der Wahl einverstanden, polstert es das Nest mit Federn aus und legt Eier. Bei großem Nahrungsangebot legen manchmal zwei oder mehr Weibchen ihre Eier in einem Revier. Die unbenutzten, nicht gepolsterten Nester werden zum Schlafen verwendet.

Das Weibchen füttert die Jungen und wird kaum vom Männchen unterstützt. Der schimpfende Alarmruf (*tschitt*) ist immer zu hören, wenn sich ein Mensch oder eine Katze dem Nest nähert. Wenn die Jungen das Nest verlassen, kümmert sich das Männchen um sie und bringt sie zum Schlafen sogar in eines der unbenutzten Nester.

Ernährung

Zaunkörnige suchen zwischen Blättern und Borke, in Mauerritzen und im Laub nach kleinen Insekten. Umgesetzte Komposthaufen bieten viel Nahrung. Manchmal fressen sie Samen und Beeren. Bei Schnee ist ein Großteil der Nahrung für sie nicht mehr erreichbar. Die Zweige von Nadelhölzern können Stellen schneefrei halten, wo Zaunkönige Futter finden. Erstaunlicherweise jagen die winzigen Vögel auch Kaulquappen und Jungfische.

IM GARTEN

- Zaunkönige nehmen Mehlwürmer und Körner vom Boden. Sie benutzen offene, manchmal auch geschlossene Nistkästen und verwenden sie auch als Winterruheplatz, auch zu mehreren, um sich zu wärmen.

Das kugelförmige Nest *besteht aus Laub, Gras, Moos und anderem Pflanzenmaterial. Der Eingang befindet sich an der Seite.*

Mit den schwirrenden Flügeln *erinnert der rastlose Zaunkönig im Flug an eine übergroße Hummel, wenn er auf Nahrungssuche durch den Garten saust.*

In typischer Pose *mit aufgerichtetem Schwanz hat der Zaunkönig den kürzesten Körper aller europäische Vogelarten. Er ist aber nicht der kleinste, wie häufig behauptet wird. Das Wintergoldhähnchen ist beispielsweise kleiner. Zaunkönige sind scheu und kommen vor allem im Winter in den Garten, besonders wenn die Nahrung knapp ist.*

Troglodytes troglodytes

Troglodytidae

LÄNGE 9–10 cm

FLÜGELSPANNWEITE 13–17 cm

STIMME Erstaunlich lauter, schriller, trällernder Gesang; Ruf ein hartes, trockenes *tzeck-tzeck* und ein rollendes *zrrrr*.

EIER Zwei Gelege, je 5–6 Eier, meistens weißlich, April bis Juli.

AUFZUCHT Das Weibchen brütet 16–17 Tage; die Jungen sind mit 16–17 Tagen flügge.

J F M A M J J A S O N D

Rotkehlchen

DAS ROTKEHLCHEN IST MITTLERWEILE ein häufiger Gast in unseren Gärten geworden. Sein natürlicher Lebensraum sind Wälder mit viel Unterholz. Hecken, Gebüsche und Bäume in Gärten, Parks und an Straßenrändern sind vielerorts für den sonst scheuen Waldvogel zum Ersatzlebensraum geworden.

IM GARTEN

Rotkehlchen lieben Mehlwürmer und nehmen Körner und Talg. Einige haben gelernt, Erdnüsse und Sonnenblumenkerne aus Futtergefäßen zu holen. Manchmal nisten sie in offenen Nistkästen.

Erithacus rubecula

Turdidae

LÄNGE 14 cm
FLÜGELSPANNWEITE 20–22 cm

J F M A M J J A S O N D

STIMME Trällernder Gesang; Alarmrufe sind ein dünnes *siiiip* und ein wiederholtes *tik.*
EIER 2–3 Gelege, je 5–6 gesprenkelte weiße oder bläuliche Eier, April bis Juni.
AUFZUCHT Das Weibchen brütet 14 Tage; die Jungen sind mit 13–14 Tagen flügge.

Das unverwechselbare Rotkehlchen *mit dem großen Kopf und dem rundlichen Körper erscheint im Winter noch kugeliger, wenn es zur besseren Wärmeisolation die Federn aufplustert.*

Bekannte Farben

Das Rotkehlchen ist leicht an dem kugeligen Körper und dem roten Brustfleck über dem hellen Bauch zu erkennen. Es fliegt mit kurzen, flatternden Bewegungen. Am Boden bewegt es sich hüpfend fort und hält oft an, um mit Flügeln und Schwanz zu schlagen.

Das Rotkehlchen verteidigt *sein Revier heftig, indem es singt und zur Warnung die roten Brustfedern aufplustert.*

Kein Zutritt

Rotkehlchen besetzen und verteidigen ihre Revier das ganze Jahr, außer während der Sommermauser und in sehr strengen Wintern. Das Revier ist nicht nur zum Brüten unerlässlich, sondern auch für die eigene Futterversorgung. Jedes Rotkehlchen, das keine eigenen Nahrungsgründe verteidigen kann, stirbt innerhalb weniger Wochen. Daher verteidigen die Tiere ihr Revier extrem aggressiv. Zieht sich ein Eindringling nicht zurück, kann es zum Kampf kommen, manchmal mit fatalem Ende.

Männchen und Weibchen verteidigen im Winter getrennte Reviere mit ihrem Gesang. Die Paare bilden sich im Dezember, wobei das Weibchen in der Regel in das Revier des Männchens zieht. Bei gutem Nahrungsangebot brüten Rotkehlchen früher im Jahr. Ein mit Haaren ausgekleidetes Nest aus Moos und Blättern auf einem Untergrund aus Laub wird in Baumspalten, zwischen Felsen oder in herumliegenden hohlen Gegenständen angelegt. Blechdosen und Briefkästen sind besonders beliebt.

Beide Eltern füttern die Jungen, die manchmal zwischen ihnen aufgeteilt werden. Wenn

Der Jungvogel *ist braun gefleckt. Ihm fehlt die typische rote Brust des adulten Rotkehlchens.*

Der Gesang *des Rotkehlchens ist im Frühjahr sehr abwechslungsreich. Im Herbst schlägt es sanfte, traurige Töne an.*

das Weibchen ein zweites Mal Eier legt, füttert das Männchen die erste Brut allein.

Geschickte Jäger

Rotkehlchen fressen vorwiegend Käfer, Schnecken, Würmer und Spinnen, manchmal aber auch Fische und Kaulquappen. Die Vögel jagen oft von einem niedrigen Ansitz aus. Auch während sie über den Boden hüpfen, halten sie stets nach Beute Ausschau. Im Winter sind auch Früchte und Beeren eine wichtige Nahrung.

Manchmal folgt das Rotkehlchen *dem Gärtner, um kleine Tiere, die beim Umgraben an die Oberfläche gelangen, zu erbeuten.*

Amsel

Die Amsel, ursprünglich ein Waldvogel, ist in Gärten häufig geworden. Als ihre natürlichen Lebensräume verschwanden, wurden Bäume und Wiesen in alten Gärten und Parks zu einem Ersatzlebensraum. Die Zahl der Gartenbesucher steigt im Winter, wenn auch Vögel aus dem Umland erscheinen. Nach der Brutzeit verlassen viele Amseln die Gärten wieder, um in Feldhecken Nahrung zu suchen.

Im Winter wird die Ernährung *auf Früchte und Beeren umgestellt, unter anderem von Cotoneaster, Geißblatt und Berberitze.*

Farbunterschiede

Das Amselmännchen ist etwas größer als ein Star und mit seinem schlichten, schwarzes Gefieder, dem gelben Schnabel und den gelben Augenringen unverwechselbar. Weibchen und Jungvögel sind schwieriger zu erkennen. Das Weibchen ist dunkelbraun und an Kehle und Brust marmoriert. Jungtiere sehen ähnlich aus, haben aber mehr Flecken auf Kehle und Brust und einen dunklen Schnabel.

Das Amselweibchen *wird manchmal mit der Singdrossel verwechselt, es ist aber in der Regel viel dunkler.*

Das Aufziehen der Jungen

Der trällernde Gesang der Amsel ist vom Spätwinter bis zum zeitigen Frühjahr zu hören, wenn die jungen Männchen ihre Reviere besetzen. Die Gesänge erreichen ihren Höhepunkt, wenn alteingesessene Männchen dazukommen. Bei mildem Wetter beginnt die Brutzeit früh. Das Weibchen baut ein stabiles Nest in einen Strauch oder eine Hecke. Trockene Pflanzen, bei deren Beschaffung das Männchen hilft, werden mit Schlamm verkittet. Das Männchen bewacht manchmal die Eier, wenn das Weibchen auf Nahrungssuche ist. Nach dem Ausfliegen werden die Jungen aufgeteilt und jeweils von einem Elternteil gefüttert. Wenn das Weibchen das nächste Gelege bebrütet, kümmert sich das Männchen um alle Jungen. Ein Paar kann zwei oder mehr Gelege pro Saison aufziehen.

Futter je nach Saison

Amseln fressen hauptsächlich Würmer, Insekten und andere kleine Wirbellose. Früchte und Beeren werden ab Spätsommer bis zum frühen Winter genommen. Raupen sind zur Brutzeit wichtige Nahrung. Da sie in Gärten aber oft knapp sind, werden die Jungen ersatzweise mit Würmern und

Gartenteiche *sind nicht nur zum Baden und Trinken da, manchmal fangen Amseln auch Kaulquappen und sogar kleine Fische.*

IM GARTEN

- Amseln suchen im Garten nach Talg, Samen und Fallobst wie Äpfeln und Birnen. Manchmal nisten sie in großen, offenen Nistkästen.

anderen Insekten gefüttert. Amseln suchen am Boden nach Nahrung, indem sie mit ihrem Schnabel im Laub stochern. Auch in Bäumen und Büschen finden sie Futter, und außerdem bestehlen sie andere Vögel. Singdrosseln etwa nehmen sie schon aufgebrochene Schnecken weg.

Bei der Jagd dreht die Amsel den Kopf auf eine Seite, hüpft dann vor und zieht einen Regenwurm aus dem Boden. Mit zur Seite gelegtem Kopf kann der Vogel die Bewegungen im Boden hören und den Regenwurm anpeilen.

Turdus merula

Turdidae

LÄNGE 24–25 cm
FLÜGELSPANNWEITE 34–38 cm
STIMME Der Gesang ist ein lautes Trällern, das am Ende schwächer wird; der Ruf ein weiches *duk* und ein Rasseln.
EIER 2–4 Gelege, je 3–5 türkisfarbene Eier, März bis Juli.
AUFZUCHT Das Weibchen brütet 13 Tage; die Jungen sind mit 13–14 Tagen flügge.

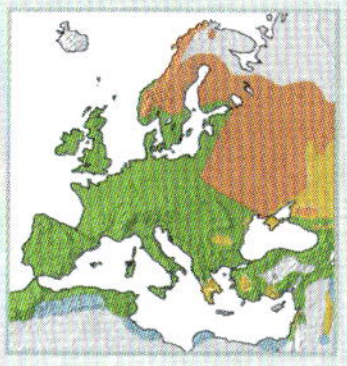

Eine Amsel *nimmt von der Bürzeldrüse Fett mit dem Schnabel auf. Sie verteilt es über die Federn, um sie zu pflegen und vor Wasser zu schützen.*

Manchmal nehmen Amseln *ein Sonnenbad, wobei Flügel und Schwanz gespreizt werden. Dies ist wichtig für die Federpflege, und anschließend putzen sie sich sorgfältig.*

Singdrossel

DIE SINGDROSSEL IST EIN SCHEUER GARTENBESUCHER. Sie ist häufiger bei der Nahrungssuche auf dem Rasen und in Blumenbeeten zu beobachten als am Futterhäuschen. Bei kaltem Wetter oder wenn das Futter aus anderen Gründen knapp ist, kommen auch auf dem Land lebende Singdrosseln in die Gärten. Die schnelle Abnahme der Singdrosselbestände in einigen Teilen Europas gibt Anlass zu großer Sorge.

IM GARTEN

■ Singdrosseln nehmen in Gärten Talg und Rosinen vom Boden. Sie fressen auch an Äpfeln, die geschützt in Hecken und Büschen liegen.

Turdus philomelos

Turdidae

LÄNGE 23 cm
FLÜGELSPANNWEITE 33–36 cm
STIMME Klarer, flötender, melodischer Gesang mit einer Serie von kurzen, drei- bis viermal wiederholten Strophen; Ruf ein kurzes *zipp* und ein Warnrasseln.
EIER 2–3 Gelege, je 4–6 blaue Eier, März bis August.

AUFZUCHT Das Weibchen brütet 13–14 Tage; die Jungen sind mit 13 Tagen flügge.

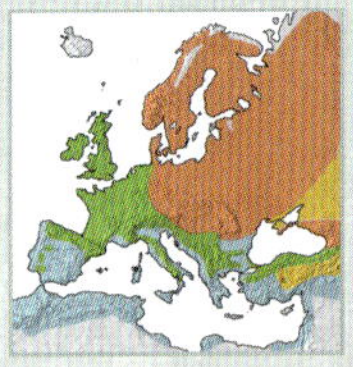

J F M A M J J A S O N D

Wenn es bei trockenem Wetter *immer schwerer wird, Regenwürmer aus dem Boden zu ziehen, fressen Singdrosseln vermehrt Schnecken. Mit gekonntem Drehen des Kopfes schlagen sie die Schale so lange auf einen Stein, bis sie an das weiche Innere gelangen.*

Das Nest aus Zweigen *und Gras ist innen mit einer Mischung aus Schlamm und Speichel glatt ausgekleidet. Dasselbe Nest wird für mehrere Bruten benutzt.*

Mit der braunen Oberseite *und den charakteristischen Flecken auf der Brust ist die Singdrossel sogar beim Baden leicht zu erkennen.*

Auffällige Flecken

Die Singdrossel ist häufig auf dem Rasen zu beobachten. Man kann sie von der ähnlichen Misteldrossel unterscheiden, weil ihre Flecken auf der Brust in Linien angeordnet und wie umgedrehte Herzen geformt sind, während die rundlichen Flecken der Misteldrossel verstreut sind. Singdrosseln sind außerdem kleiner und bräunlicher. Sie fliegen geradlinig, das Flugmuster der Misteldrosseln hingegen ist wellenförmig.

Bestandsrückgang

In einigen nordeuropäischen Ländern haben die Bestände der Singdrosseln in den letzten Jahren sowohl in Gärten als auch auf dem Land dramatisch abgenommen. Befürchtungen, dass Feinde wie Elstern und Sperber oder Pestizidvergiftungen der Grund seien, haben sich nicht bestätigt. Untersuchungen ergaben, das nistende Vögel so viele Junge aufziehen wie möglich. Im ersten Winter sterben jedoch sehr viele junge Singdrosseln. Die Ursache hierfür ist vermutlich die Nahrungsknappheit durch den Schwund wichtiger Lebensräume auf dem Land.

Die Nistzeit beginnt früher als bei den meisten Vögeln. Bei mildem Wetter werden die ersten Eier im Februar oder März gelegt. Die Vögel wählen einen gut geschützten Platz für das Nest, meistens in geringer Höhe in einem Busch oder Baum oder zwischen dichtem Blätterwerk von Kletterpflanzen wie Efeu. Im Sommer hört man die flüggen Jungen, die ihre Eltern von einem Versteck im Dickicht aus mit scharfen *tschick*-Tönen rufen.

Singdrosseln sind Teilzieher. *Einige Männchen bleiben in ihren Revieren und singen den ganzen Winter über, andere ziehen bis nach Afrika.*

Schneckenspezialist

Die Singdrossel ernährt sich vorwiegend von Insekten und anderen Wirbellosen. Würmer sind besonders im Frühjahr eine wichtige Nahrungsquelle, Früchte, einschließlich Fallobst und Beeren von Holunder, Stechpalme und Eberesche kommen im Herbst hinzu. Schnecken sind eher Notfallnahrung für frostige Wintertage oder bei Sommertrockenheit, wenn der Boden zu hart ist, um an Würmer zu gelangen. Das Zerbrechen der Schale ist aufwändig und zeitraubend und lohnt sich nur, wenn andere Nahrung knapp ist. Nur Singdrosseln brechen die Schneckenschalen auf, Amseln stehlen ihnen jedoch häufig den Inhalt.

Regenwürmer *und andere Wirbellose sind die Hauptnahrung der Singdrossel. Fallobst fressen sie zusätzlich.*

Misteldrossel

DIE MISTELDROSSEL IST EINE DER GRÖSSTEN DROSSELN Europas und wurde nach ihrer Lieblingsnahrung benannt, den Beeren der Mistel. Obwohl sie weit verbreitet ist, kommt sie nie häufig vor. Sie verteidigt aggressiv ein großes Brutrevier und besetzt häufig größere Gärten mit hohen Bäumen, von deren Spitze der weit zu hörende Gesang der Männchen ertönt.

IM GARTEN

■ Misteldrosseln nehmen manchmal im Garten Rosinen und Äpfel und verteidigen ihre Nahrung gegen andere Besucher. Sie fressen auch die Beeren von einigen Sträuchern und Bäumen.

Kräftige Flecken

Die Misteldrossel ist größer als die Singdrossel und hat größere Flecken auf der Unterseite. Der Bereich um das Auge ist hell. Die weißen Ecken am Schwanz und die weißen Flügelunterseiten sind im Flug zu erkennen. Jungtiere sehen ähnlich aus, der Kopf ist jedoch heller, und sie haben weißliche Flecken am Rücken.

Die Misteldrossel *frisst die Beeren zahlreicher Pflanzen, beispielsweise von Eberesche, Stechpalme, Weißdorn und Mistel.*

Fürsorgliche Eltern

Das Weibchen braucht ein bis zwei Wochen, um das mit Gras ausgekleidete Nest aus Erde und Pflanzenteilen zu bauen, das meist gut versteckt in einem Baum, manchmal auch exponiert gelegen ist. Das erste Nest wird meist zwischen den dichten Nadeln einer Konifere versteckt. Die Misteldrossel ist Menschen gegenüber misstrauischer als die Singdrossel. Katzen, Elstern und Greifvögel, die dem Nest zu nahe kommen, werden im Sturzflug und mit einem rauen, rasselnden Alarmruf heftig attackiert. Beide Eltern versorgen anfangs die Jungen, später füttert das Männchen allein weiter, wenn das Weibchen erneut Eier legt. Für alle Gelege eines Jahres wird dasselbe Nest verwendet. Die flügge gewordenen Jungen bilden kleine Trupps. Größere Schwärme finden sich zusammen, wenn die Brutzeit abgeschlossen ist.

Saisonale Veränderungen

Wenn sich die Winterschwärme zerstreuen, verteidigen einige Einzeltiere und Paare Reviere mit großem Beerenangebot vor anderen Vögeln. So sichern sie sich ihren Nahrungsvorrat bis zum Frühjahr, und sie können früher mit dem Nisten beginnen und größere Gelege produzieren.

Der Gesang erreicht seinen Höhepunkt *zur Brutzeit, beginnt aber mitten im Winter, wenn die Misteldrossel sogar bei Wind und Regen zu hören ist.*

Das Weibchen *sieht dem Männchen sehr ähnlich. Es baut ein becherförmiges Nest und bebrütet die Eier 12 bis 15 Tage.*

Die Jungen *verlassen nach etwa zwei Wochen das Nest, brauchen aber weitere 14 Tage, um selbstständig zu werden.*

Im Frühjahr und Sommer *ist tierische Nahrung wichtig für die Misteldrossel. Sie sucht vorwiegend am Boden, aber auch in Bäumen und Büschen nach Insekten, Spinnen, Würmern und Schnecken und fängt manchmal fliegende Insekten.*

Turdus viscivorus

Turdidae

LÄNGE 27 cm
FLÜGELSPANNWEITE 42–48 cm
STIMME Kräftiger Gesang mit Variationen von *tii-tor-tii-tor-tii*; raue, rasselnde Rufe bei Alarm und beim Fliegen im Schwarm.
EIER Zwei Gelege, je vier gefleckte weißliche Eier, Ende Februar bis Juni.

AUFZUCHT Das Weibchen brütet 12–15 Tage; die Jungen sind mit 12–15 Tagen flügge.

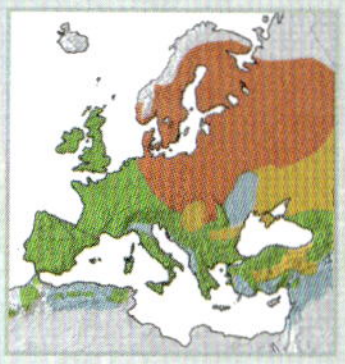

J F M A M J J A S O N D

Rotdrossel

ROTDROSSELN SIND IN SÜD- UND WESTEUROPA Wintergäste. Wie viele von ihnen dort ankommen und zu welchen Zeit, hängt von den Bedingungen in ihren Sommerquartieren in Nordeuropa ab. Die Vögel sind vorwiegend auf dem Land zu sehen, kommen aber bei kaltem Wetter auch in Gärten. Manchmal fällt ein Schwarm in eine Hecke ein und frisst in kurzer Zeit alle Beeren.

Turdus iliacus

Turdidae

LÄNGE 21 cm
FLÜGELSPANNWEITE 33–35 cm

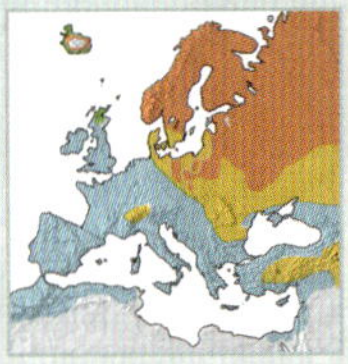

J F M A M J J A S O N D

STIMME Der Ruf, oft beim Flug zu hören, ist ein weiches, lispelndes *siiieh*.
EIER Zwei Gelege, je 4–6 gesprenkelte blassblaue Eier, Mai bis Juni.
AUFZUCHT Das Weibchen brütet 12–13 Tage; die Jungen sind mit zehn Tagen flügge.

Unverwechselbar

Die Rotdrossel ist die kleinste Drossel. Sie verdankt ihren Namen der Rotfärbung auf der Flügelunterseite und an den Flanken. Noch leichter ist sie an den breiten, cremefarbenen Streifen über dem Auge und unterhalb der Wange zu erkennen. Beide Geschlechter sehen in jedem Alter gleich aus.

Rotdrosseln nisten in den Wäldern, Gebüschen und Vorstadtgärten Nordeuropas einschließlich Island, wo ihr zwitschernder Gesang häufig zu hören ist. Das becherförmige Nest wird gewöhnlich in einem Baum oder Strauch angelegt, kann sich aber auch auf dem Boden befinden, besonders in den baumlosen Weiten Nordeuropas.

Der Gesang *besteht aus variablen, wiederholten Sequenzen von kurzen, flötenden Strophen, die mit einem kehligen Lachen enden.*

Es besteht aus Zweigen und Gras, ist innen mit Schlamm verputzt und mit feinem Gras und Blättern gepolstert.

Insektenjäger

Die Rotdrossel ernährt sich hauptsächlich von kleinen Tieren, vorwiegend Insekten, aber auch Schnecken und Regenwürmern. Im Herbst und Winter, wenn tierische Nahrung knapp wird, frisst sie zunehmend Beeren. Rotdrosseln suchen am Boden nach Nahrung, im Laub stochern sie nach Insekten.

Bei Frost *treibt Nahrungsmangel auf dem Land die Rotdrosseln in Gärten und Parks.*

IM GARTEN

■ Rotdrosseln mögen Beeren von Stechpalme, Cotoneaster und Weißdorn. Sie fressen auch Fallobst.

Wacholderdrossel

DIE WACHOLDERDROSSEL IST WIE DIE ROTDROSSEL eine nordeuropäische Art, die Mitteleuropa erst in den letzten 50 Jahren besiedelt hat. Im Westen und Süden ist sie Wintergast und bildet dort große Schwärme, oft zusammen mit Rotdrosseln. Diese Schwärme ziehen auf der Suche nach Nahrung umher. Bei Mangel an Beeren kommen sie auch in Gärten.

Aggressive Verteidigung

Die Wacholderdrossel ist groß, hat einen langen Schwanz und ist von anderen Drosseln an dem grauen Kopf und Körper und dem kastanienbraunen Rücken zu unterscheiden. Im Flug sind die weißen Flecken auf der Flügelunterseite ein gutes Erkennungsmerkmal.

Wacholderdrosseln nisten in Wäldern und Gebüschen, auch in Stadtparks, in Nord- und Mitteleuropa. Sie brüten als Einzelpaare oder in Kolonien von bis zu 50 Paaren. Das Nest wird meistens in einem Baum oder Strauch gebaut, manchmal auch auf dem Boden. Da die Nistplätze oft ungeschützt sind, helfen sich benachbarte Paare bei der Verteidigung der Kolonie und können extrem aggressiv auf Eindringlinge reagieren. Menschen, Katzen und Elstern, die zu nahe kommen, werden mit ärgerlichen Schreien abgeschreckt und manchmal auch mit Kot bombardiert. Die Attacken halten so lange an, bis sich der Feind zurückzieht.

Wacholderdrosseln fressen hauptsächlich Regenwürmer, Schnecken und kleine Insekten. Wenn im Winter tierische Nahrung knapp wird, nehmen sie auch Früchte. Beeren sind besonders begehrt, und oft versucht eine einzelne Wacholderdrossel, einen ganzen Baum zu verteidigen.

Turdus pilaris

Turdidae

LÄNGE 27 cm
FLÜGELSPANNWEITE 39–42 cm
STIMME Gesang verschiedene Kicher- und Pfeiftöne, unterbrochen von *tschak*-Lauten; Ruf ein raues *tschak-tschak-tschak*.
EIER 1–2 Gelege, je 4–5 gesprenkelte blassblaue Eier, Mai bis Juli.
AUFZUCHT Das Weibchen brütet 13–14 Tage; die Jungen sind mit 14 Tagen flügge.

In den Wintermonaten, *wenn es keine Insekten gibt, frisst die Wacholderdrossel nur Früchte.*

IM GARTEN

■ Wacholderdrosseln kommen in Gärten, um Beeren von Cotoneaster, Stechpalme und Weißdorn zu fressen. Sie nehmen auch Fallobst und Körnermischungen vom Boden auf.

Das becherförmige Nest *aus Gras, Zweigen und Schlamm wird mit feinem Gras ausgepolstert.*

Hausrotschwanz

URSPRÜNGLICH EINE ART FELSIGER HÜGELLANDSCHAFTEN, ist der Hausrotschwanz in Westeuropa zu einem Stadtvogel geworden. Er lebt in Dörfern und Vorstädten und ist auch an Bahnhöfen, Umspannwerken, auf Friedhöfen und im Ödland zu finden. Ähnlich gebaut wie das Rotkehlchen, ist der Hausrotschwanz leicht an dem rostroten, zuckenden Schwanz zu erkennen.

Jungtiere *haben schon ein ähnliches Gefieder wie die Eltern, die braunen Streifen und Flecken auf dem Körper sind jedoch dunkler.*

Phoenicurus ochruros

Turdidae

LÄNGE 15 cm
FLÜGELSPANNWEITE 23–26 cm
STIMME Kurzes Trällern, gefolgt von ratternden Lauten; Rufe sind ein scharfes *tsit* und ein eindringliches *täk-täk*.
EIER Zwei Gelege, je 4–6 weiße oder bläuliche Eier, Mai bis Juni.
AUFZUCHT Das Weibchen brütet 13–17 Tage; die Jungen sind nach 12–19 Tagen flügge.

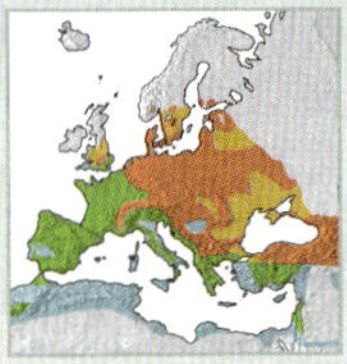

J F M A M J J A S O N D

Stadtbewohner

Das Männchen besitzt eine graue Kappe, während der restliche Kopf und die obere Körperhälfte schwarz sind. Bürzel und Schwanz sind rostrot. Bei Weibchen und Jungtieren ist das Schwarz und Rostrot außer am Schwanz durch ein Graubraun ersetzt.

Die Nester werden meistens an Vorsprüngen oder in Mauerlöchern von Gebäuden angelegt. Das Weibchen baut das becherförmige Nest aus Gras und Moos und kleidet es mit Wolle, Haaren und Federn aus. Es bebrütet auch die Eier. Beide Eltern füttern die Jungen, auch noch zwei Wochen nachdem diese flügge geworden sind.

Der Hausrotschwanz frisst vorwiegend Insekten, aber auch andere Kleintiere wie Spinnen und Regenwürmer. Die Beute jagt er am Boden, pickt sie von Blättern und Wänden oder fängt sie in der Luft. Auch verschiedene Beeren und Samen frisst er gerne.

Weibchen sind unscheinbarer *und bräunlicher als die Männchen, besitzen aber den typischen rostroten Schwanz.*

IM GARTEN

- Hausrotschwänze sind seltene Gartenbesucher. Sie nisten in Städten auf alten Gebäuden, sogar in Industriegebieten.

Dorngrasmücke

DIE DORNGRASMÜCKE WAR FRÜHER auf dem Land sehr häufig und wegen ihres Gesangs bekannt. In den späten 60er-Jahren des 20. Jh. gingen die Bestände stark zurück und haben sich nur teilweise erholt. Vermutlich wurde der plötzliche Einbruch durch Dürreperioden in den Winterquartieren in Afrika verursacht.

Eine kräftige Stimme

Die Dorngrasmücke ist eine mittelgroße Grasmücke mit einem langen Schwanz und einem großen Kopf. Die Oberseite ist braun mit Rostbraun auf den Flügeln. Kehle und Kinn sind ebenso wie die äußeren Schwanzfedern weiß. Das Männchen hat einen grauen Kopf, bei Weibchen und Jungtieren ist er braun.

Wie andere Waldsänger ist die Dorngrasmücke vor allem nach der Brutzeit im Garten zu beobachten, wenn die Jungvögel umherziehen. Sie siedeln sich manchmal in verwilderten Gärten an, die ihnen die nötige Deckung bieten. Das Nest wird in geringer Höhe in einem Busch oder zwischen Brombeeren, Brennnesseln oder anderen niedrigen Pflanzen angelegt. Das Männchen legt einige unfertige Nester an, bevor eines vom Weibchen ausgewählt wird. Dann wird das Bauwerk vollendet und mit Gras und Haaren ausgepolstert. Beide Eltern bebrüten die Eier und füttern die Jungen, die noch bis zu drei Wochen nach dem Ausfliegen bei den Eltern bleiben.

Die Ernährung ist abhängig von der Jahreszeit. Im Herbst und Winter frisst die Dorngrasmücke Früchte und Beeren, im Sommer ernährt sie sich von verschiedenen kleinen Insekten.

Sylvia communis

Sylviidae

LÄNGE 14 cm
FLÜGELSPANNWEITE 19–23 cm
STIMME Gesang ein schnelles Trällern; Ruf ein melodisches *whät-whät-whät* und ein raues *tschärr.*
EIER 1–2 Gelege, je 4–5 blassblaue oder grüne, gefleckte Eier, Mai bis Juli.
AUFZUCHT Beide Eltern brüten 9–14 Tage; die Jungen sind mit 10–12 Tagen flügge.

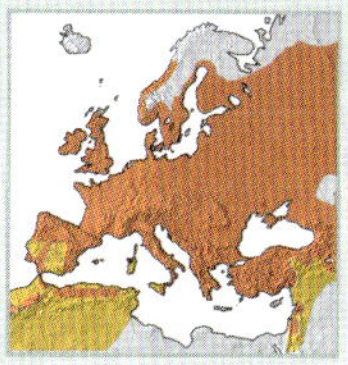

J F M **A M J J A S** O N D

Zur Brutzeit *suchen Dorngrasmücken Blätter und Stängel nach Insekten wie Raupen, Käfern und Fliegen ab.*

Die Dorngrasmücke *singt von einem erhöhten Punkt aus oder während ihres flatternden Singfluges.*

IM GARTEN

Dorngrasmücken suchen im Spätsommer oder Herbst manchmal in Gärten nach Früchten wie Brombeeren.

Mönchsgrasmücke

Das melodische Trällern der Mönchsgrasmücke zählt zu den schönsten Gesängen im Vogelreich. Es beginnt mit einem Durcheinander von rauen Tönen, gefolgt von einer flötenden Melodie, in die oft Bruchstücke anderer Gesänge, etwa von Nachtigall, Amsel und Singdrossel, eingebaut sind. Das kann die Bestimmung erschweren, besonders wenn der Gesang aus einem dichten Busch oder Baum ertönt. Ein Blick auf die schwarze Kappe des Sängers genügt jedoch, um Verwechslungen auszuschließen.

Mönchsgrasmücken *haben bestimmte Singposten, von wo aus ihr trällernder Gesang ertönt. Obwohl sie ähnlich groß ist wie die Sumpfmeise, die auch eine schwarze Kappe hat, ist die Mönchsgrasmücke leicht von ihr zu unterscheiden, da ihr Kinn nicht schwarz gefärbt ist.*

Sylvia atricapilla

Sylviidae

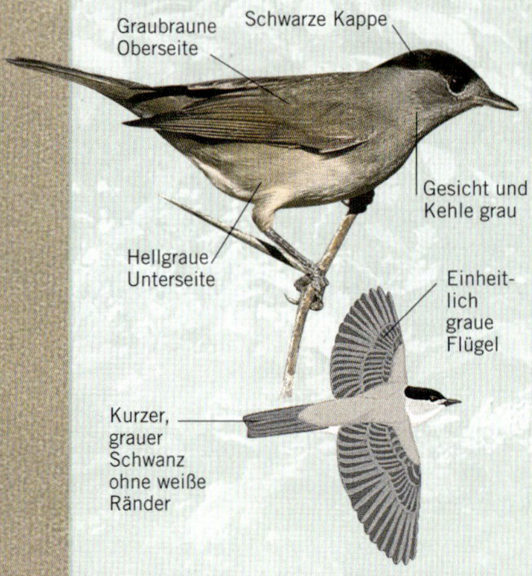

LÄNGE 13 cm
FLÜGELSPANNWEITE 20–23 cm
STIMME Gesang klar, rein, etwas wogende Töne mit einem plötzlichen Ansteigen der Lautstärke.

EIER Ein oder zwei Gelege, je 4–6 gelbliche Eier mit braunen Flecken, April bis Juni.
AUFZUCHT Beide Eltern brüten 10–16 Tage; die Junge sind mit 10–14 Tagen flügge.

Das Nest *wird in Bodennähe angelegt, in Brombeeren, Büschen, Hecken oder zwischen Brennnesseln.*

Deutlicher Kopfschmuck

Dieser kräftige graue Vogel ist von der ähnlichen Gartengrasmücke an der typischen Kappe, die beim Männchen schwarz und beim Weibchen braun ist, zu unterscheiden.

Mönchsgrasmücken sind in einigen Teilen Europas Zugvögel, in anderen Standvögel. Verschiedene Populationen verfolgen unterschiedliche Zugstrategien. In Großbritannien sind diese Vögel z.B. keine Standvögel, aber trotzdem das ganze Jahr über zu sehen, weil die Brutvögel, die nach Süden Richtung Frankreich, Spanien und weiter wandern, im Spätherbst von den Vögeln abgelöst werden, die in Deutschland und Österreich nisten.

Revier und Nest

Mönchsgrasmücken bevorzugen Reviere mit dichtem Gebüsch zum Nisten und hohen Bäumen für die Nahrungssuche und als Singposten. Sie nisten manchmal in großen, eingewachsenen Gärten, kommen meist aber erst im Spätsommer nach der Brutzeit in die Gärten. Die meisten von ihnen sind vermutlich Jungvögel und suchen nach Nahrung und vielleicht einem Brutplatz für das nächste Jahr. Sie sind nicht sonderlich sozial und daher eher einzeln als in Gruppen zu beobachten.

Die Männchen beginnen mit dem Bau mehrerer Nester. Das Weibchen wählt eines davon aus und baut es dann fertig. Die ordentliche becherförmige Struktur besteht aus Gras, Wurzeln, kleinen Zweigen und Moos und wird mit feinem Gras und Haaren ausgekleidet. Die niedrig angelegten Nester sind besonders durch Katzen gefährdet.

IM GARTEN

- Im Winter nehmen Mönchsgrasmücken Erdnüsse aus hängenden Futtergefäßen. Sie fressen auch Früchte von Johannisbeere, Holunder, Brombeere und Efeu. Sie nisten manchmal in großen Gärten mit hohen Bäumen und Gebüschen.

Die weibliche Mönchsgrasmücke *hat eine rötlich braune statt einer schwarzen Kappe und ein bräunlicheres Gefieder als das Männchen.*

Im Herbst und Winter *verlassen sich die Vögel auf das reiche Angebot an Beeren, kommen auf der Nahrungssuche aber auch in Gärten.*

Vielfältige Kost

Mönchsgrasmücken picken Insekten von Blättern und vom Boden oder fangen sie in der Luft. Die Nahrung besteht vor allem aus kleinen Käfern, Wanzen, Fliegen und Raupen, aber auch Würmern und Schnecken. Im Spätsommer stellen sie zunehmend auf Früchte und Beeren um, die im Winter die Hauptnahrung sind. Die Jungen werden vor allem mit tierischer Nahrung gefüttert, besonders mit Raupen, Fliegen und Käfern, bekommen aber auch etwas Obst. Mönchsgrasmücken sammeln Nektar und Pollen von Weiden, Mahonien und anderen Pflanzen.

Ein ausgiebiges Bad *mit kräftigem Flügelschlagen hält das Gefieder sauber und frei von Parasiten.*

Gartengrasmücke

Die Gartengrasmücke bewohnt ursprünglich lichte Wälder mit dichtem Unterholz und wäre daher in eingewachsenen Gärten zu erwarten. Sie ist aber sehr scheu und verträgt keine Störung. Daher beschränken sich die Gartenbesuche auf durchziehende Vögel im Frühjahr und wandernde Jungvögel im Spätsommer.

Beide Eltern *bebrüten die Eier und sorgen für die Jungen, die sie auch noch zwei Wochen nach dem Verlassen des Nestes füttern.*

Sylvia borin

Sylviidae

LÄNGE 14 cm
FLÜGELSPANNWEITE 20–24 cm
STIMME Gesang variabel, sogar trällernd, ähnlich wie Mönchsgrasmücke; Ruf ein weiches *tschäk* und ein tiefes *tschürr*.
EIER 1–2 Gelege, je 4–5 weiße, rosa oder grüne, gefleckte Eier, Mai bis Juli.
AUFZUCHT Beide Eltern brüten 11–12 Tage; die Jungen sind mit 10 Tagen flügge.

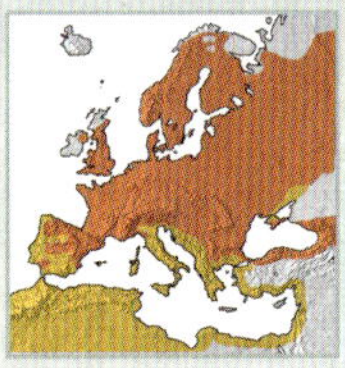

J F M **A M J J A S** O N D

Die braune Gartengrasmücke *ist in den meisten Teilen Europas Sommervogel und verbringt den Winter in Afrika.*

Einfarbiges Gefieder

Die Gartengrasmücke lässt sich immer nur kurz blicken. Da sie praktisch keine typischen Merkmale besitzt, ist sie schwer zu bestimmen. Der untersetzte Vogel ist oberseits matt braun und unterseits gelblich braun gefärbt mit einem blass grauen Fleck seitlich am Hals. Männchen, Weibchen und Jungvögel sehen ähnlich aus. Der trällernde Gesang ist leicht mit dem der Mönchsgrasmücke zu verwechseln, ist aber gleichmäßiger und die flötenden Schlusstöne fehlen.

Brut und Ernährung

Das Männchen baut mehrere unvollendete niedrig gelegene Nester in Büschen und Stauden. Das Weibchen wählt eines aus, vollendet den Bau und legt ihre Eier hinein. Das becherförmige Nest besteht aus Zweigen, Gras, Blättern und Pflanzenstängeln und ist mit feinem Gras und Wurzeln ausgekleidet.

Die Nahrung ist abhängig von der Jahreszeit. Zur Brutzeit besteht sie hauptsächlich aus Insekten wie Blattläusen, Rüsselkäfern und Raupen, die von Blättern und Zweigen abgesammelt werden. Zu anderen Zeiten sind Früchte und Samen wichtig, besonders Beeren, die vor dem Wegziehen im Herbst gefressen werden.

IM GARTEN

- Die Gartengrasmücke kommt manchmal in Gärten auf dem Land, besonders wenn Teile verwildert sind.

Zilpzalp

DER ZILPZALP IST DEM FITIS SO ÄHNLICH, dass er nur schwer von ihm unterschieden werden kann, außer durch den Gesang. Sogar erfahrene Vogelbeobachter sind sich oft nicht sicher. Viele Zilpzalps sind Zugvögel und verbringen den Winter in Afrika oder Südeuropa. Sie kehren im zeitigen Frühjahr zu ihren Brutplätzen im restlichen Europa zurück.

Der Zilpzalp *ist kleiner und dunkler als der Fitis und hat einen rundlicheren Kopf. Die Beine sind gewöhnlich schwarz, nicht braun.*

Phylloscopus collybita

Sylviidae

LÄNGE 10–11 cm
FLÜGELSPANNWEITE 15–21 cm

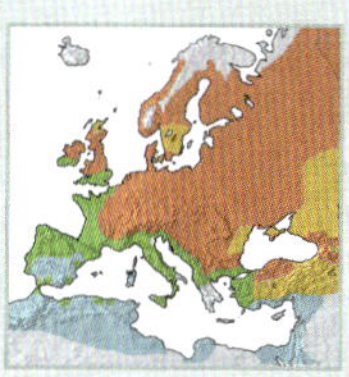

STIMME Gesang eine Serie zögernder *zilp-zalp*-Töne; Rufe mit einem lauten *wiiit*.
EIER 1–2 Gelege, je 4–7 Eier mit rötlichen Flecken, Mai bis Juli.
AUFZUCHT Das Weibchen brütet 13–15 Tage; die Jungen sind mit 14–16 Tagen flügge.

Gedämpfte Farben

Der Zilpzalp hat etwa die Größe einer Blaumeise. Der unauffällige Vogel ist olivgrün auf der Oberseite, gelblich auf der Unterseite und besitzt eine undeutliche helle Linie über dem Auge. Beide Geschlechter und die Jungtiere sehen ähnlich aus.

Wenn die Männchen von ihren Winterquartieren im Frühjahr wiederkommen, hört man ihr typisches, zögerndes *zilp-zalp* von den kahlen Ästen der Bäume ertönen. Sie verbringen oft eine kurze Zeit in Gärten, bevor sie sich im Wald oder manchmal auch in eingewachsenen Gärten mit Bäumen und Sträuchern niederlassen. Die Weibchen kommen zehn oder mehr Tage später an und schließen sich den Männchen in ihren Revieren an. Dort bauen sie eine hohle Nestkugel aus Gras und Blättern, meistens am Boden oder in Bodennähe. Ab Ende August sieht und hört man den Zilpzalp erneut im Garten, wenn die Jungvögel umherziehen. Kurz darauf wandern die meisten Tiere wieder Richtung Süden.

Der Zilpzalp frisst fast nur Insekten, im Herbst und Winter manchmal auch Früchte und Beeren.

Der agile Zilpzalp *startet oft von einem Ast, um fliegende Insekten zu fangen. Beim Sitzen zuckt er ständig mit dem Schwanz und den Flügeln.*

IM GARTEN

■ Gärten mit großen Sträuchern und verwilderten Ecken locken den Zilpzalp besonders im Spätsommer am ehesten an.

Wintergoldhähnchen

Wintergoldhähnchen nisten *am liebsten in Koniferenzweigen. Fichten und Tannen im Garten, die über 2 m groß sind, können als Nistplätze dienen.*

Das Wintergoldhähnchen ist der kleinste europäische Vogel. Es gibt Aufzeichnungen darüber, dass sich diese Vögel sogar in Spinnennetzen verfangen haben. Das Wintergoldhähnchen gehört zur Familie der Zweigsänger und lebt fast immer in Nadelgehölzen oder in der Nähe von Laubbäumen. Im dichten Laub ist es nur schwer auszumachen. Sein typischer Gesang verrät seine Anwesenheit.

Winziger Zweigsänger

Dieser winzige Vogel verhält sich wie eine Meise und sucht zwischen Blättern nach Insekten und Spinnen. Die Oberseite ist olivgrün, die Unterseite hell gelblich gefärbt. Kennzeichnend sind der weiße Ring um die Augen und die gelbe Kappe. Beim Männchen befindet sich inmitten der gelben Kappe ein roter Fleck. Jungtieren fehlt der bunte Kopffleck. Das Wintergoldhähnchen kann mit dem Sommergoldhähnchen verwechselt werden, ist aber etwas kleiner, das Gefieder ist nicht so bunt, und ihm fehlt der weiße Streifen über dem Auge.

Wintergoldhähnchen sind monogam, beide Partner bauen am Nest. Das Nest wird unter Blättern an einem Astende aufgehängt. Es besteht aus Moos und Flechten, wird mit Spinnweben zusammengehalten und befestigt und mit Federn und Haaren gepolstert. Das Weibchen legt zum zweiten Mal, bevor die erste Brut flügge geworden ist, und überlässt deren Versorgung dem Männchen. Mit zwei großen Gelegen im Jahr können die Bestände trotz der großen Verluste im Winter erhalten werden.

Das Wintergoldhähnchen frisst Spinnen und Insekten, besonders Fliegen, Blattläuse und Käfer und deren Larven, manchmal auch größere Arten wie Nachtfalter.

Regulus regulus

Sylviidae

LÄNGE 9 cm
FLÜGELSPANNWEITE 13–16 cm
STIMME Gesang dünn, zwitschernd *siedli-i-siedli-i-didl-iio*; Ruf ein dünnes *si-si*, womit Paare und Schwärme Kontakt halten.
EIER Zwei Gelege, je 7–10 braun gefleckte weiße oder gelbliche Eier, Mai bis Juli.
AUFZUCHT Das Weibchen brütet 14–17 Tage; die Jungen sind mit 16–21 Tagen flügge.

J F M A M J J A S O N D

IM GARTEN

Wintergoldhähnchen kommen selten an Futterhäuschen, bei extremer Kälte nehmen sie jedoch Talg. Sie nisten in Zypressen, Lärchen und anderen Koniferen, aber auch in Efeu und Ginster.

Wintergoldhähnchen *suchen in Bäumen und Hecken, selten am Boden nach Nahrung und sind erstaunlich zutraulich.*

Trauerschnäpper

Der Trauerschnäpper nistet in Baumlöchern und nimmt auch Nistkästen an. In manchen Gegenden konnte das Brutgebiet durch geeignete Nistkästen vergrößert werden. Trauerschnäpper leben bevorzugt in Laubwäldern, besonders solchen mit Eichen oder Birken, oder in Mischwäldern. Auch in Parks und großen Gärten kommen sie vor.

Sommergast

Zur Brutzeit besitzt das Trauerschnäppermännchen ein unverwechselbares schwarz-weißes Gefieder. Die Oberseite ist schwarz mit einem typischen weißen Muster auf den Flügeln. Die Unterseite ist weiß. Weibchen, Jungtiere und Männchen außerhalb der Brutzeit sind braun statt schwarz, haben aber auch die weißen Abzeichen auf den Flügeln und am Schwanz, die sie vom Grauschnäpper unterscheiden.

Trauerschnäpper verbringen den Winter im tropischen Afrika und kehren zum Brüten nach Europa zurück. Die Männchen kommen zuerst an und wählen den Nistplatz aus. Ein Männchen lockt ein Weibchen mit Gesang und Balzverhalten zum Nistplatz. Die Qualität des Nistplatzes ist für das Weibchen bei der Partnerwahl entscheidend. Das Weibchen baut ein becherförmiges Nest aus Blättern, Gras und Moos. Beide Eltern versorgen die Jungen.

Der Trauerschnäpper verbringt weniger Zeit mit der Jagd auf fliegende Insekten als der Grauschnäpper, er pickt Insekten wie Raupen, Käfer und Fliegen meist von Blättern oder vom Boden. Außerhalb der Brutzeit frisst er kleine Früchte, Beeren und Samen.

Im Winter *sieht das Männchen wie das Weibchen aus und ist oberseits eher braun als schwarz gefärbt.*

Manche Männchen *paaren sich mit zwei oder sogar drei Weibchen, helfen gewöhnlich aber nur bei der Aufzucht der ersten Brut.*

Ficedula hypoleuca

Muscicapidae

LÄNGE 13 cm
FLÜGELSPANNWEITE 21–24 cm

J F M **A M J J A S** O N D

STIMME Gesang eine Folge von auf- und absteigenden Tönen; Ruf ein weiches *sirr.*
EIER Ein Gelege, 4–7 blassblaue Eier, April bis Mai.
AUFZUCHT Das Weibchen brütet 13–15 Tage; die Jungen sind mit 14–17 Tagen flügge.

IM GARTEN

■ Trauerschnäpper nisten in Obstplantagen, Parks und großen Gärten. Sie benutzen Nistkästen mit Eingangslöchern von 32 mm Durchmesser in 2–4 m Höhe.

Grauschnäpper

TROTZ SEINER UNSCHEINBAREN ERSCHEINUNG ist der Grauschnäpper wegen seines Nahrungsverhaltens interessant zu beobachten. Er lebt fast ausschließlich von fliegenden Insekten. Diese fängt er, indem er von einem Ansitz aus startet, sie mit dem Schnabel packt, während er kurz in der Luft steht, und zurück zu seinem Ansitz fliegt. Der Grauschnäpper kommt als Sommergast von Südafrika nach Europa.

Jungtiere *sehen ähnlich wie erwachsene Grauschnäpper aus, sind aber besonders an Kopf und Rücken stärker gefleckt.*

Schlichte Farben

Der Grauschnäpper ist leicht an dem großen Kopf und seiner aufrechten Sitzposition zu erkennen und natürlich an seinem typischen Jagdverhalten, obwohl Buchfinken und andere Vögel manchmal dieselbe Technik anwenden. Das gräulich braune Gefieder ist an Kopf und Brust gestrichelt, erscheint aber fast grau. Männchen und Weibchen sehen gleich aus. Der leise, piepsende Gesang ist nicht oft zu hören.

Der Grauschnäpper *baut sein Nest auf einem geeigneten Sims an einem geschützten Ort. Dieser Platz in einem Schuppen ist ideal.*

Spätankömmling

Der Grauschnäpper ist einer der letzten Zugvögel, die bei uns ankommen. Daher beginnt seine Brutzeit später als bei anderen Insektenfressern wie Grasmücken und Meisen. Die Jungen schlüpfen erst im Hochsommer, wenn heiße Tage für ein großes Angebot an Insekten sorgen.

Das Nest aus Moos, Gras und Zweigen, von Spinnweben zusammengehalten und mit Haaren und Federn ausgekleidet, wird vorwiegend vom Weibchen in einer Spalte in einem Baumstamm oder einer Mauer, einer Kletterpflanze oder einem alten Nest gebaut. Kletterpflanzen, Hängekörbe und nach vorne offene Nistkästen locken Grauschnäpper zwar in Gärten, meist sind sie jedoch nur Durchzügler.

Spezialist in der Luft

Der Grauschnäpper frisst vor allem Fliegen, aber auch Blattläuse, Bienen, Wespen und Schmetterlinge. Hat er die Insekten in einem Gebiet weggefangen, sucht er sich einen neuen Ansitz, kehrt aber später an den alten Ort zurück. Er fängt bevorzugt Insekten, die auch die Mühe lohnen, wie z.B. große Schmeißfliegen. Hummeln sind noch größere Happen, bei ihnen muss jedoch der Stachel entfernt werden, was Zeit kostet, die für die Jagd auf andere Insekten genutzt werden kann. Daher werden sie nur morgens gefangen, bevor die Fliegen aktiv sind.

IM GARTEN

- Grauschnäpper fressen fliegende Insekten und kommen niemals ans Futterhäuschen. Manchmal nisten sie in offenen Nistkästen mit niedriger Stirnseite.

Als Waldrandbewohner *besiedelt der Grauschnäpper Gärten, die einen Ansitz für die Jagd, Deckung zum Nisten und Wasser bieten.*

Grauschnäpper *fressen fast ausschließlich fliegende Insekten, außer bei ungewöhnlich kaltem oder nassem Wetter. Dann picken sie Insekten aus dem Laub und nehmen sogar Beeren.*

Muscicapa striata

Muscicapidae

LÄNGE 14 cm
FLÜGELSPANNWEITE 23–25 cm

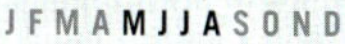

STIMME Gesang ein leises, schwaches Trällern; Ruf ist ein lautes, dünnes *zrri*.
EIER 1–2 Gelege, je 4–5 gefleckte, grünliche Eier, Mai bis Juli.
AUFZUCHT Das Weibchen brütet 12–14 Tage; die Jungen sind mit 12–16 Tagen flügge.

Da das Überleben *des Grauschnäppers von fliegenden Insekten abhängt, ist er nur kurz in Europa und kehrt schon im Spätsommer, wenn die Insekten weniger werden, in sein Winterquartier in Afrika zurück.*

Schwanzmeise

EIN CHOR AUS WIEDERHOLTEM *sii-sii-sii, tsirrüp* und *pit*-Tönen kündigt die Ankunft eines Schwarms Schwanzmeisen an, die akrobatisch durch die Bäume turnen. Diese netten kleinen Vögel sind entfernt mit den echten Meisen verwandt und treten meistens in Gruppen auf. Im Sommer handelt es sich dann um Familien, außerhalb der Brutzeit bilden sich zur Nahrungssuche größere Schwärme.

IM GARTEN

Schwanzmeisen nehmen Erdnüsse sowie auf Baumstämme gestrichenen Talg. Sie lernen zunehmend, an Futtergefäßen zu fressen.

Aegithalos caudatus

Aegithalidae

LÄNGE 14 cm
FLÜGELSPANNWEITE 16–19 cm
STIMME Gesang zwitschernd; Rufe ein scharfes *tsirrüp*, ein hohes, dünnes, wiederholtes *sii* beim Flug und ein kurzes *pit*.
EIER Ein Gelege, 8–12 gefleckte weiße Eier, April bis Juni.
AUFZUCHT Das Weibchen brütet 14–18 Tage; die Jungen sind mit 14–18 Tagen flügge.

J F M A M J J A S O N D

Schwanzmeisen *sehen im Sommer schlank aus. Im Winter plustern sie sich stark auf und wirken dann recht kugelig.*

Jungvögel *sehen den Erwachsenen ähnlich, aber sie haben keine rosa Abzeichen, einen kürzeren Schwanz, einen braunen Rücken und mehr Grau am Kopf.*

Schwanzmeisen *gehören noch nicht allzu lange zu den Gartenbesuchern. Immer häufiger kann man sie an Futtergefäßen beobachten, besonders im Winter, wenn Nahrung knapp ist.*

Typische Gestalt

Mit dem langen Schwanz und dem kleinen, kugeligen Körper ist die Schwanzmeise unverkennbar. Das Gefieder ist hauptsächlich schwarz-weiß gefärbt, besitzt aber einen rosa-grauen Hauch. Männchen und Weibchen sehen gleich aus. Jungtiere haben einen kürzeren Schwanz und kein Rosa im Gefieder. Im Flug sind Schwanzmeisen am besten an ihrem langen Schwanz zu erkennen.

Großfamilien

Schwanzmeisen nisten nicht in Höhlen oder Nistkästen. Familien, zu denen die Eltern, ihre Jungen und andere mit dem Männchen verwandte Vögel gehören, bleiben den Winter über zusammen. In kalten Nächten kuscheln sie sich eng aneinander, um ihre winzigen Körper warm zu halten. Familien schließen sich oft zu größeren Schwärmen zusammen, die in den letzten Jahren immer häufiger in die Gärten kommen.

Zum Ende des Winters lösen sich die Schwärme auf, und die Schwanzmeisen besetzen ihre Reviere. Der Nestbau beginnt im zeitigen Frühjahr. Beide Partner brauchen etwa drei Wochen dafür, da das Nest so kompliziert gebaut ist. Es wird tief im Gebüsch oder hoch in einer Astgabel angelegt. Die Konstruktion (siehe unten) ist ziemlich elastisch, sodass sie sich ausdehnen kann, wenn die Jungen wachsen. Beide Eltern füttern die Jungen, auch noch zwei Wochen nachdem sie ausgeflogen sind. Elstern und Eichelhäher rauben etwa die Hälfte der Nester aus. Passiert dies, trennen die Eltern sich und helfen einem männlichen Verwandten und seiner Partnerin bei der Aufzucht der Jungen. So kommt es vor, dass vier oder fünf erwachsene Vögel an einem Nest sind.

Akrobatische Futtersuche

Schwanzmeisen picken vorwiegend kleine Insekten von Zweigen und Blättern ab. Raupen, Fliegen und Spinnen sind die Hauptnahrung. Sie sind bei der Nahrungssuche sehr flink und halten das Futter nicht wie andere Meisenarten mit dem Fuß fest, während sie daran picken. Stattdessen hängen sie an einem Fuß kopfüber, während sie mit dem anderen ihre Nahrung umklammern.

Das Nest *wird mit tausenden von Federn ausgepolstert. Innen ist es so eng, dass das brütende Weibchen seinen Schwanz abknicken muss, um hineinzupassen.*

Das Nest ist eine *kompliziert gebaute Kugel aus Moos, die mit Spinnweben und Haaren zusammengehalten wird. Die Vögel tarnen es mit Flechten.*

Tannenmeise

Tannenmeisen nisten in den Zweigen von Nadelbäumen und suchen dort auch nach Nahrung. Seit mehr Nadelbäume und Koniferenhecken in Gärten gepflanzt wurden, sind auch die Tannenmeisen häufiger dort zu finden. In einem Schwarm Blau- und Kohlmeisen wird die Tannenmeise leicht übersehen. Sie landet am Futterhäuschen, schnappt sich einen Kern, fliegt damit fort und kehrt eine Minute später zurück, um mehr zu holen. Die Samen frisst sie in Ruhe im Schutz eines Baumes oder Busches oder bewahrt sie für später auf.

Wie kleine Akrobaten *hängen Tannenmeisen oft an den Futtergefäßen, um an die besten Stücke heranzukommen.*

Winzige Meise

Die muntere Tannenmeise ist weniger bunt als die Blaumeise, kann aber mit Sumpf- und Weidenmeise verwechselt werden. Sie ist an dem weißen Fleck im Nacken zu erkennen, der sich vom schwarzen Kopf abhebt. Im Flug sind zwei weiße Binden auf den dunklen Flügeln sichtbar. Männchen und Weibchen sehen ähnlich aus, Jungtiere haben gelbliche statt weiße Wangen.

Die winzige Tannenmeise *kann noch auf den dünnsten Zweig-Enden nach Nahrung suchen.*

Paare und Brut

Außerhalb der Brutsaison leben Tannenmeisen oft in gemischten Meisenschwärmen, die Wälder und Gärten nach Nahrung absuchen. Im Frühjahr kehren die Paare in ihre Reviere zurück. Ihr *tsi-tsü, tsi-tsü* zeugt von ihrer Anwesenheit. Sie nisten in Städten in Gärten und Parks, wo zumindest einige Nadelbäume wachsen. Manchmal nehmen sie auch Nistkästen an. Das Eingangsloch sollte aber nur 24 mm Durchmesser haben, damit größere Meisen nicht hindurchpassen.

Das Nest wird aus Moos gebaut und mit Haaren ausgekleidet, was es von dem mit Federn gepolsterten Nest der Blaumeise unterscheidet. Auch wenn die jungen Tannenmeisen flügge sind, nutzen sie das Nest noch ein paar Tage als Rückzugsgelegenheit, bevor sie den Eltern folgen. Und auch später kehren sie zum Schlafen zurück.

Futterlager

Mit ihren langen Zehen kann die Tannenmeise Büschel von Tannennadeln und Zapfen ergreifen, um sie mit dem dünnen Schnabel nach Insekten abzusuchen. Sie frisst auch Raupen und Spinnen. Im Herbst und Winter stellen Samen, besonders aus Zapfen, die Hauptnahrung dar. Die Tannenmeise legt im Herbst Vorräte an und kommt häufig zum Futterhäuschen. Ihr Bestand hängt jedoch von den natürlichen Nahrungsquellen ab.

Mit erhobenen Flügeln *und Drohgebärden warnt diese Tannenmeise eine andere. Als kleinstes Mitglied der Meisenfamilie ist die Tannenmeise allen anderen Meisenarten unterlegen.*

Auf den ersten Blick *kann die Tannenmeise mit anderen kleinen Meisenarten verwechselt werden. Achten Sie auf den schwarzen Latz und den weißen Nackenfleck.*

IM GARTEN

■ Tannenmeisen kommen an Futterhäuschen mit Erdnüssen, Samen und Talg. Sie nisten manchmal in geschlossenen Nistkästen, wenn sie in einem Nadelbaum hängen.

Ein Loch in einem Baumstamm *ist der ideale Nistplatz. Geeignete Höhlen sind jedoch schwer zu finden, daher nutzt die anpassungsfähige Meise auch Löcher zwischen Baumwurzeln, Mauerspalten und sogar Mauselöcher.*

Parus ater

Paridae

LÄNGE 11–12 cm
FLÜGELSPANNWEITE 17–21 cm
STIMME Gesang ein helles, hohes *tsi-tsü tsi-tsü*; Ruf ähnlich wie Wintergoldhähnchen *tzi-tzi*.
EIER 1–2 Gelege, je 7–12 gefleckte weiße Eier, April bis Juni.
AUFZUCHT Das Weibchen brütet 14–16 Tage; die Jungen sind mit 18–20 Tagen flügge.

Blaumeise

DIE MUNTERE BLAUMEISE gehört mit ihrem kessen Verhalten und den akrobatischen Vorstellungen an Meisenringen und Futterhäuschen zu den besonders reizenden Gartenbesuchern. Sie kommt regelmäßig zu den Futterstellen und ist ausgesprochen intelligent. Sie ergründet immer neue Nahrungsquellen und setzt beim Fressen sehr geschickt Schnabel und Füße ein. Außerdem lernt sie durch Nachahmung schnell von anderen Vögeln.

Die neugierige Blaumeise *untersucht bei der täglichen Suche nach Nahrung und Wasser alles Mögliche. Wenn Nahrung oder Nistplätze knapp sind, verteidigt sie mutig und aggressiv Revier und Futter.*

Parus caeruleus

Paridae

LÄNGE 11 cm
FLÜGELSPANNWEITE 17–20 cm
STIMME Gesang ein trillerndes *tsi-tsi-tsü-hü-hü-hü-hü*; Ruf ein dünnes *tsi*, ein raues *tsi-si-sit* und ein schimpfendes *tschürr.*
EIER Gewöhnlich ein Gelege, je 7–12 gefleckte weiße Eier, April bis Mai.
AUFZUCHT Das Weibchen brütet 12–15 Tage; die Jungen sind mit 16–22 Tagen flügge.

Das Weibchen *sammelt das Nistmaterial wie Wolle, Haare, Federn und feines Heu, mit dem das Nest ausgepolstert wird.*

Eine häufige Meise

Die Blaumeise ist leicht an der auffälligen Färbung, den hüpfenden Bewegungen und dem schnellen, schwirrenden Flug zu erkennen. Sie ist kleiner als die ähnliche Kohlmeise, hat eine blaugrüne Oberseite und eine gelbe Unterseite mit einem schwarzen Streifen auf dem Bauch. Der weiße Kopf hat eine kräftig blaue Kappe und eine schwarze Zeichnung. Männchen sind leuchtender gefärbt als Weibchen.

Aufziehen der Brut

Blaumeisen bilden Paare, wenn sich die Winterschwärme im Januar zerstreuen. Der Nestbau beginnt, wenn das Weibchen den Eingang einer Höhle oder Spalte mit dem Schnabel bearbeitet. Dies tut es übrigens auch am Nistkasten, obwohl er schon eine passende Öffnung hat. Das Sammeln von Nistmaterial und das Bauen des Nestes dauern meist wenige Tage. Wenn schlechtes Wetter die Arbeit verzögert, kann es sich jedoch über mehrere Wochen hinziehen. Das Nest besteht aus Moos, Heu und kleinen Zweigen.

Blaumeisen sind die Vögel, die am häufigsten Nistkästen in Gärten beziehen. Sie brüten hier dennoch nicht so erfolgreich wie im Wald. Weil es in Gärten weniger einheimische Bäume gibt, ist auch das Angebot an Raupen, die zum Füttern der Jungen benötigt werden, knapper. Andererseits leben Blaumeisen im Garten länger als im Wald, weil sie an den Futterhäuschen zusätzliche Nahrung finden.

Ein Gartenliebling

Blaumeisen fressen im Sommer Insekten und Spinnen und im Winter eine Mischung aus Insekten und Samen, besonders Bucheckern. Blaumeisen gehen auch an Weidenkätzchen, Stachelbeer- und Johannisbeerblüten und andere Nektar liefernde Blüten. Einfallsreich nutzen sie verschiedene Nahrungsquellen, und da sie sehr zutraulich sind, können sie die Futterstationen im Garten optimal nutzen. Wenn sie einmal eine neue Nahrungsquelle entdeckt haben – wie Milchflaschen, die sie anpicken, um an den Rahm zu gelangen –, lernen sie schnell voneinander. Meist fliegen Blaumeisen auf ihren täglichen Runden nicht weiter als 10 km. Manche ziehen aber von ihren Brutgebieten in mehr als 100 km entfernte Gegenden.

Die leichten, flinken Blaumeisen *können praktisch in jeder Position fressen – auch kopfüber.*

Jungvögel *sind weniger farbenfroh als adulte Blaumeisen. Die Wangen sind gelblicher und die Kappe ist eher grün als blau.*

Blaumeisen bauen ihre Nester *in Löchern in Bäumen oder Gebäuden und benutzen gerne Nistkästen, zu denen sie jedes Jahr zurückkehren.*

IM GARTEN

■ Blaumeisen nehmen Früchte, Talg und Körner von Futtertischen und fressen Samen und Erdnüsse aus hängenden Futtergefäßen. Sie lieben auch halbierte Kokosnüsse. Im Garten nisten sie in geschlossenen Nistkästen.

Kohlmeise

NATÜRLICHE NISTHÖHLEN SIND IN GÄRTEN SELTEN. Daher nehmen Kohlmeisen, die im Winter regelmäßig Futterhäuschen besuchen, gerne Nistkästen an. Die lauten Vögel besitzen ein großes Gesangsrepertoire und können sich gegenseitig an den individuellen Strophen erkennen. Brütende Kohlmeisen reagieren beispielsweise nicht auf den Gesang der Nachbarfamilie, der eines Eindringlings löst hingegen sofort eine Reaktion aus.

Junge Kohlmeisen *sind weniger farbenfroh als adulte. Die Wangen sind eher gelblich als weiß und der Bauchstreifen ist weniger deutlich.*

Häufiger Besucher

Der größte Vertreter der Meisenfamilie ist oberseits blaugrün, auf der Unterseite gelb und hat einen schwarzen Kopf und weiße Wangen. Der schwarze Schwanz hat weiße Ränder. Die Weibchen sehen den Männchen ähnlich, haben aber einen schmaleren Streifen am Bauch. Jungtiere sind weniger bunt.

Meisen, die in Gärten nisten, *legen ihre Eier ein bis zwei Wochen früher als diejenigen im Wald, vielleicht weil sie von der künstlichen Beleuchtung stimuliert werden.*

Gartenbewohner

Der Brutbeginn hängt von den Frühlingstemperaturen ab und kann um bis zu vier Wochen variieren. Kohlmeisen benutzen gerne Nistkästen, im Garten finden sie jedoch nicht die Insektenvielfalt vor, die der Wald ihnen bietet. In Gartennestern werden weniger Eier gelegt, und weniger Jungvögel überleben. Das Weibchen baut das Nest in einem Nistkasten, einer Baumhöhle oder -spalte oder in einem Mauerloch. Es besteht aus Moos und Heu und wird mit Haaren, Wolle und Federn ausgekleidet. Beide Eltern füttern die Jungen im Nest und noch einige Zeit nach dem Ausfliegen. Diese müssen schneller selbstständig werden, wenn das Weibchen ein zweites Mal legt, was jedoch im Garten selten der Fall ist.

Samenspezialist

Im Winter besuchen Kohlmeisen im Garten häufig Futterhäuschen und hängende Futtergefäße, während sie im Wald Blätter und Steine auf der Suche nach Nahrung umdrehen. Im Winter fressen sie vorwiegend Baumsamen wie Bucheckern, Eicheln und sogar Haselnüsse, die sie aufhämmern, während sie sie mit dem Fuß gegen den Untergrund drücken oder in einer Spalte verkeilen. Auch Früchte werden manchmal gefressen, wobei die Meisen mehr an den Samen interessiert sind. Im Sommer sind Insekten wie Rüsselkäfer, Wanzen und Raupen, aber auch Spinnen und kleine Schnecken die Hauptnahrung.

Die Kohlmeise *ist größer als andere Meisen und auch weniger flink. Sie sucht häufig am Boden oder in Bodennähe nach Nahrung.*

Die Kohlmeise *besitzt eines der größten Lautrepertoires der Singvögel. Mit etwas Übung lässt sich sogar der Gesang einzelner Individuen erkennen.*

Parus major

Paridae

LÄNGE 14 cm
FLÜGELSPANNWEITE 22–25 cm

J F M A M J J A S O N D

STIMME Gesang variabel; Rufe *zi-zi-tä* und *dschä-dschä.*
EIER 1–2 Gelege, je 5–12 gefleckte weiße Eier, April bis Juni.
AUFZUCHT Das Weibchen brütet 12–15 Tage; die Jungen sind mit 16–22 Tagen flügge.

Die Kohlmeise *ist von anderen Meisen wie der kleineren Tannenmeise durch den deutlichen schwarzen Streifen am Bauch, der beim Weibchen etwas schmaler ist, und an den weißen Wangen auf dem schwarzen Kopf zu unterscheiden.*

IM GARTEN

- Kohlmeisen sind regelmäßige Besucher an Futtergefäßen jeglicher Art. Sie mögen Erdnüsse, Sämereien und Talg. Häufig nutzen sie geschlossene Nistkästen.

Sumpf- und Weidenmeise

DIE SUMPFMEISE *(Parus palustris)* sieht der Weidenmeise *(Parus montanus)* so ähnlich, dass auch erfahrene Vogelkenner sie zur genauen Bestimmung aus der Nähe sehen oder ihren Ruf hören müssen. Trotz des Namens ist die Sumpfmeise ein Waldvogel, der gerne in Wäldern, Hecken und eingewachsenen Gärten lebt, während die Weidenmeise Birken und Weiden in Feuchtgebieten bevorzugt.

Bei der Weidenmeise *ist die Kappe etwas blasser als bei der Sumpfmeise. Am besten unterscheidet man die Arten aber am Gesang.*

Ähnliche Arten

Sumpf- und Weidenmeisen sind so groß wie Blaumeisen, aber oberseits gräulich braun und unterseits schmutzig weiß gefärbt. Kappe und Latz sind bei beiden schwarz. Aus der Entfernung sind sie schwer zu unterscheiden, wenn man nicht den Gesang und die Rufe hört. Die Geschlechter sehen bei beiden Arten gleich aus. Junge Weidenmeisen sehen den adulten ähnlich. Junge Sumpfmeisen haben eine etwas blassere Kappe, sodass sie extrem schwer von Weidenmeisen zu unterscheiden sind.

Sumpfmeisen bauen ihre Nester in Baum- oder Mauerlöcher, gewöhnlich in Kopfhöhe oder tiefer. Weidenmeisen höhlen selbst Löcher in morschem Holz aus oder vergrößern schon vorhandene Hohlräume. Sumpfmeisen bauen ein Nest aus Moos und polstern es mit Haaren. Weidenmeisen verwenden Gras und Pflanzenfasern. Männchen und Weibchen beider Arten füttern ihre Jungen, bis sie das Nest verlassen. Sumpfmeisen füttern noch eine weitere Woche.

Beide Arten fressen zur Brutzeit Insekten und während des restlichen Jahres mehr Samen, Beeren und Nüsse als andere Meisen. Beide horten Futtervorräte, fressen sie aber meist innerhalb weniger Tage auf.

Parus palustris

Paridae

LÄNGE 11–12 cm
FLÜGELSPANNWEITE 18–19 cm
STIMME Die Sumpfmeise ruft laut *pitschä-pitschä*, die Weidenmeise tief und nasal *dä-dä-dä* und ein hohes *si-si*.
EIER 1–2 Gelege, je 6–9 weiße Eier mit rotbraunen Flecken, April bis Juni.
AUFZUCHT Das Weibchen brütet 13–15 Tage; die Jungen sind mit 17–20 Tagen flügge.

J F M A M J J A S O N D

IM GARTEN

- Sumpfmeisen besuchen Futterhäuschen, um Samen zu fressen. Manchmal nisten sie in geschlossene Nistkästen. Weidenmeisen bevorzugen Kästen, die mit weichem Material gefüllt sind.

Sumpfmeisen *sind keine häufigen Gartenbesucher, kommen aber manchmal in Gärten mit hohen Laubbäumen oder in Waldnähe.*

Kleiber

KLEIBER FLIEGEN NICHT WEIT und besuchen nur Gärten in Waldnähe. In Gärten mit großen Bäumen nisten sie auch. Zu jeder Jahreszeit hört man ihre lauten *zitt-zitt*-Rufe. Kleiber kommen häufig an Futterhäuschen und schließen sich bei der Nahrungssuche im Herbst und Winter oft Meisenschwärmen an.

Vorräte horten

Der längliche Kopf und der lange Schnabel geben dem Kleiber seine charakteristische Gestalt, und mit seinen ruckartigen Bewegungen ist er unverwechselbar. Der Körper ist oberseits blaugrau, auf der Unterseite hell rostfarben. Über dem Auge befindet sich ein auffälliger schwarzer Streifen. Männchen, Weibchen und Jungtiere sehen gleich aus.

Kleiber verbringen den Winter paarweise in ihren Revieren. Sie nisten in Löchern, deren Eingang mit Schlamm verputzt wird, vermutlich damit keine größeren Vögel wie Stare die Bruthöhle besetzen. Der Eingang wird genau in der richtigen Größe geformt, indem der Kleiber ständig ein- und ausschlüpft, solange der Schlamm feucht ist. Das Weibchen baut das einfache Nest und bebrütet die Eier, das Männchen hilft beim Füttern der Jungen.

Nahrung wie Spinnen und Insekten sucht der Kleiber in Spalten in der Rinde von Bäumen. Ab Herbst sammelt er Haselnüsse, Eicheln und Bucheckern. Er verkeilt sie in Löchern und hämmert sie mit seinem kräftigen Schnabel auf, wodurch ein Klopfen entsteht, das mit dem eines Spechtes verwechselt werden kann. Einige Nüsse versteckt er als Vorrat in Spalten.

Kleiber bauen *ihre Nester in Baumlöcher und nutzen auch Spechthöhlen. Das Nest ist ein lockerer Haufen aus Holzspänen.*

Als einziger europäischer Vogel *klettert der Kleiber an einem Baumstamm mit dem Kopf voran nach unten und nach oben, ohne seinen Schwanz als Stütze zu benutzen.*

Sitta europaea

Sittidae

LÄNGE 14 cm
FLÜGELSPANNWEITE 16–18 cm

STIMME Gesang ein schnelles, trillerndes *tschi-tschi-tschi*; Ruf ein klingelndes *zitt-zitt*.
EIER 1–2 Gelege, je 6–9 gefleckte weiße Eier, April bis Mai.
AUFZUCHT Das Weibchen brütet 14–15 Tage; die Jungen sind mit 23–25 Tagen flügge.

IM GARTEN

Kleiber sind farbenfrohe Gäste am Futterhäuschen. Sie nehmen Erdnüsse, Sonnenblumenkerne, Vogelkuchen und Talg. Sie nisten in geschlossenen Nistkästen mit einem Eingangsloch von 32 mm Durchmesser.

Waldbaumläufer

Der Waldbaumläufer ist ein kleiner Vogel mit langem Schwanz, der wie eine Maus an Baumstämmen hoch und auf Ästen entlang rennt. Dann fliegt er zum Fuß des nächsten Baumes und arbeitet sich wieder hoch. Im Gegensatz zu Kleibern und Meisen hängt er nicht kopfüber und hüpft nur aufwärts, wobei er seinen kräftigen Schwanz wie ein winziger Specht als Stütze benutzt.

Der Waldbaumläufer, *hier im Flug, ist schwer vom Gartenbaumläufer zu unterscheiden. Achten Sie auf die reinweiße, nicht gelbliche Unterseite.*

Certhia familiaris

Certhiidae

LÄNGE 13 cm
FLÜGELSPANNWEITE 18–21 cm

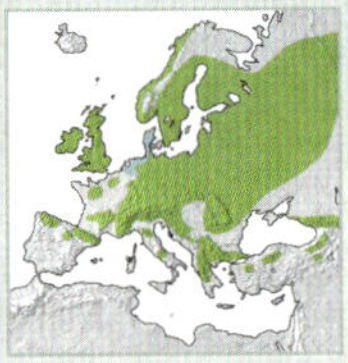

J F M A M J J A S O N D

STIMME Gesang ist ein hohes, dünnes *siiih-si-iih-sissi-sui.*
EIER 1–2 Gelege, je 5–7 gefleckte weiße Eier, April bis Juni.
AUFZUCHT Das Weibchen brütet 12–20 Tage; die Jungen sind mit 13–17 Tagen flügge.

Baumbewohner

Der Waldbaumläufer ist ein braun gestrichelter Vogel mit langem Schwanz, einer weißen Unterseite und einem dünnen, gebogenen Schnabel. Beide Geschlechter und die Jungtiere sehen gleich aus. Die Vögel sind auf große Bäume angewiesen, wo sie Nistplätze und Insekten finden. Daher sind sie nur in eingewachsenen Gärten zu beobachten, besonders im Winter.

Waldbaumläufer bleiben das ganze Jahr in ihrem Revier oder in dessen Nähe. Ihr Gesang hört sich wie eine höhere Variante des Buchfinkgesangs an, er ist jedoch leise und nur schwer zu erkennen. Das Nest liegt gewöhnlich hinter einem lockeren Stück Borke, hinter einer Fassadenverkleidung oder in sonstigen Spalten und Löchern an Bäumen oder Gebäuden. Manchmal nisten Waldbaumläufer in Lücken hinter Nistkästen. Beide Eltern bauen das Nest aus Zweigen, Gras und Moos und kleiden es mit Federn, Haaren und anderem weichen Material aus. Die ausgeflogenen Jungvögel bilden oft gemischte Schwärme mit Meisen und Wintergoldhähnchen, sodass viele Augen nach Feinden Ausschau halten können.

Waldbaumläufer fressen vorwiegend Insekten, im Winter aber auch kleine Samen, besonders von Fichte und Kiefer.

Der Waldbaumläufer *ist auf Insekten als Nahrung spezialisiert. Mit seinem dünnen, gebogenen, pinzettenähnlichen Schnabel pickt er Grillen, Ohrwürmer und Spinnen aus Spalten in der Borke.*

IM GARTEN

Waldbaumläufer suchen an Futterhäuschen nach Sämereien, werden aber auch von Talg, der auf Borke oder in Löcher gestrichen wird, angelockt. Natürliche Nistplätze sind rar, daher nehmen sie spezielle keilförmige Nistkästen an.

Aaskrähe

WIE ANDERE KRÄHEN meidet die Aaskrähe nach Jahrhunderten der Verfolgung den Menschen; wenn sie jedoch in Ruhe gelassen wird, kommt sie auch in Gärten. In Teilen Europas wird die schwarze Rabenkrähe (*Corvus corone corone*) durch die Nebelkrähe (*Corvus corone cornix*) abgelöst, eine Unterart mit grauem Körper.

Die Nebelkrähe *ist in Nord- und Osteuropa weit verbreitet und wird von manchen schon als eigene Art angesehen.*

Farbvariationen

In hellem Licht bekommt das schwarze Gefieder der Rabenkrähe einen glänzend grünen und blauen Schimmer. Der gebogene Schnabel und der flache Kopf unterschieden sie von der ähnlichen Saatkrähe. Bei der Nebelkrähe sind auch Kopf und Flügel schwarz, der Körper ist hingegen grau. Überlappen sich die Verbreitungsgebiete, kreuzen sich Raben- und Nebelkrähe, und bei den Hybriden liegt die Gefiederfärbung dazwischen.

Krähen verpaaren sich fürs Leben. Ein Paar verteidigt sein Revier die meiste Zeit des Jahres und vertreibt Eindringlinge mit energischen Rufen. Das solide Nest wird von beiden Partnern hoch in einem Baum, auf einem Mast oder einem Gebäude gebaut. Es besteht aus drei Schichten: einer äußeren Hülle aus dicken, abgebrochenen Ästen, verklebt mit Erde, einer Schicht aus dünnen Zweigen, Wurzeln, Erde und Gras und einer Polsterung aus Haaren und Borkenfasern. Während das Weibchen brütet, steht das Männchen Wache, alarmiert bei Gefahr und bringt Futter.

Wie der Name sagt, frisst die Aaskrähe überfahrene Tiere und andere Kadaver, aber auch Getreide, Eicheln, Kartoffeln, Abfälle, Insekten, Schnecken und Würmer. Sie raubt auch die Eier und Nestlinge kleiner Vögel.

Corvus corone

Corvidae

LÄNGE 44–51 cm
FLÜGELSPANNWEITE 93–104 cm

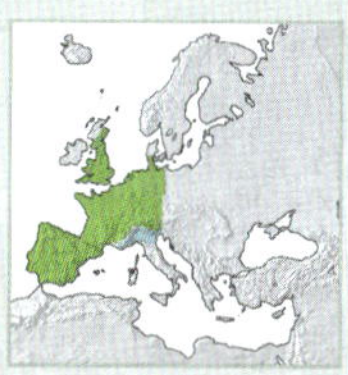

J F M A M J J A S O N D

STIMME Rufe sind ein raues Krächzen und ein kurzes *konk*.
EIER Ein Gelege, 3–6 gefleckte grünliche Eier, April bis Mai.
AUFZUCHT Das Weibchen brütet 18–19 Tage; die Jungen sind mit 30–36 Tagen flügge.

Die Aaskrähe *ist von der Saatkrähe an dem völlig schwarzen Gesicht zu unterscheiden.*

IM GARTEN

■ Aaskrähen kommen in Gärten, um nach Küchenabfällen zu suchen.

Saatkrähe

Saatkrähen bauen ihre Nester *in Baumkronen aus Zweigen und Stöcken und kleiden sie mit weicherem Material wie Moos, Blättern und Gras aus. Beide Eltern füttern die Jungen, sogar noch sechs Wochen nachdem sie das Nest verlassen haben.*

Die Saatkrähe sieht der Aaskrähe zwar ähnlich, hat aber ein völlig anderes Sozialverhalten. Sie ist kein Einzelgänger, sondern nistet in Kolonien und fliegt in großen Schwärmen, die gemeinsam auf Feldern nach Nahrung suchen. Die Saatkrähe ist zu wachsam, um regelmäßig in Gärten zu kommen, besucht aber manchmal ruhige Gärten, die in der Nähe einer Kolonie liegen.

Sozialleben

Aus der Nähe betrachtet ist die schwarze Saatkrähe mit dem schlanken Schnabel, dem spitzen Oberkopf und dem grauen, nackten Gesicht unverkennbar. Die abstehenden Federn an den Beinen wirken wie ausgebeulte Hosen. Bei flüchtiger Betrachtung kann man die Saatkrähe mit der Rabenkrähe verwechseln. Männchen und Weibchen sehen gleich aus, die Jungtiere jedoch haben ein schwarzes, befiedertes Gesicht und sind weniger glänzend, sodass sie schwerer von der Rabenkrähe zu unterscheiden sind.

Saatkrähen nisten in Kolonien, deren Größe von einigen bis zu mehreren tausend Nestern reichen kann. Die Kolonie befindet sich in der Regel in der Krone eines hohen Baumes, und die Nester werden oft dicht beieinander gebaut. Das Männchen wählt den Nistplatz aus und beginnt mit dem Nestbau, dem sich das Weibchen später anschließt. Saatkrähen fressen Regenwürmer und Insekten, kleine Säugetiere, Vogeleier und Nestlinge, Aas sowie junges Getreide, Eicheln und Früchte. Sie suchen vornehmlich auf Feldern nach Nahrung, kommen im Sommer aber manchmal in Gärten, wenn sie auf den trockenen Äckern nicht genug Nahrung finden. Im Winter durchwühlen sie auch Müllhalden und Abfalltonnen.

Corvus frugilegus

Corvidae

LÄNGE 44–46 cm
FLÜGELSPANNWEITE 81–99 cm
STIMME Rufe mit einem heiseren *kaar*; der Gesang ist eine Mischung aus leisem Krächzen, Rasseln und Gackern.
EIER Ein Gelege, 2–6 gefleckte grünliche Eier, März bis April.
AUFZUCHT Das Weibchen brütet 16–18 Tage; die Jungen sind mit 30–36 Tagen flügge.

J F M A M J J A S O N D

Der Gesang der Saatkrähe *ist eine unmelodische Reihe von Rufen. Die Männchen versuchen damit, ein Weibchen anzulocken.*

IM GARTEN

- Saatkrähen kommen in Gärten, nehmen Talg und suchen nach Küchenabfällen.

Dohle

Dohlen sind **Kulturfolger,** *die auf Gebäuden nisten und in Mülltonnen nach Nahrung suchen.*

DIE DOHLE IST EIN SOZIALER und unterhaltsamer Vogel. Sie ist in vielen Städten und Dörfern zu beobachten, wo sie ihre Nester in Gebäuden und alten Bäumen anlegt. Sie tritt oft zusammen mit anderen Krähenarten auf. Abgesehen von ihrer Größe ist sie an den scharfen *tschak*-Rufen zu erkennen. Beim Fliegen hört man ein helles *kja*.

Kleine Krähenart

Die Dohle ist schwarz und grau gefärbt und kleiner als Saat- oder Aaskrähe. Sie besitzt eine deutliche graue Kappe auf dem Hinterkopf. Das schwarze Gefieder hat einen bläulich violetten Schimmer. Jungtiere sind matter gefärbt, mit weniger Kontrast zwischen Haube und Körper, und ihre Augen sind noch nicht stechend hellgrau.

Lebenslange Bande

Dohlen nisten in Kolonien, meistens in Höhlen und Löchern in Baumstämmen oder Gebäuden oder in Felsspalten. Sie verpaaren sich fürs Leben, ein Schwarm besteht deshalb aus Vogelpaaren. Das Nest wird aus Unmengen von Stöcken gebaut und mit Haaren, Borke, Lumpen und anderen Materialien sowie mit Erde ausgekleidet. Das Paar teilt sich alle Arbeiten, aber nur das Weibchen bebrütet die Eier. Im Sommer kann die Nahrung knapp werden, was die Aufzucht der Jungen erschwert. Dann kommen Dohlen auch manchmal in Gärten.

Dohlen fressen alle Arten von pflanzlicher und tierischer Nahrung. Vorwiegend ernähren sie sich von Getreide, Früchten und Insekten, aber auch von Aas und Abfällen oder von Eiern und Nestlingen anderer Vögel.

IM GARTEN

■ Dohlen fressen im Garten Talg und Körner. Sie nisten in großen, geschlossenen Nistkästen mit einem Eingangsloch von 15 cm Durchmesser, die in sicherer Höhe angebracht sind.

Corvus monedula

Corvidae

LÄNGE 33–34 cm
FLÜGELSPANNWEITE 67–74 cm

J F M A M J J A S O N D

STIMME Gesang ist eine variable Folge von *tschak*-Rufen und anderen Tönen.
EIER Ein Gelege, 4–6 gefleckte blassblaue Eier, April bis Mai.
AUFZUCHT Das Weibchen brütet 17–18 Tage; die Jungen sind mit 28–36 Tagen flügge.

Dohlen suchen *vorwiegend am Boden nach Nahrung, jagen aber auch in Bäumen nach Raupen und Käfern.*

Eichelhäher

ALS VERTRETER DER RABENVÖGEL ist der Eichelhäher ein regelmäßiger Besucher in Gärten auf dem Land oder am Stadtrand und in Stadtparks, wo er Plätze mit vielen hohen Bäumen, besonders Eichen und Buchen, bevorzugt. Im Wald, seinem natürlichen Lebensraum, hört man oft die rauen, kreischenden Rufe oder sieht ihn kurz, wenn er mit ruckartigem, schwerfälligem Flug eine Lichtung durchquert.

IM GARTEN

■ Eichelhäher holen sich an Futterhäuschen Erdnüsse und Samen. Sie verlassen im Herbst häufig den Wald auf der Suche nach Eicheln und anderen Samen und Beeren.

Garrulus glandarius

Corvidae

LÄNGE 34–35 cm
FLÜGELSPANNWEITE 52–58 cm
STIMME Soziale Rufe und Warnrufe sind ein krächzendes *krar*; ahmt die Rufe von anderen Krähen, Waldkauz und Singvögeln nach.
EIER Ein Gelege, 3–6 gefleckte grünliche Eier, April bis Juni.

AUFZUCHT Das Weibchen brütet 16–17 Tage; die Jungen sind mit 21–22 Tagen flügge.

J F M A M J J A S O N D

Der scheue Waldvogel *kommt meistens am frühen Morgen in den Garten, bevor Menschen auftauchen. Am Boden oder auf einem Ast bewegt er sich selbstsicher hüpfend vorwärts und zuckt mit seinem langen, schwarzen Schwanz.*

Die Jungen *werden von beiden Eltern im Nest und noch weitere vier Wochen nach dem Ausfliegen gefüttert.*

Ein bunter Rabenvogel

Auf den ersten Blick könnte man den Eichelhäher für einen Wiedehopf halten. Er ist jedoch leicht an dem rosafarbenen bis graubraunen Körper, dem auffälligen schwarzen Bartfleck und dem leuchtenden Blau an den Flügeln zu erkennen. Die schwarz-weiß gestreiften Kopffedern können zu einer Haube aufgestellt werden. Männchen und Weibchen sehen gleich aus. Der Flug wirkt ruckartig und langsam. Im Herbst fliegt der Eichelhäher auf der Suche nach Eicheln hoch über den Baumkronen.

Nisten und Füttern

Im Gegensatz zu anderen Krähen lebt der Eichelhäher nicht sozial. Einzeltiere und Paare leben die meiste Zeit des Jahres in ihrem Revier. Im Frühjahr bilden sich Trupps von bis zu 30 Vögeln, um die Paare zusammenzubringen. Hierbei wird viel gebalzt und gesungen. Nach dem Verpaaren sind die Vögel monogam und bleiben ein Leben lang zusammen.

Die Nistzeit beginnt im April. Beide Partner bauen an dem unordentlichen Nest. Es besteht hauptsächlich aus abgebrochenen Ästen und wird mit dünnen Zweigen, Wurzeln, Haaren und Fasern, die vom Boden gesammelt werden, ausgekleidet. Das Männchen füttert das Weibchen, während es brütet. Bei Störung verlässt das Weibchen schnell das Nest. Viele Nester fallen daher Feinden zum Opfer.

Eicheln sind im Winter die Hauptnahrung, aber Eichelhäher fressen auch andere Samen und Früchte sowie Insekten, besonders Käfer und Raupen, außerdem Schnecken, Aas und manchmal Mäuse. Sie rauben auch gelegentlich die Nester kleinerer Vögel aus, meistens dann, wenn sie selber Junge haben.

Im Herbst sammelt der Eichelhäher riesige Mengen an Eicheln, aber auch Haselnüsse, Bucheckern und Koniferensamen. Er bringt seine Ernte in sein Revier – manchmal über viele Kilometer –, wo er sie vergräbt und Nüsse und Samen mit dem Schnabel in den Boden hämmert. Nahrung wird im Schnabel transportiert, aber auch in einer speziellen Tasche unterhalb des Schnabels und in der Kehle.

Im Winter, wenn die Nahrung knapp wird, kehrt der Eichelhäher zu seinen versteckten Vorräten zurück. Er kann sich genau erinnern, wo er sie vergraben hat, und findet sie auch unter einer 30 cm dicken Schneedecke.

Einen Eichelhäher *beim Baden im Garten zu beobachten erfordert viel Glück. Meistens fliegen die scheuen Vögel sofort weg.*

Das Nest *wird in eine Astgabel in einem hohen Busch oder manchmal in großer Höhe auf einem Gebäude gebaut.*

Ameisen *befreien das Gefieder von Parasiten. Dieser Eichelhäher breitet auf einem Ameisennest Flügel und Schwanz aus. Die Ameisen stechen nicht, sondern verspritzen Ameisensäure, durch die Parasiten wie Federlinge getötet werden.*

Elster

In den letzten Jahrzehnten hat der Bestand an Elstern dramatisch zugenommen, weil sie nicht mehr so stark bejagt werden dürfen. Sie passen sich außerdem gut an das Stadtleben an, wo Müllkippen, Futterhäuschen und überfahrene Tiere sie mit reichlich Nahrung versorgen. So überstehen wesentlich mehr Tiere den Winter und können in guter Verfassung in die Brutsaison gehen.

Mit ihrer Unverfrorenheit *nutzen Elstern jede Nahrungsquelle – so auch den Bast am Geweih eines Hirsches. Bast ist sehr nährstoffreich. Er besteht aus gut durchbluteter, fein behaarter Haut.*

Pica pica

Corvidae

LÄNGE 44–46 cm

FLÜGELSPANNWEITE 52–60 cm

J F M A M J J A S O N D

STIMME Rufe sind ein raues *kjäck* und ein wiederholtes *tschäk-tschäk.*

EIER Ein Gelege, 3–9 gesprenkelte grüne Eier, März bis April.

AUFZUCHT Das Weibchen brütet 18 Tage; die Jungen sind mit 24–30 Tagen flügge.

Elstern werden selten *mit anderen Vögeln verwechselt. Sie bleiben das ganze Jahr über im Garten. Nur wenige entfernen sich weiter als einige Kilometer von dort, wo sie geschlüpft sind.*

Beide Partner *beginnen im Winter mit dem Nestbau. Ideale Nistplätze sind dornige Bäume, manche Elstern bauen ihre Nester jedoch sogar auf dem Boden.*

Ein auffälliger Vogel

Der lange Schwanz, die auffällige Zeichnung und die Größe machen die Elster unverkennbar. Die schwarzen Federn am Körper schillern grün, blau und violett, während der Bauch und die Flügelenden weiß sind. Die Geschlechter sehen gleich aus. Im Geradeausflug wirken Elstern etwas schwerfällig, bei der Nahrungssuche oder beim Manövrieren sind sie überraschend flink.

Paare und Nachwuchs

Elsternpaare bleiben im Winter oft in ihrem Revier, nicht brütende Tiere leben aber häufig in Trupps. Junge Elstern besetzen ihr Revier, indem sie sich von einem etablierten Revier eine Ecke stehlen, oder durch die sogenannte Elsternhochzeit. Dabei versucht das junge Paar, ein bestehendes Revier zu besetzen. Die lautstarken Attacken der Eigentümer locken andere Elstern an, die das Schauspiel beobachten. Das Nest ist ein solides, kuppelförmiges Gebilde aus Stöcken und Zweigen, ausgekleidet mit Schlamm und Pflanzenmaterial, und wird meistens in einem Baum oder hohen Strauch angelegt. In einigen Teilen Europas nisten Elstern auch auf Gebäuden oder Strommasten. Das Nest hat einen Seiteneingang und ein Dach aus Stöcken zum Schutz vor Angriffen anderer Krähen, die das Nest zerstören und die Jungen töten würden. Manche Nester werden jedes Jahr wieder benutzt. Die großen Gebilde sind im Winter gut zu erkennen, wenn die Bäume das Laub abgeworfen haben. Die Jungen bleiben nach dem Ausfliegen noch einige Tage in der Nähe des Nestes und bilden häufig lockere Trupps. Oft sammeln sich über 100 Vögel am späten Nachmittag, bevor sie bei Sonnenuntergang in ihre Schlafbäume fliegen.

Jungvögel *sehen den Adulten sehr ähnlich, obwohl ihr Schwanz kürzer ist und das Gefieder weniger glänzt.*

Opportunisten

Elstern sind beim Fressen nicht wählerisch. Sie nehmen alles, von Käfern, Spinnen und Schnecken über Samen und Früchte bis zu Aas und Kot. Ist das Angebot groß, lagern sie Nahrung für schlechtere Zeiten. Sie jagen und töten andere Vögel und kleine Säugetiere, und zweifellos fressen sie auch Eier und Nestlinge. Aus diesem Grund wurden sie schon immer verfolgt. Neuere Untersuchungen haben jedoch gezeigt, dass Elstern keinen signifikanten Einfluss auf die Bestände von Gartenvögeln haben, außer möglicherweise in eng begrenzten Gebieten.

Flink bewegt sich die Elster *bei der Nahrungssuche auf dem Boden, abwechselnd hüpfend und mit stelzendem Gang. Der Allzweckschnabel ist kräftig genug, um Fleisch von einem Kadaver abzureißen.*

IM GARTEN

■ Elstern kommen regelmäßig zum Futterhäuschen. Sie werden von Gärten mit Hecken, Bäumen und Sträuchern angelockt und nisten in hohen Bäumen oder auf Gebäuden.

Star

IHRE DREISTE ART UND IHR RIESENAPPETIT haben Stare nicht gerade zu beliebten Gartenvögeln gemacht. Häufig räumen sie das Futterhäuschen leer, bevor ein anderer Vogel etwas ergattern kann. Sie sind außerdem ziemlich laut, wenn sie unter einem Dachvorsprung nisten. Dennoch sind Stare wegen ihres lebhaften Verhaltens und ihrer vielseitigen Aktivitäten interessant zu beobachten.

Wenn das Obst *im Herbst reift, gehört es zur Hauptnahrung der Stare.*

Aussehen und Brut

Stare sind mit ihrem glänzenden, schwarzen Gefieder, das metallisch blau, grün und violett schillert, unverwechselbar. Nach der Mauser im Sommer haben die Federn, besonders bei Jungvögeln, gelbliche und weiße Spitzen, so dass der Vogel wie mit Pailletten besetzt aussieht. Dieses Muster verschwindet im Frühjahr, weil sich die Federn abnutzen. Zur Brutzeit ist der Schnabel des Männchens an der Basis blaugrau, beim Weibchen rosa-weiß. Weibchen sind stärker gefleckt als Männchen, glänzen aber weniger. Stare schreiten mit großen Schritten über den Boden. Im Flug haben sie die Silhouette einer Pfeilspitze.

Das Starenmännchen verteidigt ein kleines Revier um ein Loch in einem Baum oder Gebäude, wo es ein Nest aus grobem Material baut. Im Winter bleibt das Männchen oft in seinem Revier und benutzt das Nest zum Schlafen. Das Weibchen polstert das Nest mit feinem Gras, Federn und Moos aus. Es bebrütet auch die Eier, aber das Männchen setzt sich auf das Nest, wenn das Weibchen es für kurze Zeit verlässt. Beide Eltern versorgen die Jungen. Später kann man beobachten, wie die Jungen auf dem Rasen die Eltern um Futter anbetteln.

Der junge Star *ist mit seinem mausbraunen Gefieder und dem dunklen Schnabel viel schlichter gefärbt als die adulten Tiere.*

Vielseitige Allesfresser

Stare ernähren sich von tierischem und pflanzlichem Material, fressen jedoch vorwiegend Regenwürmer, Schnakenlarven und andere kleine Tiere. Die Jungen werden nur mit tierischer Nahrung gefüttert. Bei der Nahrungssuche stößt der Star immer wieder schnell mit dem Schnabel in den Boden. Dieser besitzt kräftige Muskeln, die ihn bei jedem Stoß in die Erde offen halten. Der Star verdreht die Augen nach vorne und schielt in das Loch, um alles Essbare zu erkennen, während er gleichzeitig nach Feinden wie Katzen Ausschau hält.

Außerhalb der Brutzeit *ziehen die Stare abends in Schwärmen zu den gemeinsamen Schlafplätzen. Sie sammeln sich und kreisen mit größter Präzision in der Luft, wobei jeder Vogel seine Nachbarn genau im Blick hat, um Kollisionen zu vermeiden.*

Sturnus vulgaris

Sturnidae

LÄNGE 21 cm
FLÜGELSPANNWEITE 37–42 cm
STIMME Gesang ist eine Mischung aus Rasseln, Quietischen und Pfeifen, oft unterbrochen mit nachgeahmten Rufen anderer Arten.

J F M A M J J A S O N D

EIER 1–2 Gelege, je 4–6 blassblaue Eier, März bis April.
AUFZUCHT Das Weibchen brütet 11–15 Tage; die Jungen sind mit 21 Tagen flügge.

Das Nistmaterial *wird hauptsächlich vom Männchen gesammelt. Es baut auch ein grobes Nest aus Gras und Stängeln und verziert es mit Laub- und Blütenblättern von Pflanzen, die natürliche Insektizide enthalten. So schützt es sein Nest vermutlich vor Parasiten.*

IM GARTEN

Stare sind regelmäßige Gartenbesucher. Sie nehmen Körner und Erdnüsse. Manchmal benutzen sie große, geschlossene Nistkästen, bevorzugen aber ein Loch in einem Baum oder nisten unter einem Dachvorsprung an einem Haus oder Schuppen.

Zur Brutzeit *singt der Star von einem erhöhten Platz aus, wie dem Rand einer Dachrinne, meistens in der Nähe seines Nestes.*

Haussperling

DER HAUSSPERLING TRÄGT SEINEN NAMEN zu Recht. Da er menschliche Siedlungen als Schutz und Nahrungsquelle erfolgreich nutzt, konnte er Teile der Erde besiedeln, die ansonsten zu heiß, zu kalt, zu nass oder zu trocken für ihn wären. In den letzten Jahren sind jedoch viele Bestände in Europa dramatisch zurückgegangen.

IM GARTEN

Haussperlinge nehmen an Futterhäuschen Samen und Erdnüsse. Sie nisten manchmal unter Dachvorsprüngen oder in geschlossenen Nistkästen, aus denen sie sogar Meisen verjagen.

Passer domesticus

Passeridae

LÄNGE 14 cm
FLÜGELSPANNWEITE 20–22 cm
STIMME Eine Vielfalt an *tschilp*- und *tschelp*-Rufen, um in Kontakt zu bleiben und als soziale Rufe im Schwarm; der Gesang ist eine einfache Folge dieser Rufe.
EIER 2–3 Gelege, je 3–5 gefleckte weiße Eier, April bis August.
AUFZUCHT Beide Eltern brüten 11–14 Tage; die Jungen sind mit 11–19 Tagen flügge.

J F M A M J J A S O N D

Staubbäder dienen *der Gefiederpflege. Sie erfolgen meistens nach einem Wasserbad. Die Bewegungen laufen genauso ab wie beim normalen Baden, nur wird trockene Erde oder Staub auf einem Weg oder Beet anstelle des Wassers verwendet.*

Paare bleiben *ihr Leben lang zusammen, obwohl Untreue häufig vorkommt und für viele Nachkommen sorgt.*

Unverkennbarer Besucher

Das Männchen ist leicht an dem auffälligen Gefieder zu erkennen. Die braune Oberseite ist schwarz gestreift. Wangen, Kappe und Bürzel sind grau, der Latz ist schwarz. Weibchen und Jungvögel sind nicht so kräftig gemustert. Ihnen fehlt das Grau an Bürzel und Kappe und das Schwarz an Kopf und Kehle. Sperlinge haben einen schnellen Schwirrflug. In Parks kann man oft beobachten, wie Haussperlinge in Cafés Essensreste stibitzen. In Gärten sind sie manchmal nicht gerne gesehen, weil Schwärme dieser kleinen Vögel das Futter plündern, bevor scheue Arten zum Zuge kommen. In jüngster Zeit haben die Bestände in Europa jedoch stark abgenommen. Ein Grund ist wahrscheinlich der Mangel an der Nahrung, die für das Überleben der Jungen in den ersten Tagen erforderlich ist.

Das Weibchen *ist einfarbiger braun als das Männchen und kann auf den ersten Blick für ein Buchfinkenweibchen gehalten werden.*

Nähe zum Menschen

Haussperlinge nisten meistens an Gebäuden, obwohl sie auch manchmal Baumhöhlen benutzen oder die Nester anderer Vögel wie Rauch- und Mehlschwalben besetzen. Seltener bauen sie ihr kuppelförmiges Nest aus Gras in einen Baum oder eine Hecke. Männchen preisen den Nistplatz an, indem sie zwitschernd mit geschwellter Brust ihren schwarzen Latz präsentieren. Wenn die Jungen ausgeflogen sind, benutzen die Eltern im Winter weiterhin das Nest als Schlafplatz, während sich die Jungen in immergrünen Pflanzen und in Efeu zusammenkuscheln.

Haussperlinge sind vorwiegend Körnerfresser, die Jungen werden jedoch mit Insekten gefüttert. Dank ihre Dreistigkeit und ihres Erfindungsreichtums ernähren Spatzen sich vielseitig. Sie schütteln Insekten von Blättern, picken sie aus Spinnennetzen und Autokühlern heraus und stehlen sie sogar aus den Schnäbeln anderer Vögel. Von Meisen haben sie abgeschaut, wie man Milch aus Flaschen stiehlt und sich an Futtergefäße hängt.

Das Grasnest, *gepolstert mit Federn und Pflanzenfasern, wird von beiden Eltern gebaut. Beide brüten auch und füttern die Jungen.*

Haussperlinge *finden sich zum Fressen und Schlafen zu Schwärmen zusammen. Oft bestehen diese aus Vögeln mehrerer Kolonien.*

Feldsperling

DIE BESTÄNDE DES FELDSPERLINGS haben in letzter Zeit sehr stark abgenommen. Obwohl sie wegen ihrer Ähnlichkeit zum Haussperling oft übersehen werden, waren Feldsperlinge früher auf dem offenen Land häufig. In den letzten 30 Jahren sind ihre Bestandszahlen um über 90 Prozent zurückgegangen, vermutlich wegen der modernen landwirtschaftlichen Methoden.

Feldsperlinge *bauen ihre Nester in Löchern und Spalten in Bäumen, Gebäuden und Felsen sowie in Nistkästen, aus denen sie manchmal kleinere Arten vertreiben.*

Passer montanus

Passeridae

LÄNGE 14 cm
FLÜGELSPANNWEITE 20–22 cm
STIMME Ruf ist ein *tschürp*, höher als beim Haussperling. Im Flug bleiben die Tiere mit *tick*-Rufen in Kontakt.
EIER 1–3 Gelege, je 2–7 blassgraue Eier mit brauner Zeichnung, April bis Juni.
AUFZUCHT Beide Eltern brüten 11–14 Tage; die Jungen sind mit 15–20 Tagen flügge.

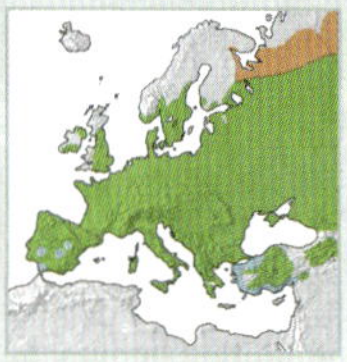

J F M A M J J A S O N D

Kräftige Zeichnung

Der Feldsperling sieht dem Haussperling recht ähnlich, ist aber an den Zeichnungen am Kopf und im Gesicht zu erkennen. Die kastanienbraune Kappe hat kein graues Zentrum wie beim Haussperling, und auf der weißen Wange befindet sich ein schwarzer Fleck. Jungtiere haben dieselbe Zeichnung, sind aber blasser in der Farbe.

Feldsperlinge bilden auf Feldern, in Parks und am Stadtrand, wo sich große Gärten befinden, lockere Kolonien. Ein Männchen preist sein kleines Revier mit *tschürp*-Rufen an. Das Paar baut ein Nest aus Blättern, Stängeln und Wurzeln und kleidet es mit Moos, Haaren und Federn aus. Derselbe Nistplatz wird mehrere Jahre lang benutzt, die wachsamen Vögel reagieren jedoch empfindlich auf Störungen. Man sollte sich dem Nest nicht nähern.

Feldsperlinge suchen vorwiegend am Boden und in niedrigen Büschen nach Nahrung. Sie fressen Körner und ziehen ihre Jungen mit Insekten groß.

IM GARTEN

- Wo Feldsperlinge häufig sind, kommen sie manchmal ans Futterhäuschen, um Körner zu fressen. Sie benutzen gerne geschlossene Nistkästen.

Männchen und Weibchen *des Feldsperlings sehen im Gegensatz zum Haussperling gleich aus.*

Bergfink

BERGFINKEN SIND IN SÜD- UND WESTEUROPA Wintergäste, nisten jedoch selten dort, sondern ziehen zur Brutzeit nach Nordeuropa oder Asien. Wenn es im Norden wenige Bucheckern gibt, kommen die Bergfinken in größerer Zahl in die wärmeren Winterquartiere.

Sind in den Winterquartieren *die Bucheckern knapp, kommen mehr Bergfinken in die Gärten und mischen sich dort unter die Buchfinken.*

Farbwechsel

Der Bergfink sieht dem Buchfink ähnlich, ist aber an dem weißen Bürzel und dem schwarzen Schwanz zu erkennen. Im Frühjahr bekommt das Männchen ein prächtiges Gefieder mit schwarzem Kopf und Rücken und Orange an der Brust und den Flanken. Weibchen und Jungtiere behalten die Winterfärbung in Braun und Grau mit blassem Orange an Brust und Flanken.

Brut und Ernährung

Bergfinken nisten in Kolonien in Birkenwäldern oder Mischwäldern aus Birken und Nadelbäumen. Das Weibchen baut ein Nest aus Borke, Heidekraut, Moos und Gras und polstert es mit Federn, Haaren und Moos. Es brütet die Eier allein, das Männchen hilft jedoch beim Füttern der Jungen.

Die Hauptnahrung sind Baumsamen, vor allem von Buche, Birke, Esche und Fichte, die Vögel nehmen aber auch Samen von Kräutern oder aus herabgefallenen Äpfeln, die andere Vögel geöffnet haben. Im Winter fressen Bergfinken vorwiegend Bucheckern, die sie sogar unter einer 40 cm dicken Schneedecke finden. Im Sommer fressen sie auch Insekten. Sie suchen in Bäumen und Sträuchern nach Raupen und Käfern und fangen fliegende Insekten aus der Luft.

Das Weibchen *baut das ziemlich unordentliche Nest hoch in einem Baum, entweder am Stamm oder in einer Astgabel.*

Fringilla montifringilla

Fringillidae

LÄNGE 15 cm
FLÜGELSPANNWEITE 25–28 cm

J F M A M J J A S O N D

STIMME Ruf im Flug ist ein nasales *tjäck.*
EIER 1–2 Gelege, je 5–7 blaue bis bräunliche gefleckte Eier, Mai bis Juni.
AUFZUCHT Das Weibchen brütet 11–12 Tage; die Jungen sind mit 13–14 Tagen flügge.

IM GARTEN

■ Bergfinken nehmen Sonnenblumenkerne und Erdnüsse vom Boden auf, manche haben auch gelernt, an Futtergefäßen zu fressen.

Buchfink

OBWOHL EIGENTLICH EIN WALDVOGEL, ist der Buchfink häufig in Gärten und Parks zu finden, wo er von hohen Bäumen und aufragenden Singposten seine Lieder ertönen lässt. Buchfinken kommen besonders häufig in Gärten, wenn die natürliche Nahrung knapp wird. Ihre Bereitschaft, in Gärten nach Futter zu suchen, könnte ein Grund sein, warum ihre Bestände nicht abgenommen haben.

IM GARTEN

■ Buchfinken fressen verschiedene Körner, Erdnusstückchen und Sonnenblumenkerne. Sie picken meistens unterm Futterhäuschen die Reste auf, nehmen aber manchmal auch Futter vom Futtertisch.

Fringilla coelebs

Fringillidae

LÄNGE 15 cm
FLÜGELSPANNWEITE 25–28 cm
STIMME Gesang ist eine Reihe wiederholter Töne, die mit einem Finkenschlag enden: *zit-ziz-zit-set-set-sett-wighio*; Rufe mit scharfem *pink-pink*.
EIER 1–2 Gelege, je 4–5 gefleckte blaue Eier, Mai bis Juni.
AUFZUCHT Das Weibchen brütet 12–14 Tage; die Jungen sind mit 11–18 Tagen flügge.

J F M A M J J A S O N D

Der untersetzte Buchfink *ist in Form, Zeichnung und Verhalten dem Bergfink recht ähnlich. Im Winter sieht man häufig beide Arten zusammen. Unterscheidungsmerkmale sind der rosafarbene Bauch und der grünliche Bürzel des Buchfinken.*

Das Weibchen *baut das zarte Nest. Über tausend Mal fliegt es los, um Nistmaterial zu sammeln.*

Auffallendes Gefieder

Der Buchfink ist ein farbenprächtiger Fink, der leicht an den auffälligen weißen Bändern an Flügeln und Schwanz zu erkennen ist. Die Erwachsenen mausern im Frühherbst und sind im Winter blasser gefärbt. Im zeitigen Frühjahr stoßen sich die gelblichen Federspitzen des Männchens ab. Dann kommt das Brutgefieder mit dem typischen Rosa an Gesicht und Körper und der schiefergrauen Kappe zum Vorschein.

Im Gegensatz zu vielen anderen Vögeln kann der Buchfink am Boden schreiten und hüpfen, wobei er oft leicht mit dem Kopf nickt. In Bäumen ist er nicht so flink. Der wellenförmige Flug wirkt mühelos.

Reviergesänge

Der Gesang des Buchfinken ist im Frühjahr und Sommer häufig zu hören, während seine Rufe das ganze Jahr über ertönen. Das Gesangsrepertoire variiert mit vielen lokalen Dialekten, so wie unsere Sprache regionale Dialekte kennt. Zu Beginn der Brutzeit, wenn sich die Winterschwärme auflösen, beginnen die Buchfinken an schönen Tagen in ihrem Revier zu singen. Sie fliegen bestimme Singposten hoch in den Baumkronen an, um von dort lautstark ihre Reviergrenzen zu markieren und Weibchen anzulocken. Hat sich ein Paar gefunden, dient das Revier der Futtersuche und als Nistplatz.

Der Nestbau beginnt im Frühling, bei warmem Wetter sogar früher. Das Weibchen baut das Nest aus Gras und Moos in eine Astgabel in einem Baum oder Strauch. Es kleidet es mit Federn und Würzelchen aus und verziert es außen mit Flechten und Spinnweben. Das Männchen leistet Gesellschaft,

Beim Singen *nimmt das Männchen mit erhobenem Kopf und herabhängendem Schwanz einen charakteristische Pose ein.*

hilft jedoch nicht mit. Es sorgt dafür, dass keine Rivalen in das Revier eindringen. Das Weibchen bebrütet die Eier und übernimmt auch den Großteil des Fütterns.

Das olivbraune Weibchen *ist nicht so bunt wie das Männchen, hat aber ähnlich auffällige weiße Flügelbänder und Schwanzränder.*

Fressen am Boden

Im Herbst und Winter fressen Buchfinken vorwiegend auf den Boden gefallene Samen von Gräsern, Vogelmiere und Ackersenf sowie Bucheckern. Zur Brutzeit suchen sie in Bäumen und Büschen nach Spinnen, Raupen, Fliegen und anderen Wirbellosen. Sie fressen auch fliegende Insekten, die sie von einem Ansitz aus in der Luft fangen wie Grauschnäpper.

Der Buchfink *ist auf Körnernahrung spezialisiert. Mit dem tiefen, breiten, scharfkantigen Schnabel kann er die Spelzen von den Samen entfernen.*

Bluthänfling

DIESER KLEINE FINK mied früher Gärten, wird mittlerweile jedoch immer häufiger dort gesehen. Da es auf dem Land für Körnerfresser immer schwieriger wird, Nahrung zu finden, hat er gelernt, auch Hirse und Sonnenblumenkerne zu fressen. Bluthänflinge leben gewöhnlich auf Äckern mit Hecken und Sträuchern, wo sie die Samen von Feldfrüchten und Kräutern fressen.

Ein Weibchen *geht in einem Kohlfeld auf Nahrungssuche. Bluthänflinge suchen vorwiegend am Boden nach Nahrung.*

Carduelis cannabina

Fringillidae

LÄNGE 13–14 cm
FLÜGELSPANNWEITE 21–25 cm
STIMME Gesang ein melodisches, abwechslungsreiches Zwitschern und Pfeifen.
EIER 1–3 Gelege, je 4–6 Eier mit violettbraunen Flecken, April bis Juni.
AUFZUCHT Das Weibchen brütet 11–13 Tage; die Jungen sind mit 10–12 Tagen flügge.

J F M A M J J A S O N D

Ein kleiner Fink

Der Bluthänfling besitzt ein braun gestreiftes Gefieder mit weißen Rändern an den Schwungfedern und am Schwanz. Zur Brutzeit ist das Männchen scharlachrot auf Kopf, Brust und Flanken und kastanienbraun am Rücken. Das Weibchen ist wie das Männchen im Winter braun gestreift. Die Jungen sehen wie schwach gestreifte Weibchen aus.

Bluthänflinge nisten in kleinen Gruppen mit bis zu zwölf Paaren, deren Nester nur wenige Meter voneinander entfernt sind. Das Nest ist ein Becher aus Zweigen, Stöckchen, Wurzeln und Moos, gepolstert mit Haaren und Wolle. Es wird etwa 1 m über dem Boden in dichten Büschen wie Ginster oder in jungen Koniferen angelegt.

Hänflinge fressen verschiedene kleine Samen, manchmal auch Wirbellose. Im Gegensatz zu den meisten Finken füttern sie die Jungen auch mit Samen. Zur Lieblingsnahrung gehören Samen von Flachs, auch als Leinsamen bekannt, und von Hanf oder Cannabis. Daher kommt der Name Hänfling und der wissenschaftliche Name *cannabina*.

Der Hänfling *ernährt sich fast ausschließlich von Samen, auch denen krautiger Pflanzen wie Disteln, Ackersenf, Knöterich, Löwenzahn und Ampfer.*

IM GARTEN

- Bluthänflinge kommen nicht häufig in Gärten, manchmal holen sie sich dort jedoch Hirse und Sonnenblumenkerne.

Birkenzeisig

DIESER KLEINE, AGILE FINK kommt erst seit kurzer Zeit in eingewachsene Gärten mit dichter Vegetation. Er lebt in lichten Wäldern, Heiden, Feldhecken und jungen Nadelbaumplantagen. Zusammen mit Zeisigen bildet er oft Schwärme, die in den Baumkronen nach Nahrung suchen.

Dem Weibchen *fehlt im Brutgefieder die rosa Brust des Männchens, aber es hat die auffallend rote Stirn.*

Aussehen und Brut

Der Birkenzeisig kommt in zwei eng verwandten Unterarten in Europa vor, die seit kurzem als zwei getrennte Arten anerkannt werden sollen. Die nördliche Form *Carduelis flammea flammea* ist etwas größer und blasser als die westliche Unterart *C. f. cabaret*. Der Birkenzeisig lässt sich vom ähnlichen Bluthänfling an dem roten Vorderkopf, dem schwarzen Kinn, dem blassen Bürzel und den zwei weißlichen Flügelbinden unterscheiden. Bei den Männchen sind Brust und Bürzel zur Brutzeit rosa gefärbt. Beide Geschlechter sind im Winter weniger bunt.

Außerhalb der Brutzeit leben Birkenzeisige gesellig. Schwarmweise begeben sie sich auf Nahrungssuche und zum Schlafen. Zur Brutzeit bauen sie ihre Nester oft eng zusammen in kleinen Gruppen niedrig in Bäumen oder Büschen. Das Nest besteht aus Zweigen, Stöckchen und Stängeln und wird mit Wurzeln, Gras und Blüten ausgekleidet.

Samenspezialist

Der Birkenzeisig ernährt sich vorwiegend von kleinen Samen, besonders von Birke und Erle und verschiedenen Gräsern, Weidenröschen, Mädesüß und vielen Unkräutern. Er frisst in Bäumen, kommt aber auch auf den Boden, besonders im Winter. Zur Brutzeit fressen die Vögel Insekten und deren Larven.

Carduelis flammea

Fringillidae

LÄNGE 11–15 cm
FLÜGELSPANNWEITE 20–25 cm

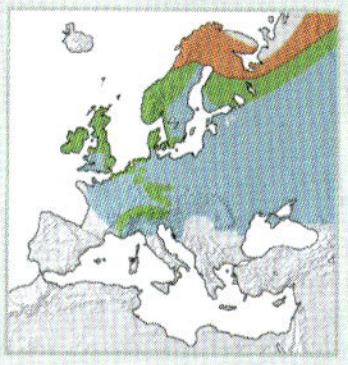

STIMME Der Gesang ist ein abgehacktes Zwitschern mit einem rasselnden *tscha-tscha-tscha-tscharr.*
EIER Zwei Gelege, je 4–6 bläuliche, gefleckte Eier, Mai bis Juni.
AUFZUCHT Das Weibchen brütet 10–12 Tage; die Jungen sind mit 9–14 Tagen flügge.

Der Birkenzeisig *kommt gerne in Gärten, wenn er dort Hängebirken oder viele Samen tragende Unkräuter findet.*

IM GARTEN

- Birkenzeisige werden von Sonnenblumenkernen und Nigersaat angelockt. Sie trinken an Teichen und Vogeltränken.

Stieglitz

DER WUNDERSCHÖN GEFÄRBTE STIEGLITZ, auch Distelfink genannt, kommt nur in gepflegte Gärten, wenn ihm Futter angeboten wird. Zum Glück lassen immer mehr Gartenbesitzer die Samenstände von Stauden nach der Blüte stehen. Auch Unkräuter locken Stieglitze an. Im Winter suchen sie auch Futterhäuschen auf.

Der pinzettenähnlichen Schnabel *ist ideal, um Distelsamen aus den Samenköpfen herauszuholen.*

Blickfang

Die farbenprächtige Zeichnung an Kopf und Flügeln macht den Stieglitz zu einem unverkennbaren und attraktiven Gartenbesucher. Er ist am Kopf rot, schwarz und weiß gezeichnet. Die schwarzen Flügel besitzen eine goldgelbe Binde. Die Geschlechter sehen ähnlich aus, doch das Weibchen hat weniger Rot im Gesicht. Jungvögeln fehlt die bunte Kopfzeichnung.

Carduelis carduelis

Fringillidae

LÄNGE 13 cm
FLÜGELSPANNWEITE 21–25 cm

STIMME Der Ruf ist ein munteres *ti-ke-lit*; der Gesang ein melodisches Zwitschern.
EIER 1–3 Gelege, je 5–6 gesprenkelte weiße Eier, Mai bis August.
AUFZUCHT Das Weibchen brütet 11–12 Tage; die Jungen sind mit 13–18 Tagen flügge.

Brut und Ernährung

Das Revier des Stieglitzes ist klein. Mehrere Paare nisten eng zusammen. Bei der Balz spreizen beide Geschlechter Flügel und Schwanz, um das bunte Gefieder zu präsentieren. Das Weibchen baut ein becherförmiges Nest aus Moos, Wurzeln und Flechten und polstert es mit Wolle und den Härchen der Distelsamen.

Zur Brutzeit fressen Stieglitze Blattläuse und Raupen, ansonsten vorwiegend kleine Samen. Im Garten bevorzugen sie Karde, Lavendel und Zitronenmelisse. Unkräuter wie Kletten, Disteln, Löwenzahn und Greiskraut locken sie an. Sie fressen auch Baumsamen, z.B. von Ulme, Birke und Kiefer. Kleine Trupps sind vor allem im April und Mai im Garten zu beobachten, wenn der Vorrat an wilden Samen erschöpft ist.

IM GARTEN

Stieglitze fressen im Garten die Samen verschiedener Sträucher und Bäume. Manchmal nehmen sie am Futterhäuschen Sonnenblumenkerne und Nigersaat.

Der Stieglitz *ist ein Teilzieher und in Europa weit verbreitet. Ein Teil der Bestände überwintert in den Brutgebieten, der Rest verbringt den Winter in Südeuropa.*

Grünfink

DER GRÜNFINK HAT IM LAUFE des 20. Jh. allmählich die Städte besiedelt und ist heute in den Gärten sehr häufig. Früher ein scheuer Vogel der Feldhecken und Gebüsche, hat er sich gut an das Gartenleben angepasst. Seine Bestände haben zugenommen, obwohl andere Körnerfresser unter den Veränderungen auf dem Land gelitten haben.

Grünfinken *sind von Spatzen leicht durch die gelben Flügelfelder und den kräftigen Schnabel zu unterscheiden.*

Regelmäßig im Garten

Es gibt nur wenige Futterhäuschen, an denen nicht Trupps von Grünfinken anzutreffen sind. Das Männchen fällt mit dem leuchtend grünen und gelben Gefieder auf. Das Weibchen ist dagegen unscheinbarer olivbraun gefärbt. Jungtiere sehen wie Weibchen aus, besitzen aber weniger Grün und Gelb und sind stärker gestreift.

Grünfinken nisten in kleinen Kolonien von etwa sechs Paaren, meistens in dichten Büschen und Kletterpflanzen. Koniferen und andere Immergrüne werden besonders früh im Jahr als Nistgehölze gewählt, wenn die Laubbäume noch keine Blätter tragen. Das Weibchen baut ein Nest aus Zweigen, Gras und Moos und polstert es mit Haaren und Würzelchen. Es bebrütet die Eier allein, das Männchen hilft aber beim Füttern der Jungen und übernimmt die Aufgabe ganz, wenn das Weibchen ein neues Nest baut, bevor die ersten Jungen flügge sind.

Grünfinken sind auf ein breites Angebot an Samen angewiesen, besonders von Unkräutern wie Distel, Ackersenf, Löwenzahn und Klette, aber auch von Bäumen wie Ulme, Eibe und Zypresse. Zur Brutzeit werden nur wenige wirbellose Tiere verzehrt.

IM GARTEN

- Grünfinken sind häufige Besucher am Futterhäuschen. Sie nehmen Erdnüsse und Sonnenblumenkerne und suchen auch am Boden nach den Resten, die andere Vögel heruntergeworfen haben.

Carduelis chloris

Fringillidae

LÄNGE 15 cm
FLÜGELSPANNWEITE 25–27 cm
STIMME Gesang eine Reihe von Tönen, die in einem lauten Pfeifen endet; Rufe sind ein wiederholtes *tschi-tschi* und ein raues *swiii* vom Männchen.
EIER 1–3 Gelege, je 4–6 gefleckte weiße Eier, April bis Juni.
AUFZUCHT Das Weibchen brütet 12–14 Tage; die Jungen sind mit 14–15 Tagen flügge.

J F M A M J J A S O N D

Im Herbst *fressen Grünfinken Früchte wie Brombeeren, wobei sie nur die Samen fressen und das Fruchtfleisch wegwerfen.*

Erlenzeisig

ERLENZEISIGE KOMMEN ERST SEIT den letzten 50 Jahren in die Gärten. Zunächst fraßen sie nur gelegentlich an hängenden Futtergefäßen, heute kommen sie oft regelmäßig. Die Zunahme von Nadelbaumplantagen in ganz Europa hat ihr Brutgebiet vergrößert. Es ist wahrscheinlich, dass Erlenzeisige demnächst auch in Gärten brüten werden.

Der Erlenzeisig *ist am häufigsten am Ende des Winters zu beobachten, wenn das Samenangebot knapp wird und viele Vögel sich darauf vorbereiten, wegzuziehen.*

Carduelis spinus

Fringillidae

LÄNGE 12 cm
FLÜGELSPANNWEITE 20–23 cm
STIMME Ruf *tluih* und ein Zwitschern beim Flug; Gesang ein liebliches Zwitschern, in einem Pfeifen endend.
EIER 1–2 Gelege, je 4–5 blassblaue Eier, April bis Juli.
AUFZUCHT Das Weibchen brütet 12–13 Tage; die Jungen sind mit 13–15 Tagen flügge.

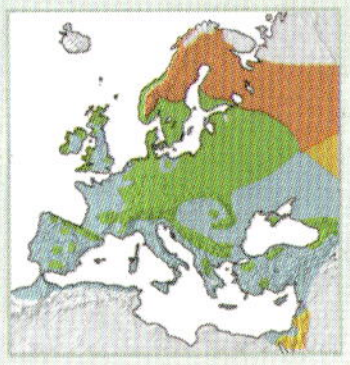

J F M A M J J A S O N D

Neuling im Garten

Der Erlenzeisig ist ein kleiner Fink mit einem deutlich gegabelten Schwanz und den akrobatischen Fähigkeiten einer Meise. Im Flug sind die gelben Binden auf Flügeln und Schwanz zu erkennen. Das Männchen ist leuchtend gelb und grün mit einer schwarzen Kappe und Schwarz an den Flügeln. Das Weibchen hat ein streifiges Gefieder. Ihm fehlen das Schwarz und die leuchtenden Farben. Jungtiere sind noch stärker gestreift und haben weniger Gelb. Der leise, zwitschernde Gesang ertönt von einem hohen Sitzplatz aus oder während des wellenförmigen Singfluges.

Das Weibchen baut ein kompaktes Nest aus kleinen flechtenbewachsenen Zweigen und polstert es mit kleinen Wurzeln, Haaren und Federn aus. Es befindet sich meistens am Ende eines Koniferenzweiges hoch über dem Boden. Das Weibchen brütet, und beide Eltern füttern die Jungen.

Der Erlenzeisig frisst Samen von Koniferen, Erlen, Birken, Ulmen, Disteln und Ampfer, während die Jungen mit Insekten gefüttert werden. Er sucht an den Enden dünner Zweige nach Futter, wo er kopfüber hängend Zapfen und Samenstände bearbeitet. Mit derselben Technik frisst er an hängenden Futtergefäßen.

Der Erlenzeisig *sieht dem Grünfink ähnlich, ist aber an der geringeren Größe und der streifigen Unterseite zu erkennen.*

IM GARTEN

- Der Erlenzeisig holt sich gerne Erdnüsse aus hängenden Futtergefäßen, aber auch Talg und kleine Samen.

Dompfaff

TROTZ SEINER PRÄCHTIGEN FÄRBUNG ist der Dompfaff, auch Gimpel genannt, leicht zu übersehen, weil er sich immer im dichten Laub aufhält. Seine Anwesenheit verrät er durch seinen weichen, pfeifenden Ruf, der aus der dichten Vegetation zu hören ist. Mit ihm hält er Kontakt zu Artgenossen.

Obwohl das Weibchen *nicht so bunt gefärbt ist, erkennt man es gut an der schwarzen Kappe und dem weißen Bürzel.*

Pyrrhula pyrrhula

Fringillidae

LÄNGE 15 cm
FLÜGELSPANNWEITE 22–26 cm

J F M A M J J A S O N D

STIMME Gesang ein ruhiges Trällern; Ruf ein pfeifendes *düh-düh.*
EIER Zwei Gelege, je 4–5 violett gestreifte grünblaue Eier, Mai bis Juni.
AUFZUCHT Das Weibchen brütet 12–14 Tage; die Jungen sind mit 14–16 Tagen flügge.

IM GARTEN

■ Der Dompfaff kommt manchmal zum Futterhäuschen, um Erdnüsse und Sonnenblumenkerne zu fressen.

Lebensweise

Mit dem großen Kopf und der unverkennbaren Zeichnung ist der Dompfaff leicht zu bestimmen. Kopf, Flügel und Schwanz sind schwarz. Auf Flügel und Bürzel befindet sich eine leuchtend weiße Binde. Die Seiten des Kopfes und die Unterseite sind rot gefärbt, beim Weibchen matter gelblich rosa. Jungtieren fehlt die schwarze Kappe und die Rotfärbung.

Im Gegensatz zu vielen Gartenvögeln bleiben die Dompfaffpärchen oft das ganze Jahr zusammen. Im Frühjahr wählt das Männchen den Nistplatz aus. Es führt das Weibchen zu geeigneten Orten in einer dichten Hecke oder Konifere, das Weibchen jedoch baut das zarte Nest aus feinen Zweigen und Wurzeln. Die Jungen werden von beiden Eltern im Nest und bis zu drei Wochen nach dem Ausfliegen gefüttert. Der Dompfaff frisst vorwiegend Samen, wenn diese am Ende des Winters knapp werden, geht er auf Knospen über. Besonders liebt er die frischen Knospen von Obstbäumen. Obstbauern bereitete er deshalb früher Probleme, mittlerweile sind seine Bestände jedoch stark zurückgegangen. Bevorzugt frisst er die Samen von Esche, Birke, Ampfer, Nessel und Brombeere.

Erwachsene Dompfaffen *sind fast reine Vegetarier, die von Beeren und Samen bis zu Schösslingen und Knospen alles fressen.*

Rohrammer

SEIT DIE URSPRÜNGLICHEN LEBENSRÄUME, Schilfgürtel, Feuchtwiesen und Sümpfe, zum großen Teil verschwunden sind, brütet die Rohrammer an trockeneren Plätzen wie Getreide- und Rapsfeldern und Nadelbaumkulturen oder an schilfbewachsenen Gräben und Teichen. Im Winter, wenn sie wegen Schnee und Eis keine Nahrung findet, sucht sie manchmal in Gärten nach Futter.

Nach der Mauser *wird die schwarze Kopfzeichnung beim Männchen durch gelblich braune Federspitzen verdeckt, die sich aber vor der nächsten Brutsaison abstoßen.*

Emberiza schoeniclus

Emberizidae

LÄNGE 15 cm
FLÜGELSPANNWEITE 21–26 cm

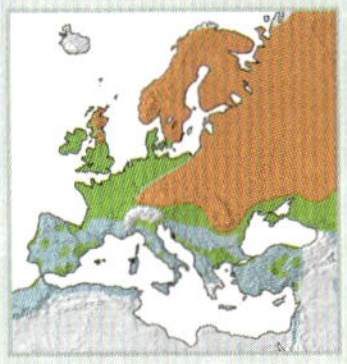

STIMME Gesang ein monotones *srip-srip-srip-sitip.*
EIER 1–3 Gelege, je 4–5 blaugraue, gefleckte Eier, Mai bis Juni.
AUFZUCHT Das Weibchen brütet 12–15 Tage; die Jungen sind mit 10–12 Tagen flügge.

Saisonale Unterschiede

Zur Brutzeit sind beim Rohrammermännchen Kopf und Kinn schwarz und der Halsring weiß gefärbt. In der restlichen Zeit des Jahres ist diese Zeichnung weniger auffällig. Der Rücken ist braun-schwarz gestreift, Unterseite und Bürzel sind grau. Im Winter sehen Männchen, Weibchen und Jungtiere spatzenähnlich aus, haben aber noch Reste von ihrem weißen Bartfleck.

Das Nest befindet sich in Feuchtgebieten oder auf Feldern zwischen Grasbüscheln oder unter Sträuchern. Das Weibchen baut es aus Stängeln und Blättern und polstert es mit Haaren, Moos, feinem Gras und Schilfblüten. Es brütet allein, das Männchen hilft jedoch beim Füttern der Jungen. Die Jungen verlassen das Nest, bevor sie fliegen können, und rufen aus der umliegenden Vegetation nach den Eltern. Die Eltern locken Feinde vom Nest weg, indem sie eine Verletzung vortäuschen.

Die Samen von Sumpfpflanzen, Gräsern und Getreide sind die Hauptnahrung, im Sommer fressen Rohrammern auch Insekten. Die Jungen werden nur mit Insekten wie Käfern, Wanzen und Raupen ernährt.

Das Gefieder *des Weibchens ist ähnlich gefärbt wie das des Männchens, die deutliche Kopfzeichnung fehlt jedoch. Der Kopf des Weibchens ist braun, nicht schwarz, und hat schwarz-weiße Streifen.*

IM GARTEN

- Rohrammern kommen in Gärten, um am Boden nach Sonnenblumenkernen zu suchen, und nehmen manchmal auch Erdnüsse.

Goldammer

DIE GOLDAMMER SUCHT IM WINTER in großen Schwärmen auf Stoppelfeldern nach Nahrung und nistet in Feldhecken und an Waldrändern. Sie war nie ein häufiger Gartenbesucher, kommt aber im Winter bei viel Schnee ans Futterhäuschen. Veränderungen der landwirtschaftlichen Methoden zwingen sie jedoch immer häufiger in die Gärten.

Das Weibchen *sieht ähnlich aus wie ein Männchen im Winter. Das Gelb ist nicht so leuchtend wie beim Brutkleid des Männchens.*

Emberiza citrinella

Emberizidae

LÄNGE 16 cm
FLUGELSPANNWEITE 23–29 cm

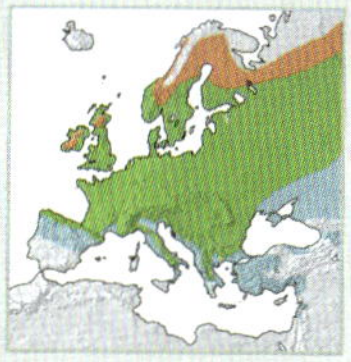

J F M A M J J A S O N D

STIMME Gesang ein metallisches, trällerndes *ti-ti-ti-ti-ti-siieeh*. Ruf ein scharfes *tsit*.
EIER 2–3 Gelege, je 3–5 weiße bis violette, gefleckte Eier, April bis September.
AUFZUCHT Das Weibchen brütet 12–14 Tage; die Jungen sind mit 11–13 Tagen flügge.

Farbenprächtige Ammer

Die männliche Goldammer hat einen leuchtend gelben Körper. Kopf und Unterseite sind gelb mit einigen Streifen. Der Rücken ist braun, der Bürzel rostrot. Die äußeren Schwanzfedern sind weiß. Die Weibchen sind unscheinbarer gefärbt und mehr gestreift, die Jungtiere sind noch stärker gestreift als die Weibchen.

Das Männchen singt sein bekanntes, weit zu hörendes Lied von einem Sitzplatz oberhalb des Nestes aus, das am oder dicht über dem Boden in einer Hecke, einem Brombeerstrauch, unter Büschen oder in jungen Schonungen angelegt wird. Es besteht aus Gräsern, Stängeln und Blättern und ist mit Haaren, feinem Gras und Wurzeln ausgekleidet. Das Weibchen kümmert sich hauptsächlich um die Aufzucht der Jungen, das Männchen hilft jedoch beim Füttern und übernimmt die Aufgabe ganz, wenn das Weibchen erneut Eier legt.

Die Goldammer ernährt sich von verschiedenen Samen. Die Jungen werden mit Insekten und anderen Wirbellosen gefüttert. Die Vögel bilden oft Schwärme, die am Boden nach Nahrung suchen.

Die Goldammer *sucht am Boden nach Gras- und Unkrautsamen und Getreide, im Sommer aber auch nach Insekten.*

IM GARTEN

- Die Goldammer sucht am Boden nach Sämereien, wenn Deckung in der Nähe ist. Manchmal kommt sie ans Futterhäuschen.

Systematik

DAS WISSENSCHAFTLICHE SYSTEM zur Benennung von Pflanzen und Tieren wurde im 18. Jh. von dem schwedischen Naturforscher Carl von Linné entwickelt. Die Namen spiegeln Abstammung und Verwandtschaftsgrad der Vögel wider. Daher sind Kenntnisse über die Systematik und Bezeichnung der Vögel wichtig, denn sie ermöglichen uns, Ähnlichkeiten und Unterschiede zwischen den Arten zu verstehen.

Die Nebelkrähe *ist eine Unterart der Aaskrähe. Beide kreuzen sich miteinander, leben aber meistens in verschiedenen Gebieten.*

Der Artname von Vögeln und allen anderen Lebewesen besteht aus zwei lateinischen Bezeichnungen, die immer kursiv geschrieben werden. Der erste Name bezeichnet die Gattung (ein Zusammenschluss von Arten). Der zweite Name benennt eine bestimmte Art. *Passer* ist z.B. das lateinische Wort für Sperling. Der Haussperling heißt *Passer domesticus* und der ähnliche Feldsperling *Passer montanus*. Derselbe Gattungsname ist ein Zeichen dafür, dass beide Arten eng verwandt sind. Der wissenschaftliche Name der Heckenbraunelle ist *Prunella modularis*. Daran erkennt man, dass die Art nicht eng mit den Sperlingen verwandt ist. Aufgrund von Ähnlichkeiten werden die Gattungen zu Familien und die Familien zu Ordnungen zusammengefasst. Rauch-, Mehl- und Uferschwalben gehören alle zur Familie Hirundinidae, diese wiederum zur größten Ordnung, den Passeriformes. Der sehr ähnliche Mauersegler hingegen gehört zur Ordnung Apodiformes, was auf grundlegende Unterschiede in Abstammung und Biologie hindeutet.

ORDNUNGEN UND FAMILIEN

Diese Tabelle gibt Aufschluss über die Systematik und die Verwandtschaftsverhältnisse der im Buch beschriebenen Arten. Dies ist mehr als eine langweilige Auflistung. Bei näherer Betrachtung eröffnet sie unerwartete Zusammenhänge. So ist z.B. die Schwanzmeise nicht eng mit den Meisen verwandt, und die Schleiereule unterscheidet sich erheblich von anderen Eulen.

ORDNUNG	FAMILIE	DEUTSCHER UND WISSENSCHAFTLICHER NAME
Ciconiiformes	Ardeidae	Graureiher (*Ardea cinerea*)
Anseriformes	Anatidae	Stockente (*Anas platyrhynchos*)
Accipitriformes	Accipitridae	Sperber (*Accipiter nisus*)
Falconiformes	Falconidae	Turmfalke (*Falco tinnunculus*)
Galliformes	Phasianidae	Fasan (*Phasianus colchicus*)
Gruiformes	Rallidae	Blässhuhn (*Fulica atra*)
		Teichhuhn (*Gallinula chloropus*)
Charadriiformes	Laridae	Silbermöwe (*Larus argentatus*)
		Lachmöwe (*Larus ridibundus*)
Columbiformes	Columbidae	Türkentaube (*Streptopelia decaocto*)
		Straßentaube (*Columba livia*)
		Ringeltaube (*Columba palumbus*)
Cuculiformes	Cuculidae	Kuckuck (*Cuculus canorus*)
Strigiformes	Tytonidae	Schleiereule (*Tyto alba*)
	Strigidae	Waldohreule (*Asio otus*)
		Waldkauz (*Strix aluco*)
		Steinkauz (*Athene noctua*)
Apodiformes	Apodidae	Mauersegler (*Apus apus*)
Piciformes	Picidae	Grünspecht (*Picus viridis*)
		Buntspecht (*Dendrocopos major*)

Silbermöwe

Steinkauz

ORDNUNG	FAMILIE	DEUTSCHER UND WISSENSCHAFTLICHER NAME
Passeriformes	Hirundinidae	Mehlschwalbe (*Delichon urbica*)
		Rauchschwalbe (*Hirundo rustica*)
	Motacillidae	Bachstelze (*Motacilla alba*)
	Bombycillidae	Seidenschwanz (*Bombycilla garrulus*)
	Prunellidae	Heckenbraunelle (*Prunella modularis*)
	Troglodytidae	Zaunkönig (*Troglodytes troglodytes*)
	Turdidae	Rotkehlchen (*Erithacus rubecula*)
		Amsel (*Turdus merula*)
		Singdrossel (*Turdus philomelos*)
		Misteldrossel (*Turdus viscivorus*)
		Rotdrossel (*Turdus iliacus*)
		Wacholderdrossel (*Turdus pilaris*)
		Hausrotschwanz (*Phoenicurus ochruros*)
	Sylviidae	Dorngrasmücke (*Sylvia communis*)
		Mönchsgrasmücke (*Sylvia atricapilla*)
		Gartengrasmücke (*Sylvia borin*)
		Zilpzalp (*Phylloscopus collybita*)
		Wintergoldhähnchen (*Regulus regulus*)
	Muscicapidae	Trauerschnäpper (*Ficedula hypoleuca*)
		Grauschnäpper (*Muscicapa striata*)
	Aegithalidae	Schwanzmeise (*Aegithalos caudatus*)
	Paridae	Tannenmeise (*Parus ater*)
		Blaumeise (*Parus caeruleus*)
		Kohlmeise (*Parus major*)
		Sumpfmeise (*Parus palustris*)
		Weidenmeise (*Parus montanus*)
	Sittidae	Kleiber (*Sitta europaea*)
	Certhiidae	Waldbaumläufer (*Certhia familiaris*)
	Corvidae	Rabenkrähe/Nebelkrähe (*Corvus corone*)
		Saatkrähe (*Corvus frugilegus*)
		Dohle (*Corvus monedula*)
		Eichelhäher (*Garrulus glandarius*)
		Elster (*Pica pica*)
	Sturnidae	Star (*Sturnus vulgaris*)
	Passeridae	Haussperling (*Passer domesticus*)
		Feldsperling (*Passer montanus*)
	Fringillidae	Bergfink (*Fringilla montifringilla*)
		Buchfink (*Fringilla coelebs*)
		Bluthänfling (*Carduelis cannabina*)
		Birkenzeisig (*Carduelis flammea*)
		Stieglitz (*Carduelis carduelis*)
		Grünfink (*Carduelis chloris*)
		Erlenzeisig (*Carduelis spinus*)
		Dompfaff (*Pyrrhula pyrrhula*)
	Emberizidae	Rohrammer (*Emberiza schoeniclus*)
		Goldammer (*Emberiza citrinella*)

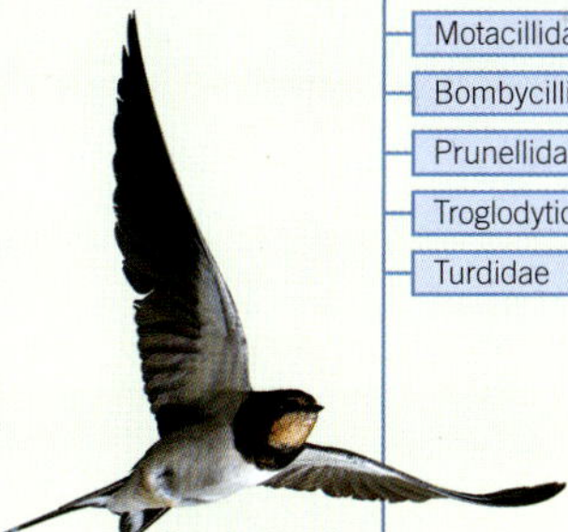
Rauchschwalbe

Zaunkönig

Hausrotschwanz

Trauerschnäpper

Sumpfmeise

Dohle

Elster

Bluthänfling

Rohrammer

Glossar

Achselfedern Die Federn an der Basis der Flügelunterseite

Adult Ein voll ausgewachsener, geschlechtsreifer Vogel, der seine endgültige Gefiederfärbung hat

Art Eine Gruppe von lebenden Organismen, die sich untereinander fortpflanzen und fruchtbare Nachkommen hervorbringen können, sich aber in der Regel nicht mit Individuen anderer Arten fortpflanzen können

Augenring Ein farbiger Ring um das Auge

Augenstreifen Ein waagrechter farbiger Streifen, der sich scheinbar durch das Auge zieht

Bestandsrückgang Wenn eine Population über Jahre ständig kleiner wird

Brut Jungvögel, die aus einem Gelege stammen und zusammen ausgebrütet wurden

Brutkleid Das Gefieder, das der Vogel zur Balz- und Paarungszeit trägt

Deckfedern Kleine Federn in bestimmten Bereichen der Flügel oder des Schwanzes, welche die Basis der größeren Schwungfedern bedecken

Familie Eine Kategorie in der systematischen Einteilung, die eng verwandte Gattungen zusammenfasst; auch die Gemeinschaft eines Paares (oder eines einzelnen Adulten) mit den Jungen

Flügelbinde Bei geschlossenen Flügeln ein farbiges Band quer über den Deckfedern, bei ausgebreiteten Schwingen eine Binde oder Streifen

Gattung Eine Gruppe von Arten (manche Gattungen besitzen nur eine Art und werden als monotypisch bezeichnet), die eng verwandt sind, erkennbar daran, dass der erste Teil des Namens gleich ist

Gebändert Zeichnungen, die quer über den Körper, die Flügel oder den Schwanz verlaufen

Gelege Eier in einem Nest, die in der Regel von einem Weibchen gelegt und zusammen bebrütet werden

Gesang Eine stimmliche Lautäußerung mit einem bestimmten, für die Art typischen Muster. Dient zum Anlocken von Weibchen oder zum Vertreiben von Rivalen

Gestreift Farbzeichnung, bei der die Streifen in Längsrichtung des Körpers verlaufen

Gründeln Nahrungsaufnahme in flachem Wasser, bei der die Nahrungsteilchen mithilfe von kammartigen Sieben an den Schnabelrändern aus dem Wasser gefiltert werden

Imponierverhalten Ritualisiertes Verhalten, das bei der Balz oder bei der Revierverteidigung eingesetzt wird; hierzu kann auch eine Art Ablenkungsverhalten gehören, wenn ein Vogel versucht, einen Feind von seinem Nest wegzulocken

Irruption Ein Abwandern zahlreicher Vögel aus ihrem Brutgebiet, wenn der Bestand groß, die Nahrung jedoch knapp ist

Jugendkleid Das Gefieder eines flügge gewordenen Vogels vor der ersten Mauser

Jungvogel Einen nicht geschlechtsreifer Vogel vom Schlüpfen bis zu dem Zeitpunkt, an dem er voll ausgewachsen ist und sein endgültiges Gefieder hat

Kolonie Eine Gruppe von Nestern einer gesellig lebenden Art, die bestimmte soziale Funktionen hat

Kropfmilch Ein Sekret aus dem Kropf der Tauben, reich an Protein und Fett, mit dem die Nestlinge gefüttert werden

Mauser Das Abstoßen der alten Federn und das Wachstum neuer nach einem bestimmten Muster, das für die jeweilige Art charakteristisch ist

Oberflügel Die Oberseite des Flügels

Ordnung Eine Kategorie in der systematischen Einteilung, die Familien aufgrund ihrer angenommenen Verwandtschaftsverhältnisse zusammenfasst

Rasse Eine mehr oder weniger klar abgegrenzte Gruppe innerhalb einer Art in einem bestimmten geografischen Bereich; auch als Unterart bezeichnet

Ruf Stimmäußerung, häufig typisch für eine bestimmte Art, die verschiedene Bedeutungen haben kann

Schlafplatz Ein Ort, an den Vögel sich zum Schlafen zurückziehen

Singflug Ein spezielles und in der Regel unverwechselbares Flugverhalten, bei dem der Vogel singt

Trommeln Rhythmisches Geräusch, wenn der Schnabel schnell und oft hintereinander gegen einen Ast geschlagen wird

Unterart Eine mehr oder weniger klar abgegrenzte Gruppe innerhalb einer Art in einem bestimmten geografischen Bereich; auch als Rasse bezeichnet

Unterflügel Die Unterseite des Flügels

Verhalten Wie sich ein Vogel bewegt, wie er ruft und singt, wie er brütet und mit anderen Situationen im Leben umgeht; die Art und Weise ist für jede Art meist charakteristisch

Verwilderte Tiere In freier Natur lebende Tiere, die von ausgesetzten oder entlaufenen Haustieren oder domestizierten Tieren abstammen und deren Bestand gesichert ist; sie leben dort, wo die Art normalerweise nicht vorkommt, wie beispielsweise die Straßentaube

Zugvogel Eine Art, die einen Teil des Jahres in einer anderen geografischen Region als das restliche Jahr verbringt und zwischen beiden Gebieten hin- und herzieht

Register

Fett gedruckte Seitenzahlen beziehen sich auf Einträge bei den Pflanzen- und Vogelporträts. Kursiv gedruckte Seitenzahlen beziehen sich auf Abbildungen.

F

G

H

I

J

K

L

M

N

O

P

Q

R

S

Adressen

Natur- und Vogelschutzorganisationen

BUND
(Bund für Umwelt- und Naturschutz Deutschland)
BUND-Bundesgeschäftsstelle
Am Köllnischen Park 1
10179 Berlin
030/2758640
www.bund.net

NABU (Naturschutzbund Deutschland e.V.)
NABU-Bundesgeschäftsstelle
Herbert-Rabius-Str. 26
53225 Bonn
0228/40360
www.nabu.de

LBV (Landesbund für Vogelschutz)
Landesgeschäftsstelle
Eisvogelweg 1
91161 Hilpoltstein
09174/47750
www.lbv.de

Interessante Webseiten

Birdnet
Deutsche Internet-Plattform für Birder, Vogelkundler und Ornithologen
www.birdnet.de

Fatbirder
Informationen über Vogelbeobachtung weltweit
www.fatbirder.com

Eurobirding
Informationen über Vogelbeobachtung in Europa, Nordafrika und dem Nahen Osten
www.eurobirding.co.uk

Nistkästen und Futtergeräte

Schwegler GmbH
Vogel- und Naturschutzprodukte
Heinkelstr. 35
73614 Schorndorf
07181/977450
www.schwegler-natur.de

Futtergeräte und Futter sind außerdem beim Landesbund für Vogelschutz (Adresse siehe links) erhältlich. Mit dem Kauf der Produkte unterstützen Sie außerdem die Naturschutzarbeit des Verbandes und können sicher sein, dass Geräte und Futter für eine artgerechte Vogelfütterung geeignet sind.

Wild- und Obstgehölze, Kletterpflanzen, Kräuter

Gartencenter Dehner
Dehner GmbH & Co. KG
Donauwörther Str. 5-7
86641 Rain am Lech
09090/770
www.dehner.de

Gartencenter Seebauer
Ottobrunner Str. 61
81737 München
089/683020
www.gartencenter-seebauer.de

Pflanzen Kölle
Gartencenter GmbH & Co.KG
Jägerhausstr. 80
74074 Heilbronn
07131/15950
www.pflanzen-koelle.de

Dank

Cobalt id dankt folgenden Personen für ihre Unterstützung: Peter Holden für ergänzende Texte und die wertvolle redaktionelle Beratung; Rob Hume für ergänzende Texte, Illustrationen und hilfreiche Kommentare; Richard Bird für das Erstellen des Registers; Richard Chappell, Ennis Jones und John Ferguson für ihre engagierte Hilfe beim Fotografieren ihrer Gärten; Roger Crabb für die Illustrationen der Gärten und die Hinweise zur vogelfreundlichen Gestaltung; allen bei der FLPA für ihre Hilfe und Beratung bei der Bildsuche; Viking Optical; Trevor Codlin (Digiscoping.co.UK); Christine Percy und allen bei Swarovski UK Ltd; sowie Rebecca Johns.

Beauftragte Fotografen: David Tipling, Peter Anderson
Beauftragter Illustrator: John Plumer

Abkürzungen: o = oben; u = unten; l = links; r = rechts; m = Mitte.
Die Bilder sind von oben nach unten und von links nach rechts durchnummeriert.

Coverabbildungen: Vorderseite: Kim Taylor, naturepl.com. Rücken: Windrush Photos, David Tipling. Rückseite NHPA, Stephen Dalton (ol); RSPB Images, Mark Hambling (ml); Richard Brooks (mru); Windrush Photos, David Tipling (mlo, mr, or); Woodfall Wild Images, J. Robinson (um).

Andrew Lawson: 66.

Ardea: 47m, 77ol2; Bill Coster Pictures Ltd 12om; Bob Gibbons 44ul, 47ur; Brian Bevan 36or; Chris Knights 46mr1, 80ur, 169ol; Dennis Avon 77ol1; John Daniels 31u, 34or, 124or; M. Watson 21u4; S. Roberts 119ur; Steve Hopkin 41or.

Bruce Coleman: Colin Varndell 156u, 160or; Harald Lange 38or; Kim Taylor 94or.

Cobalt id: Marek Walisiewicz 11m; Paul Reid 87rm.

Chris Gomersall: 20mr, 91u1, 91u2, 108or, 159or.

CJ Images: 18u4, 19u3, 22u3, 27u1, 28u8, 31ol2, 36ul; CJW 20u4; David White 5r5, 10, 18u1, 18u2, 19u2, 19u4, 19u5, 20u1, 20u5, 21u1, 21u2, 21u5, 22u1, 22u2, 22u4, 26u1, 26u4, 27u2, 27u3, 27u4, 28m, 33o1, 33o2, 33o3, 34um, 35um, 35ur, 36um, 37ul, 37um, 40m, 62l1, 62l2, 62, 66l2, 66l4, 175m, 203ur, 209u; M. Read 36ur; Outhouse 28u1, 28u2, 28u3, 28u4, 28u5, 28u6, 28u7.

FLPA: A.Christiansen 132u; A.R. Hamblin 105u1, 107u2, 109or2, 136u, 137or, 154mo, 208or, 210or; A. Wharton 47or; Alan Parker 130or, 149or; Albert Visage 111or2; B. Borrell 94ur, 172u; D.A .Robinson 143u; DT Grewcock 200or, 77r5, 145ol; D Warren 37ur; David Dalton 46ul; David Hosking 12ur, 36l, 40ul, 80ol, 118or, 134u, 139or, 140ul, 141ol, 153or, 153mu, 161or, 164ul, 180ul, 183ur, 185, 185or, 187ur, 187or, 194or, 196u, 197m, 203mr, 206, 207ol; Derek A Robinson 199or; Derek Middleton 170or; Don Smith 144ur; E&D Hosking 32or, 33mr, 112or, 112u, 115m, 128u, 155ul, 200ul; E. Hosking 77ul, 155mo; F. Merlet 109ol; Foto Natura Stock 91u3; Fritz Pölking 98ul; G. Nystrand 179u; GT Andrewartha 163um; H Clark 65r2, 81u2, 101mr, 102m, 103m1, 148or, 155, 177u, 192or, 217ol; Hanna Hautala 157or, 105u4; J. Swales 117u1; Jeremy Early 93r1; John Hawkins 35or, 94ul2, 97r5, 105u3, 109or1, 113u, 128or, 137ul, 152, 159ol, 163ur, 168mo, 168ul, 169, 180ml, 183ul, 193u; John Watkins 94ul1, 96u, 97r3, 160ml, 184ml; John Zimmermann 154ur; Jurgen & Christine Sohns 175ur; L Batten 139ml; M.B. Withers 105ol1; M. Walker 176or; Martin Withers 94ul3; Neil Bowman 157u; P. Heard 92or, 137ur, 184or, 195u, 198u; R. Austing 101or; R.P. Lawrence 198or; R. Tidman 142u, 171ur, 178or; R. Wilmshurst 77r3, 77r4, 111or1, 125ol1, 170u, 203ol; Ray Bird 13or, 33o4; Richard Brooks 100mr, 105u5, 161, 204or, 211u; Robert Canis 32mr; Roger Hosking 126u, 197ur; Roger Tidman 40ur, 69r1, 81ol, 99r2, 105ol2, 167ol, 176u; Roger Wilmshurst 70l4, 93r2, 114or, 131u, 133u, 134or, 138u, 143or, 144ul, 147m, 164or, 166, 168ur, 173u, 183ol, 199ul, 201, 212or; S. Maslowski 113ml; Silvestris 92ur; Tony Hamblin 106ol, 107u3, 120u2, 120u3, 146u, 149u, 184ul, 197ol; Tony Wharton 103m2, 154ul; W. Wisniewski 135u.

Garden Picture Library: Juliette Wade 44ur; Lynne Brotchie 65; Sunniva Harte 62l3.
Garden World Images: 48ul.

Natural Visions: Brian Rogers 45m; Heather Angel 47ul, 50ul, 50ur, 57ol, 61ol, 65r1, 95, 105u2, 151mo.

Jerry Harpur: 69.

John Glover: 97.

Mary Evans Picture Library: 9ul.

Mike Lane: 27ml, 93r3, 102mr, 107o1, 107u1, 110or, 115mr, 115u3, 202u.

Mike Read: 11ur, 18u3, 19u1, 20u2, 30or, 90u1, 90m, 95r3, 99r3, 99r4, 106ur2, 115u2, 120ml, 121ur, 125r, 126or, 135or, 140ur, 146or, 163ol, 163or, 174, 191m, 205or.

NHPA: Alan Williams 189ol, 208u; Ann & Steve Toon 127or; Dave Watts 190u; E.A. Janes 215or; Eric Soder 18ml, 100ul; Joe Blossom 13; John Buckingham 24or, 158or, 214u; Laurie Campbell 127u; Manfred Danegger 81u5; Melvin Grey 182u; Paal Hermansen 46mr2; Roger Tidman 178u, 205u; Stephen Dalton 4, 46or, 81u1, 81u4, 103o, 130o, 147u, 181mo; Susanne Danegger 41.

Oxford Scientific Films: Bob Gibbons 61ur; Colin Milkins 187ol; Deni Bown 48or, 60ol; Dennis Green/SAL 37or; Lothar Lenz/Okapia 33ur; Mark Hamblin 190or; Michael Leach 48ur; Niall Benvie 139ur.

Roger Crabb: 49ml1.

RSPB: 32u, 34ul, 77r1, 95r5, 107o2, 108ur, 183or; Alan Barnes 95r1; Bill Paton 116u2, 145; Bob Glover 17m, 34ur, 95r2, 107o3, 116u1, 159u, 179or, 197or; Carlos Sanchez 144or, Chris Gomersall 18u5, 21ol, 97r1, 141u; Chris Knights 81u3, 153ol, 156or; Colin Carver 191u; David Kjaer 195or; David Tipling 108ul, 117u3; Eric Woods 192u; Ernie Janes 62l4, 97r2, 160ul; Geoff Simpson 49ml2; George McCarthy 16u, 95r4, 117or; Gerald Downey 212u; Jan Halady 8m; Laurie Campbell 167or; Malcolm Hunt 12ol, 177or; Mark Hamblin 26l, 77r2, 91or, 99r5, 105or, 109ur, 125ol2, 129ml, 151ur, 158u, 193or, 207or, 210u, 211or, 213u; Maurice Walker 91or; Mike Lane 92ul, 140m, 204u; Mike McKavett 108um; Mike Richards 11or, 209or; Peter Perfect 102ul; Phillip Newman 110ur, 171u, 173ul; Ray Kennedy 30ul, 207ur; Richard Brooks 90u2; Richard Revels 45ol; Robert Smith 87ur; Roger Wilmshurst 93r4, 129ur, 201ur; Steve Austin 215u; Steve Knell 78ol, 106ur1, 172or, 194u; Tony Hamblin 16or, 73r4, 99r1, 104u, 148ul, 165mr, 167ur.

Science Photo Library: Dr. Kari Lounatmaa 31ol1.

Windrush Photos: 21r, 70l3, 100o, 113or; Alan Petty 181, Andy Harmer 120or, D. Mason 93r5, 120u1, 131or, 175ol; David Tipling 2, 5r3, 5r4, 6, 20u3, 21u3, 27o, 35ul, 74, 79ul, 82or, 97r4, 99, 111ol, 115u1, 118u, 122, 129or, 133or, 150ur, 151or; .F Desmette 90u3; G. Langsbury 8ul; George McCarthy 80ul1, 114u, 117u2; Gordon Langsbur 35m; H.E. Lloboy 165u; .J Hollis 1u; J.L. Roberts 117u4; Les Borg 188ml; Maurice Walker 116or; Pentti Johansson 150; Peter Cairns 142or; Réne Pop 98ur; Richard Brooks 88; Roger Tidman 80ul2; Tom Ennis 22m.

Der Verlag hat auf jegliche Weise versucht, die Urheber jedes veröffentlichten Fotos aus zu nennen. Sollte dies in Einzelfällen nicht geschehen sein, bittet der Verlag, dieses Versehen zu entschuldigen und garantiert, den Urheber in weiteren Auflagen namentlich zu nennen.

Für weitere Informationen siehe: **www.dkimages.com**